高等学校计算机类创新与应用型系列教材

计算机系统原理

（微课视频版）

刘 均 主编

清华大学出版社
北京

内 容 简 介

本书将计算机组成原理、汇编语言程序设计、微机接口技术等课程的内容有机地组织起来，以冯·诺依曼结构计算机为主线，以模型机和8086微机系统为具体示例，全面介绍计算机五大部件的工作原理、设计方法和典型应用。全书共7章，包括概述、数据的表示、运算器与运算方法、存储系统、指令系统、中央处理器和输入输出系统。本书内容系统、全面，对基础原理讲解深入浅出，实例丰富，分析和注释详细，应用示例具有典型性和实用性，注重实践能力的培养。

本书可作为高等院校计算机科学与技术专业以及计算机应用相关专业本科生的专业课教材，也可作为相关科技人员和自学者的参考用书。

图书在版编目（CIP）数据

计算机系统原理：微课视频版 / 刘均主编.
北京 ：清华大学出版社，2024. 8. --（高等学校计算机类创新与应用型系列教材）. -- ISBN 978-7-302
-66882-4

Ⅰ. TP303

中国国家版本馆 CIP 数据核字第 2024WA6078 号

责任编辑：张　玥
封面设计：常雪影
责任校对：韩天竹
责任印制：刘海龙

出版发行：清华大学出版社
　　　　网　　　址：https://www.tup.com.cn，https://www.wqxuetang.com
　　　　地　　　址：北京清华大学学研大厦 A 座　　　　　　邮　　编：100084
　　　　社 总 机：010-83470000　　　　　　　　　　　　邮　　购：010-62786544
　　　　投稿与读者服务：010-62776969，c-service@tup.tsinghua.edu.cn
　　　　质量反馈：010-62772015，zhiliang@tup.tsinghua.edu.cn
　　　　课件下载：https://www.tup.com.cn，010-83470236
印 装 者：三河市东方印刷有限公司
经　　销：全国新华书店
开　　本：185mm×260mm　　　　印　　张：20.75　　　　字　　数：482 千字
版　　次：2024 年 8 月第 1 版　　　　印　　次：2024 年 8 月第 1 次印刷
定　　价：69.80 元

产品编号：103173-01

编审委员会

序 言

电子信息技术和计算机软件等技术的快速发展,深刻地影响着人们的生产、生活、学习和思想观念。当前,以工业4.0、两化深度融合、智能制造和"互联网＋"为代表的新一代产业和技术革命,把信息时代的发展推进到一个对于国家经济和社会发展影响更为深远的新阶段。

在新的产业和技术革命的背景下,社会对于高校人才的培养模式、教学改革以及高校的转型发展都提出了新的要求。2015年,浙江省启动应用型高校示范学校建设。通过面向应用型高校的转型建设增强学生的就业创业和实践能力,提高学校服务区域经济社会发展和创新驱动发展的能力。通过坚持"面向需求、产教融合、开放办学、共同发展"的高校发展理念,围绕一流的应用型大学建设和一流的应用型人才培养目标,我们做了一系列探索和实践,取得了明显实效。

作为应用型高校转型建设的重要举措之一和应用型人才培养的主要载体,本套系列教材着眼于应用型、工程型人才的培养和实践能力的提高,是在应用型高校建设中一系列人才培养工作的探索和实践的总结和提炼。在学校和学院领导的直接指导和关怀下,编委会依据社会对于电子信息和计算机学科人才素质和能力的需求,充分汲取国内外相关教材的优势和特点,组织具有丰富教学与实践经验的双师型高校教师成立编委会,编写了这套教材。

本套系列教材具有以下几个特点:

(1)教材具有创新性。本系列教材内容体现了基本技术和近年来新技术的结合,注重技术方法、仿真例子和实际应用案例的结合。

(2)教材注重应用性。避免复杂的理论推导,通俗易懂,便于学习、参考和应用。注重理论和实践的结合,加强应用型知识的讲解。

（3）教材具有示范性。教材中体现的应用型教学理念、知识体系和实施方案，在电子信息类和计算机类人才的培养以及应用型高校相关专业人才的培养中具有广泛的辐射性和示范性。

（4）教材具有多样性。本系列教材既包括基本理论和技术方法的课程，也包括相应的实验和技能课程，以及大型综合实践性学科竞赛方面的课程。注重课程之间的交叉和衔接，从不同角度培养学生的应用和实践能力。

（5）本套教材的编著者具有丰富的教学和实践经验。他们大多是从事一线教学和指导的、具有丰富经验的双师型高校教师。他们多年的教学心得为本教材的高质量出版提供了有力保障。

本套系列教材的出版得到了浙江省教育厅相关部门、浙江工业大学教务处和之江学院领导以及清华大学出版社的大力支持和广大骨干教师的积极参与，得到了学校教学改革和重点教材建设项目的资助，在此一并表示衷心的感谢。

希望本套教材的出版能够在转变教学思想，推动教学改革，更新知识体系，增强学生实践能力，培养应用型人才等方面发挥重要作用，并且为应用型高校的转型建设提供课程支撑。由于电子信息技术和计算机技术的发展日新月异，以及各方面条件的限制，本套教材难免存在不足之处，敬请专家和广大师生批评指正。

高等学校计算机类创新与应用型系列教材编审委员会

2016 年 10 月

前　言

　　随着计算机技术的发展,计算机在各个领域的作用日益提高,应用前景广阔。了解计算机系统的构成和工作原理,掌握微机系统应用的设计方法,是计算机应用和开发人员必须具备的一项基本技能。

　　本书的编写以好教、好学、好用为宗旨,将计算机硬件基础涉及的计算机组成原理、汇编语言程序设计、微机接口技术等课程的内容有机地组织起来,内容系统、全面,对基础原理讲解深入浅出,实例丰富,分析和注释详细,应用示例具有很强的典型性和实用性,注重实践能力的培养。

　　全书共 7 章。第 1 章介绍计算机的概念、发展历程、计算机系统的组成与结构。第 2 章介绍计算机中的基本逻辑电路和数据的表示方法。第 3 章介绍运算器的实现原理及运算方法。第 4 章介绍存储系统的层次结构、存储器的实现原理、扩展技术以及高速缓冲存储器、虚拟存储器等存储技术原理。第 5 章介绍指令系统的格式、编码、设计原理,并以 8086 指令系统为具体示例,介绍汇编语言程序设计的方法、实例以及开发、调试的过程。第 6 章介绍中央处理器的结构和功能、控制器的实现原理和方法,并以 8086 为示例讲解微处理器的内部结构、外部引脚以及系统总线的实现方法。第 7 章介绍输入输出系统中总线的标准、接口的结构和控制技术、典型可编程接口芯片的原理和应用、常见输入输出设备的原理。

　　计算机系统原理课程包括的内容非常丰富,理论性较强。由于侧重计算机硬件系统的工作原理,传统的教学中,采用特定的实验设备作为教学辅助。特定的实验设备存在不能间断运行、维护成本高、实验电路的运作过程不能直观显现等问题。本教材提供了两种实验环境的实验项目设计,实验环境易于获得,操作方便,实验效果直观,作为特定实验设备的补充,可以极大地改善实验效果,促进课程的学习。

本书对原理部分的内容以精讲为原则,对应用部分的内容以多练为原则,在保证系统知识的连续性和完整性的同时,突出重点,注重实践,是一本实用性较强的专业基础课教材。本书可作为高等院校计算机科学与技术专业以及计算机应用相关专业的教材,也可作为企业、科研单位技术人员知识培训与继续教育的参考用书。

本书提供配套课件、案例源代码、Flash 演示动画、虚拟实验机软件等资源,读者可到清华大学出版社网站(http://www.tup.com.cn)的本书页面下载使用。

本书是作者多年实践和教学经验的结晶。在编写本书的过程中,作者也参考和引用了大量文献和网络资料,在此对有关文献和网络资料的作者表示感谢。

由于作者水平有限,书中难免有不妥和疏漏之处,恳请各位专家、同仁和读者不吝赐教。

作　者
2024 年 5 月

目 录

目　录

目 录

目 录

目 录

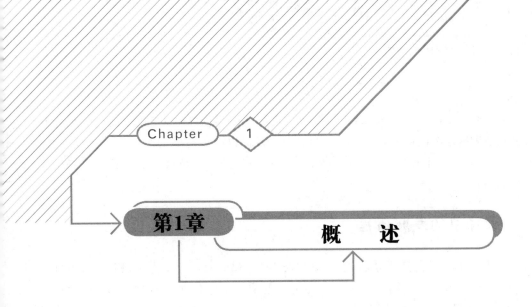

Chapter 1

第1章　　　　概　述

本章学习目标

- 了解计算机的概念。
- 了解计算机的发展历程。
- 掌握计算机系统的组成与结构。
- 掌握微型计算机系统的组成与结构。

本章首先介绍计算机的定义、特性、分类等基本概念,然后介绍计算机的发展历程,最后介绍计算机系统的组成与结构。

1.1　计算机的概念

20 世纪 40 年代计算机出现以来,给人类和社会的发展带来了深远的影响。计算机渗透到人类活动的各个方面,特别是科学计算、事务信息处理、计算机辅助技术、计算机网络通信、计算机控制、人工智能等领域。

计算机是一种信息处理工具。计算机处理的信息形式多种多样,可以是数值、文字、图形、图像、声音、视频等。计算机系统除了对信息进行算术运算和逻辑运算外,还能进行搜索、识别、变换,甚至联想、思考和推理等。随着计算机技术的不断发展,其处理功能会越来越强。计算机系统具有速度快、通用性强、运算精度高等特点。

根据规模、性能,计算机可以分为巨型机、大型机、小型机、微型机等多种类型。巨型机又称超级计算机,是计算机家族中速度最快、性能最高、技术最复杂、价格最贵的一类计算机。由中国国家并行计算机工程技术研究中心研制,使用中国自主芯片制造的巨型机"神威·太湖之光"的浮点运算速度达到每秒 9.3 亿亿次。大型机是使用当代的先进技术构造的一类高性能、大容量计算机,但性能与价格指标均低于巨型机,它代表该时期计算机技术的综合水平。小型机是规模与价格均介于大型机与微型机之间的一类计算机。微型机是 20 世纪 70 年代初随着大规模集成电路的发展而诞生的。微型机是以微处理器为基础的计算机系统，具有体积小、重量轻、性能稳定、可靠性高等特点。微型机的诞生与发展是计算机发展历程中的一个里程碑。

1.2 计算机的发展历程

1943 年，美国宾夕法尼亚大学的莫齐利(Mauchley)和他的学生艾克特(Eckert)为进行新武器的弹道计算，开始研制第一台由程序控制的电子数字计算机——ENIAC。该计算机曾在第二次世界大战中投入使用，到 1946 年正式公布。ENIAC 每秒可进行 5000 次加法运算、50 次乘法运算，还可以进行平方和立方计算、sin 和 cos 函数数值运算以及其他更复杂的计算。该计算机耗资 40 万美元，含有 18 000 个真空管，重 3×10^4 kg，耗电 150kW·h，占地面积约 140m²。该计算机正式运行到 1955 年 10 月 2 日，10 年间共运行了 80 223h。ENIAC 如图 1.1 所示。

图 1.1 第一台电子数字计算机 ENIAC

计算机多年的发展历史表明，计算机硬件的发展受电子元器件的发展影响极大。为此，人们习惯以电子元器件的更新作为计算机技术发展阶段的主要标志。

下面介绍各代计算机的主要特点。

1. 第一代：电子管计算机

1946—1954 年是电子管计算机时代。这一代计算机的逻辑元件采用电子管，存储器件为声延迟线或磁鼓，系统结构为定点运算，使用机器语言。电子管计算机体积大、速度慢、存储容量小。

2. 第二代：晶体管计算机

1955—1964 年是晶体管计算机时代。这一代计算机的逻辑元件采用晶体管，内存储器由磁芯构成,磁鼓与磁带成为外存储器;系统结构实现了浮点运算,并提出了变址、中断、I/O处理等新概念;开始使用多种高级语言及其编译程序。和电子管计算机相比,晶体管计算机体积小,速度快,功耗低,可靠性高。

3. 第三代:集成电路计算机

1965—1974 年是集成电路计算机时代。这一代计算机的逻辑元件与存储器均由集成电路实现;系统结构采用了包括微程序控制、高速缓存、虚拟存储器、流水线技术等;高级语言发展迅速,操作系统进一步发展,有了多用户分时操作系统,应用领域不断拓宽。

这一时期还有另外一个重要特点:大型/巨型机与小型机同时发展。小型机的发展对计算机的推广使用产生了很大的影响。

4. 第四代:大规模及超大规模集成电路计算机

1975 年至今是大规模及超大规模集成电路计算机时代。这一时期,微电子学飞速发展,给计算机工业注入了新鲜血液。大规模及超大规模集成电路成为计算机的主要器件,内存也采用超大规模集成电路;在系统结构上,出现了多处理机系统和并行计算机;软硬件有了更多的结合,开发出了用于并行处理的多处理机操作系统专用语言和编译器;同时出现了用于并行处理或分布计算的软件工具和环境。

这一时期的另一个重要特点是计算机网络的发展与广泛应用,世界进入了网络时代。

5. 第五代:新一代计算机

一直以来,计算机以元器件的更新换代作为划分阶段的标志。多年来,人们在不断努力与探索,以寻找速度更快、功能更强的全新的元器件,研制新型计算机,如神经元、生物芯片、分子电子器件、超导计算机、量子计算机等。计算机基本结构也试图突破冯·诺依曼体系结构,以便更智能化。这方面的研究工作已取得了一些重要成果。相信在不久的将来,真正的新一代计算机一定会出现。

图 1.2 为电子管、晶体管、集成电路元件图。

图 1.2 电子管、晶体管和集成电路元件图

1.3 计算机的组成与结构

一个完整的计算机系统由硬件系统和软件系统两大部分组成。计算机硬件系统是指由物理元器件构成的数字电路系统。计算机软件系统是指在硬件系统上运行的程序及其相关

文档。计算机依靠硬件和软件的协同工作来执行给定的任务。

1.3.1　计算机硬件系统

1. 冯·诺依曼结构计算机

计算机硬件系统是构成计算机系统的物理实体，是计算机工作的物质基础，是看得见、摸得着的具体设备。冯·诺依曼作为 ENIAC 课题组顾问，提出了存储程序的设计思想和全新的计算机设计方案，对 ENIAC 的研制工作起到了促进作用。

冯·诺依曼计算机的基本结构如图 1.3 所示。

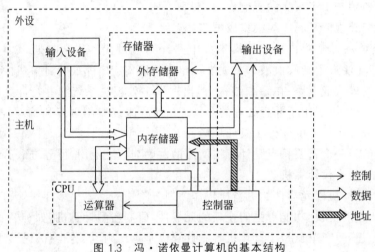

图 1.3　冯·诺依曼计算机的基本结构

冯·诺依曼计算机由 5 个基本部分组成，分别是运算器、控制器、存储器、输入设备和输出设备。

运算器是进行算术运算和逻辑运算的部件。存储器以二进制形式存放数据和程序。输入设备将外部信息转换为计算机能够识别和接收的电信号。输出设备将计算机内的信息转换成人或其他设备能接收和识别的形式（如图形、文字和声音等）。控制器发出各种控制信号，以统一控制计算机内的各部分协调工作。计算机中各功能部件通过总线连接起来。程序和数据由输入设备输入计算机，由存储器保存；运算器执行程序设计的各种运算，控制器在程序运行中控制所有部件和过程，由输出设备输出结果。

2. 微型计算机系统硬件结构

微型计算机自 1981 年诞生以来，发展速度很快，适用于大量的应用场合。微型计算机的结构也遵循冯·诺依曼结构。不过由于时代的发展，微型计算机系统的硬件结构和冯·诺依曼结构还是存在一些差异的。

微型计算机的系统硬件结构如图 1.4 所示。

微处理器（Microprocessor Unit，MPU）是微型计算机的核心部件。一般采用大规模集

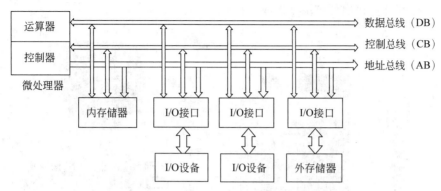

图 1.4　微型计算机系统硬件结构

成电路技术将运算器和控制器集成在一片半导体芯片上,叫作中央处理器(Central Processing Unit,CPU),在微型计算机中称为微处理器。微处理器的基本功能是执行程序中的指令,控制和协调系统中的其他部件工作,进行数据运算或传输,完成程序的功能。

x86 体系的微处理器经历了非常大的发展。Intel 公司的微处理器从 4 位微处理器 4004 发展到 16 位微处理器 8086,再到 64 位微处理器 Itanium,CPU 的集成度和性能都有很大的提高。在 Intel 系列微处理器中,8086/8088 是具有代表性的 16 位微处理器,后续的 Intel 系列微处理器都能兼容前面的 CPU 的功能。因此,本书将以 8086 微处理器为实例,介绍微机系统的相关原理和应用。

内存储器,又称主存或内存,是微型计算机中的存储装置,用来存放微处理器当前处理的数据和程序。在现代微机中,存储器产品包括内存储器(如内存条)和外存储器(如硬盘、光盘等)。由于外存储器速度较慢,在微型计算机系统结构中,外存储器不能与微处理器直接进行数据交流,必须通过 I/O 接口将数据传送到内存,才能被微处理器访问。微处理器和内存储器称为主机。

I/O 设备,即输入输出设备,提供了人机交互操作的界面。输入设备将外部信息转换为微型计算机能够识别和接收的电信号,输出设备将微型计算机内的信息转换成人或其他设备能接收和识别的形式(如图形、文字和声音等)。常用的输入设备有键盘、鼠标、扫描仪等,常用的输出设备有显示器、打印机等。外存储器和输入输出设备统称为外围设备。

由于 I/O 设备和微处理器之间存在速度、数据类型、信号格式等差异,因此还需要一个中间部件实现它们之间的信息转换等操作。这就是 I/O 接口电路,通常也称为适配器。I/O 接口电路两端分别连接微处理器和 I/O 设备,在它们之间传送数据、状态和控制信息。微型计算机中的显卡、声卡、网卡等就是微机中的 I/O 接口部件。

在微型计算机中,各功能部件之间通过地址总线、数据总线和控制总线相连接。现代微型计算机中的主板(或称母板)便是一块集成电路板,用于固定各部件产品以及布设各部件之间的连接总线和接口等。

常见的微型计算机硬件产品如图 1.5 所示。

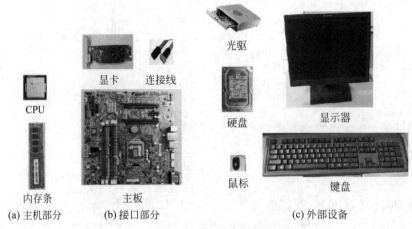

图 1.5　常见的微型计算机硬件产品

1.3.2　计算机软件系统

计算机软件系统是为了用户使用计算机硬件产生效能所必备的各种程序和文档的集合,也称为计算机系统的软资源。计算机软件一般可分为系统软件和应用软件两类。

1. 系统软件

系统软件用于管理、监控和维护计算机资源,向用户提供一个基本的操作界面,是应用软件的运行环境,是人和硬件系统之间的桥梁。通常系统软件包括以下 3 类。

(1) 操作系统。操作系统是最重要的系统软件,它管理计算机软硬件资源,控制程序运行,改善人机交互,并为应用软件提供支持。

(2) 语言处理程序。用户用某种编程语言编写的源程序,需要经过语言处理程序转换为可以在计算机硬件上运行的可执行程序。程序设计语言一般分为机器语言、汇编语言和高级语言。语言处理程序有汇编程序、编译程序和解释程序等。

机器语言是一种用二进制表示的、能被计算机硬件直接识别和执行的语言。机器语言根据计算机硬件的不同而不同。机器语言程序又称为目标程序。用机器语言编写程序,优点是可以在计算机上直接执行,缺点是直观性差、复杂、容易出错和通用性差。

汇编语言采用文字符号来表示机器语言,便于记忆。汇编语言程序比较直观,易记忆,易检查。但是计算机不能直接识别汇编语言程序,需要翻译成机器语言程序后才能被计算机执行,完成这种翻译工作的软件就是计算机语言处理程序中的汇编程序。

机器语言和汇编语言都是面向机器的,能利用计算机的所有硬件特性,是能直接控制硬件、实时能力强的语言,又称为初级语言。

高级语言是与计算机硬件无关的程序设计语言。它具有较强的表达能力,能更好地描述各种解决问题的算法,容易掌握。但是计算机硬件一般不能直接阅读和理解高级语言程序,需要专门的软件来处理。高级语言的源程序可以通过两种方法在计算机上运行。一种是通过编译程序在运行之前将高级语言源程序转换为机器语言的程序;另一种是通过解释程序逐条解释源程序语句并执行。高级语言是独立于具体的机器系统的,通用性和可移植性大为提高。

(3)服务、支持类软件。这类软件是帮助用户使用和维护计算机的软件,如各种调试程序、诊断程序、监控程序等。

2. 应用软件

应用软件是为满足数据处理、事务管理、工程设计等实际需要而开发的各种应用程序,直接面向用户需求。由于用户的多样性和用户需求的多样性,应用软件的种类及数量越来越多。

1.4 实验设计

在学习计算机系统原理理论的同时,也要通过实践环节来逐步加深对计算机系统的了解。为了提高学习者的动手能力,本书将介绍以 PC、AEDK 虚拟机为基础的实验项目。

1.4.1 PC 系统的组成

PC(Personal Computer)即个人计算机。PC 由硬件系统和软件系统组成,是一种能独立运行、完成特定功能的设备。x86 体系结构的微型计算机是当前 PC 的主流。

1. 实验内容

(1)完成一台 PC 的拆机、组装过程。查看 PC 的硬件组成部件,了解各部件的功能,确定各部件在微机硬件系统结构中属于哪个功能模块。

(2)查看 PC 的软件组成,了解各软件的功能,确定其在软件划分中属于哪一类。

2. 实验步骤

(1)如果有 PC 拆机、组装实验条件,可利用实物完成拆机、组装过程。

(2)通过操作系统查看 PC 硬件信息。在 Windows 操作系统的控制面板中打开【设备管理器】窗口,可以查看每个硬件设备的名称。图 1.6 是某台计算机的【设备管理器】窗口,其中列出了该计算机中的硬件组成部分。

(3)右击每个硬件设备,选择快捷菜单中的【属性】命令,可以查看该设备的驱动程序信息。图 1.7 是显示适配器的驱动程序信息。如果没有正确安装某设备的驱动程序,则该设备不能正常使用。

(4)在 Windows 操作系统的控制面板中,选择【程序和功能】,可以查看 PC 上已安装的程序列表。图 1.8 是某台 PC 上的程序列表。

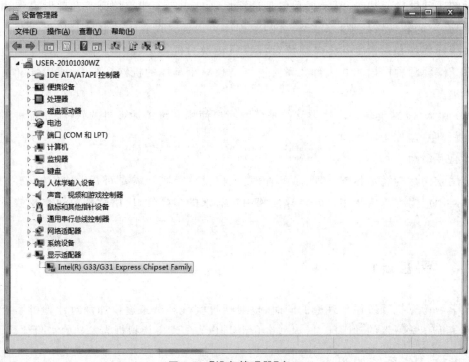

图 1.6 【设备管理器】窗口

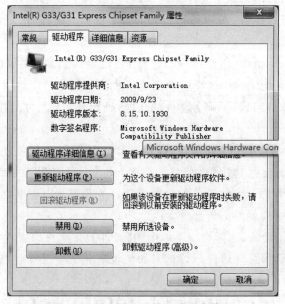

图 1.7 显示适配器的驱动程序信息

图 1.8 程序列表

1.4.2 AEDK 虚拟机的组成

为了更好地了解计算机系统中各功能模块的工作原理、相互之间的联系,完整地建立计算机系统的概念,本书采用 AEDK 虚拟机系统作为课程实验系统。AEDK 虚拟机是一个 8 位的计算机虚拟实验系统。通过该实验系统,可以完成部件级实验,也可以完成系统级实验,使实验者能透彻地剖析计算机系统的基本组成,了解计算机系统的内部运行机制,掌握计算机系统设计的基本技术,培养独立分析、解决问题,特别是硬件设计与调试问题的能力。

1. 实验内容

了解 AEDK 虚拟机的硬件组成及模块功能。

2. 实验步骤

(1) 查看 AEDK 虚拟机各硬件模块。

AEDK 虚拟机实验系统由两部分组成(动画演示文件名:虚拟机实验 1 模型机构成.swf)。实验机的左边为实验模块 CPT-A,主要分布着各个实验单元和监控单元;右边为数据输入输出板 CPT-B,板上分布着 24 个二进制开关、若干个发光二极管(LED)、DIP 插座,还有一块用于显示当前状态的液晶板。CPT-A 上的控制信号通过扁平电缆连到 CPT-B 上。

AEDK 虚拟机提供了运算器模块、指令部件模块、寄存器模块、存储器模块、微程序控制器模块、启停和时序模块、总线传输模块以及监控模块。各模块资源通过逻辑组合构成完整的计算机系统。

在各个实验单元模块中,各模块的控制信号都由实验者手动模拟产生。而在微程序控制系统中,各模块的控制信号是在微程序的控制下自动产生的,以实现特定指令的功能。

（2）了解 AEDK 虚拟机实验系统的逻辑结构和功能。

AEDK 虚拟机实验系统逻辑结构如图 1.9 所示。

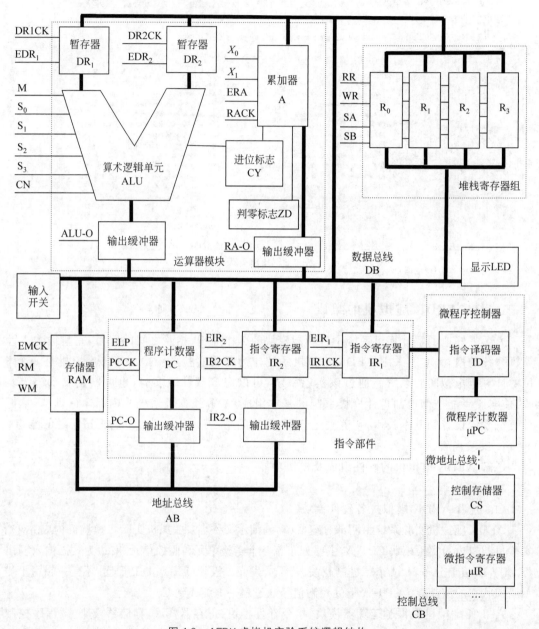

图 1.9　AEDK 虚拟机实验系统逻辑结构

运算器模块包括暂存器 DR_1 和 DR_2、算术逻辑单元（ALU）、输出缓冲器。运算器模块的功能是完成二进制数据的算术运算和逻辑运算。

指令部件模块包括程序计数器(PC)、指令寄存器 IR₁ 和 IR₂、输出缓冲器。指令部件的功能是产生指令的地址,读取指令。

存储器模块是一块 RAM 存储器芯片,功能是存储程序和数据。

寄存器模块有堆栈寄存器组、累加器、进位标志(CY)、判零标志(ZD)。堆栈寄存器组包括寄存器 R₀、R₁、R₂、R₃,其功能是存取数据。累加器包括累加器 A 和输出缓冲器,功能是对数据进行存取和移位操作。进位标志记录运算或者移位操作产生的进位情况。判零标志记录运算或移位操作后结果是否为 0 的情况。

微程序控制器模块包括指令译码器(ID)、微程序计数器(μPC)、控制存储器(CS)、微指令寄存器(μIR)。微程序控制器模块对指令进行分析和译码,产生完成该指令功能时各部件所需的控制信号。

1.4.3 实验软件环境准备

本书后续章节的实验,需要借助相应的实验软件展开。下面分别介绍 PC、AEDK 虚拟机实验项目的软件环境准备。

1. PC 平台的实验环境

PC 平台中的实验项目,需要用到调试软件 DEBUG 、汇编程序 MASM.EXE、连接程序 LINK.EXE 和 DOS 模拟器程序 DOSBOX。

调试软件 DEBUG 主要用于调试汇编语言程序,检查和修改内存位置、载入存储和执行程序、检查和修改寄存器等。汇编程序 MASM.EXE 将汇编语言编写的源程序汇编为二进制机器代码,连接程序 LINK.EXE 将二进制目标程序连接为可执行程序。

这些软件都需要在 MS-DOS 中运行。Windows 10 之后不再提供 MS-DOS 模式,所以需要先运行 DOS 模拟器程序 DOSBOX,再挂载运行实验软件。

(1) 下载安装 DOSBOX,启动 DOSBOX 运行。

(2) 在 DOSBOX 中输入 MOUNT 命令挂载实验软件所在目录。

命令格式为:

>MOUNT 虚拟盘符 实验软件所在目录

例如,实验软件所在目录为 E：\HB,虚拟盘符为 F：,则命令为:

>MOUNT F: E:\HB

(3) 切换到虚拟盘符。

命令格式为:

>虚拟盘符

例如,虚拟盘符为 F：,则命令为:

>F:

（4）输入启动实验软件的命令。

例如，要运行 DEBUG，输入命令

```
F:>DEBUG
```

启动 DEBUG 后，会出现-命令提示符。在命令提示符-后可以输入各种命令进行调试。DEBUG 中命令不区分大小写。在 DEBUG 中，数值默认采用十六进制，不需要输入十六进制的后缀字母 H。后续章节将讲解 DEBUG 的常用命令。

第 5 章将讲解汇编和连接操作的命令。

2. AEDK 虚拟机的实验环境

AEDK 虚拟机软件是 Flash 交互式动画软件，需要在 Flash Player 播放器中运行。Flash Player 播放器可以在 Flash 官网下载。

1.5　本章小结

本章介绍了计算机的定义、基本特性、分类等基本概念。

本章按照元器件的发展介绍了五代计算机的主要特点。1946—1954 年是第一代，即电子管计算机时代。1955—1964 年是第二代，即晶体管计算机时代。1965—1974 年是第三代，即集成电路计算机时代。1975 年至今是第四代，即大规模及超大规模集成电路计算机时代。多年来，人们在不断努力与探索，以寻找速度更快、功能更强的全新的元器件，研制新型计算机，如神经元、生物芯片、分子电子器件、超导计算机、量子计算机等。计算机基本结构也试图突破冯·诺依曼体系结构，使其更智能化。相信在不久的将来，真正的新一代计算机（第五代）一定会出现。

本章重点介绍了计算机的组成与结构。一个完整的计算机系统由硬件系统和软件系统两大部分组成。计算机硬件系统是指由物理元器件构成的数字电路系统。计算机软件系统是指在硬件系统上运行的程序及其相关文档。计算机依靠硬件和软件的协同工作来执行给定的任务。本章介绍了冯·诺依曼计算机的基本结构和微型计算机硬件结构。尽管计算机硬件技术已经经过了几代变革，计算机的体系结构已经有了很大发展，但绝大部分计算机硬件的基本组成仍然采用冯·诺依曼体系结构。

习题 1

1. 数字电子计算机的定义是什么？其主要特性是什么？

2. 电子计算机的发展分为几代？其划分的主要标志是什么？

3. 冯·诺依曼计算机结构的主要特点是什么？冯·诺依曼计算机系统硬件由哪几部分组成？

4. 计算机软件分为哪几类？

5. 什么是 CPU？什么是主机？外围设备都包括什么？

6. 计算机硬件和计算机软件的关系是什么？计算机程序设计语言分为哪几类？

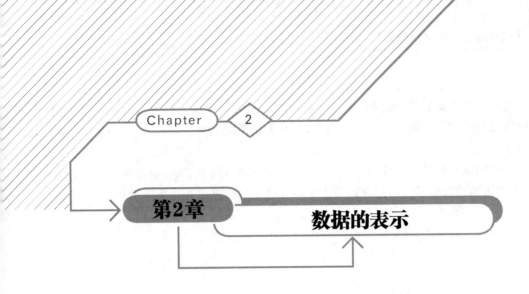

Chapter 2

第2章　数据的表示

本章学习目标
- 了解计算机中的基本逻辑电路。
- 掌握 8086 微机的寄存器名称及功能。
- 掌握数制和数制转换方法。
- 掌握机器数编码表示方法及机器数表示形式的转换。
- 了解非数值数据编码方法。
- 掌握数据校验码的编码方法和数据检错、纠错方法。

本章首先向读者介绍计算机中的基本逻辑电路,然后介绍数值数据和非数值数据的编码表示方法以及机器数表示形式的转换方法,最后介绍数据校验码的编码方法和数据检错、纠错的方法。

2.1　计算机常用的基本逻辑部件

计算机系统由各种基本的数字电路模块组成。数值、文字、声音、图画和视频等信息必须以计算机电路能够存储、转换、处理和通信的方式存在。计算机中的信息表示采用二进制编码形式,使得在电路中只需表示两种状态,以电压的高低和电流的有无表示二进制中的 1 和 0。制造有两个稳定状态的物理器件比制造有多个稳定状态的物理器件容易,数据的存储、传递和运算可靠性更高,不易受到电路中物理参数变化的影响,结果更加精确。

2.1.1　基本逻辑电路

下面介绍在计算机系统中使用的基本逻辑电路。

1. 门电路

门电路是一种进行基本逻辑运算的电路。门电路一般具有一个或多个输入端,输入信号经过门电路的逻辑运算后,在仅有的一个输出端输出运算结果。门电路的输入输出信号是高电平或者低电平。一般用 1 表示高电平,用 0 表示低电平。

1) 与门

与门电路完成与运算。在与运算中,只有输入端同时为高电平时,输出端的结果才为高电平,否则输出端为低电平。与运算符号为 × 或 ∧ 或 ·。与运算的运算规则如下:

$$0×0=0, \quad 0∧0=0, \quad 0·0=0$$
$$0×1=0, \quad 0∧1=0, \quad 0·1=0$$
$$1×0=0, \quad 1∧0=0, \quad 1·0=0$$
$$1×1=1, \quad 1∧1=1, \quad 1·1=1$$

2) 或门

或门电路完成或运算。在或运算中,输入端只要有高电平,输出端的结果就为高电平,否则输出端为低电平。或运算符号为 + 或 ∨。或运算的运算规则如下:

$$0+0=0, \quad 0∨0=0$$
$$0+1=1, \quad 0∨1=1$$
$$1+0=1, \quad 1∨0=1$$
$$1+1=1, \quad 1∨1=1$$

3) 非门

非门电路完成非运算。非运算又称逻辑否运算,将输入端的电平转变为相反的电平。非运算符号为 ¯。非运算的运算规则如下:

$$\overline{0}=1(非 0 等于 1) \quad \overline{1}=0(非 1 等于 0)$$

4) 与非门

与非门电路完成与非运算。与非门的运算规则是:先对输入端做与运算,再对与运算的结果做非运算,得到最终的输出结果。

5) 或非门

或非门电路完成或非运算。或非门的运算规则是:先对输入端做或运算,再对或运算的结果做非运算,得到最终的输出结果。

6) 异或门

异或门电路完成异或运算。在异或运算中,只有两个输入端电平不同时,输出端结果为高电平,否则输出端结果为低电平。异或运算的符号为 ⊕。异或运算的运算规则如下:

$$0⊕0=0 \quad 0⊕1=1 \quad 1⊕0=1 \quad 1⊕1=0$$

7) 同或门

同或门电路完成同或运算。在同或运算中,只有两个输入端电平相同时,输出端结果为高电平,否则输出端结果为低电平。同或运算的符号为 ⊙。同或运算的运算规则如下:

$$0⊙0=1 \quad 0⊙1=0 \quad 1⊙0=0 \quad 1⊙1=1$$

基本的门电路逻辑符号如表 2.1 所示。

表 2.1　基本的门电路逻辑符号

序号	名称	GB/T 4728.12—2008		国外流行图形符号
		限定符号	国标图形符号	
1	与门	&	&	
2	或门	≥1	≥1	
3	非门	逻辑非入 / 逻辑非出	1 / 1	
4	与非门		&	
5	或非门		≥1	
6	异或门	−1	=1	
7	同或门	−	= / =1	

2. 触发器

触发器是一种具有记忆功能的电路。触发器内部以状态 1 或状态 0 的形式存在,没有新输入时保持原状态不变。触发器可存储一位二进制信息。触发器有多种类型,D 触发器是一种常用的触发器。D 触发器的逻辑符号和真值表如图 2.1 所示。

输入		输出	
C	D	Q	$\overline{Q}$
上升沿	0	0	1
上升沿	1	1	0
0	×	保持原值	保持原值
1	×	保持原值	保持原值

(a) D触发器的逻辑符号　　　　　(b) D触发器的真值表

图 2.1　D 触发器的逻辑符号和真值表

当 C 端为上升沿信号时,将 D 端的数据锁存在触发器内,触发器输出端 Q 端与 D 端数据相同,$\overline{Q}$ 端与 D 端数据相反。当 C 端为 0 或 1 时,触发器关闭,D 端数据不影响触发器内部原数据,输出端 Q 和 $\overline{Q}$ 保持原值。

3. 寄存器

一个触发器可以存储一位二进制数,多个触发器可以存储一串 0 和 1 表示的二进制数据。多个触发器构成的存储器件称为寄存器。图 2.2 是由 4 个 D 触发器组成的 4 位寄存器。

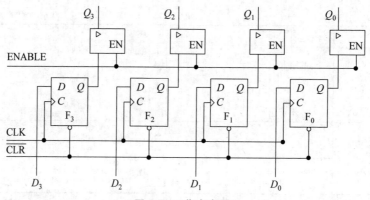

图 2.2　4 位寄存器

在图 2.2 中,当时钟信号 CLK 为上升沿时,数据线 $D_3 \sim D_0$ 的数据被分别写入触发器 $F_3 \sim F_0$。CLK 端出现新的上升沿之前,各触发器内的数据保持不变。输出允许信号 ENABLE 为高电平时,打开触发器 Q 端所接的三态门,锁存在触发器内的数据便通过三态门输出,输出端 $Q_3 \sim Q_0$ 的数据分别与输入端 $D_3 \sim D_0$ 的数据相等。

当复位信号 $\overline{\text{CLR}}$ 为低电平时,对各触发器内部数据清零。

寄存器的逻辑符号表示如图 2.3 所示。

在图 2.3 中,R_i 是寄存器的名称符号表示,多个寄存器用下标编号进行区分。寄存器内的数据按位存放,位序号从右边低位 0 开始编号。

$$n \qquad\qquad 0$$

1001⋯1000	R_i

图 2.3　寄存器的逻辑
符号表示

4. 移位寄存器

由多个触发器可以构成具有移位功能的移位寄存器。移位寄存器可以存取数据,对数据进行向左或向右移动 1 个位置或多个位置的操作。图 2.4 是一个右移移位寄存器。

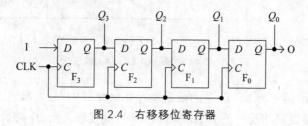

图 2.4　右移移位寄存器

CLK 信号为上升沿时，每个触发器将输出端的信息送到其右边的触发器中，就实现了将触发器保存的数据右移一位的操作。

5. 译码器

译码器是计算机中不可缺少的器件，主要用于控制器中的指令分析和存储器中的地址选择。译码器根据输入信号的编码，在多个输出端中选择对应的一个输出端有效。74LS138 译码器是 3 线输入、8 线输出的译码器集成电路。当控制选通信号 $G_1\overline{G_{2A}}\,\overline{G_{2B}}=100$ 时，74LS138 根据输入端 $A_2A_1A_0$ 的二进制编码，将 $\overline{Y}_7 \sim \overline{Y}_0$ 中对应的输出端以低电平形式译码输出。当控制选通信号 $\overline{G_{2A}}\,\overline{G_{2B}}\neq100$ 时，74LS138 不译码，输出端全为 1。74LS138 的逻辑符号和真值表如图 2.5 所示。

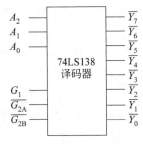

(a) 74LS138的逻辑符号

输入						输出							
G_1	$\overline{G_{2A}}$	$\overline{G_{2B}}$	A_2	A_1	A_0	$\overline{Y}_7$	$\overline{Y}_6$	$\overline{Y}_5$	$\overline{Y}_4$	$\overline{Y}_3$	$\overline{Y}_2$	$\overline{Y}_1$	$\overline{Y}_0$
1	0	0	0	0	0	1	1	1	1	1	1	1	0
1	0	0	0	0	1	1	1	1	1	1	1	0	1
1	0	0	0	1	0	1	1	1	1	1	0	1	1
1	0	0	0	1	1	1	1	1	1	0	1	1	1
1	0	0	1	0	0	1	1	1	0	1	1	1	1
1	0	0	1	0	1	1	1	0	1	1	1	1	1
1	0	0	1	1	0	1	0	1	1	1	1	1	1
1	0	0	1	1	1	0	1	1	1	1	1	1	1
$G_1\overline{G_{2A}}\overline{G_{2B}}\neq100$			×	×	×	1	1	1	1	1	1	1	1

(b) 74LS138的真值表

图 2.5　74LS138 的逻辑符号和真值表

2.1.2　8086 系统的寄存器组

计算机系统通常对存放在寄存器中的数据进行处理,然后把处理的结果存放在寄存器中。

1. 寄存器分类

计算机中的寄存器按功能来分,一般有以下几种:

(1) 数据寄存器:存放运算数据和运算结果。

(2) 累加器:运算器中用来暂存运算结果的主要寄存器。

(3) 指令寄存器:保存从内存中读出的程序中要执行的指令。

(4) 指令地址寄存器:保存下一条要执行的指令的地址,也叫指令计数器、程序计数器。

(5) 地址寄存器:保存访问内存的地址,即把要访问的操作数或指令的地址保存在该类寄存器中。

(6) 缓冲寄存器:在很多计算机部件之间设置缓冲寄存器,用来实现数据暂存,尤其是部件之间存在速度差异时,用来暂存信息,以取得同步。

2. 8086 CPU 的寄存器组

8086 CPU 内部有 14 个 16 位寄存器。根据其作用分为通用寄存器、段寄存器、特殊寄存器(指令指针)和标志寄存器。

1) 通用寄存器组

(1) AX:累加寄存器,一般用来存取参加运算的数据和结果。

(2) BX:基址寄存器,除了存取数据,还可以存取访问内存时的地址。

(3) CX:计数寄存器,既可以存取数据,也可以在串处理指令、移位指令和循环指令中作计数用。

(4) DX:数据寄存器,除了用于存取数据外,还可用在乘除法指令、扩展指令、I/O 指令中,有其特殊用途。

AX、BX、CX、DX 这 4 个寄存器可以分别将高 8 位和低 8 位作为独立的 8 位寄存器使用。8 个 8 位寄存器分别为 AH(AX 高 8 位)、AL(AX 低 8 位)、BH(BX 高 8 位)、BL(BX 低 8 位)、CH(CX 高 8 位)、CL(CX 低 8 位)、DH(DX 高 8 位)、DL(DX 低 8 位)。

(5) SI:源变址寄存器,除了存取数据,还可以存取访问内存时的地址。在串处理指令中有特殊用途。

(6) DI:目的变址寄存器,除了存取数据,还可以存取访问内存时的地址。在串处理指令中有特殊用途。

(7) BP:基址指针,一般用于存取访问内存时的地址。

(8) SP:堆栈指针,一般用于存取堆栈区栈顶的地址。

2) 段寄存器组

(1) CS:代码段段寄存器,用于存取代码段的段地址。

(2) DS:数据段段寄存器,用于存取数据段的段地址。

（3）SS：堆栈段段寄存器，用于存取堆栈段的段地址。

（4）ES：附加段段寄存器，用于存取附加段的段地址。

3）特殊寄存器

IP：指令指针，用于保存下一条要执行的指令的地址。

4）标志寄存器

FLAGS：标志寄存器，用于存取微处理器在运行程序时的状态，其中有 9 个有意义的标志位。

（1）CF：进位/借位标志。运算器做加法（减法）运算时，数据最高位产生进位（借位），则 CF 置为 1，否则为 0。

（2）ZF：为零标志。运算器运算的结果为 0 时，ZF 置为 1，否则为 0。

（3）SF：符号标志。运算器运算的结果符号位为 1，则 SF 置为 1，否则为 0。

（4）PF：奇校验标志。运算器运算结果低 8 位中有偶数个 1，则 PF 置为 1，否则为 0。

（5）OF：溢出标志。运算器做运算时，发生了溢出，则 OF 置为 1，否则为 0。

（6）AF：辅助进位/借位标志。运算器做运算时，最低 4 位数据运算时产生了进位（借位），则 AF 置为 1，否则为 0。

（7）DF：方向标志。若 DF=0，串处理指令执行时，地址指针自动递增；若 DF=1，串处理指令执行时，地址指针自动递减。

（8）IF：中断允许标志。若 IF=1，CPU 执行程序时，允许 CPU 响应外部可屏蔽中断请求；若 IF=0，CPU 执行程序时，禁止 CPU 响应外部可屏蔽中断请求。

（9）TF：单步标志。若 TF=1，CPU 执行程序时，执行一条指令就停止；若 TF=0，CPU 连续执行程序中的指令。

2.2 数值数据的编码表示

计算机能处理符号、文字、图形、图像、音频和视频等信息，这些信息在计算机的内部硬件上存储和处理，而硬件只能表示两个状态：状态 1 和状态 0，因此必须对信息采用不同的编码形式表示。数据编码就是用尽可能少的代码表示各种信息，减少代码的存储量和运算开销。数据编码方法要求编码的格式具有规整性，运算方便。

2.2.1 数制及数制转换

人们在日常生活中常采用十进制数来记数和计算。十进制数的表示有以下规则：表示数值时，除了正负符号，采用 0～9 这 10 个记数符号。一个十进制数表示为多个记数符号的排列，记数符号的位置称为位序号。从小数点往左，位序号依次是 0，1，2，……从小数点往右，位序号依次是 -1，-2，-3，……处于不同位置的记数符号代表的数值不一样，等于该记数符号乘以该位的权数。设位序号为 n，权数就是 10 的 n 次幂。各位记数符号的数值总和就是这个十进制数的实际值。

例如,十进制数 123,由 1、2、3 这 3 个记数符号组成,它们的权分别是 10^2、10^1、10^0。123 的数值可表示为 $1 \times 10^2 + 2 \times 10^1 + 3 \times 10^0$。

基于同样的原理,可以定义其他的进位制。一般地,在 R 进制下,数 $x_n x_{n-1} \cdots x_1 x_0 . x_{-1} x_{-2} \cdots x_{-m}$ 所代表的值可表示为

$$X_n R^n + x_{n-1} R^{n-1} + \cdots + x_1 R^1 + x_0 R^0 + x_{-1} R^{-1} + x_{-2} R^{-2} + \cdots + x_{-m} R^{-m}$$

其中,R 称为基数,各位数字 $x_i (i=n, n-1, \cdots, 1, 0, -1, -2, \cdots, -m)$ 的取值范围为 $0 \sim R-1$。

1. 二进制

在计算机中,数据都采用二进制或二进制编码的形式存在,这是因为计算机中的数以数字电路的物理状态来表示。数字电路的输入或输出只有两种电平,高电平表示 1,低电平表示 0。

二进制采用 0 和 1 两个符号表示数值。二进制的基数是 2。多位二进制数据中的每一个记数符号的权值是 2^n,n 是该位的位序号。为了区别二进制数和十进制数,二进制数可加上下标 2 或者字母 B,如 $(1011)_2$ 或者 1011B。十进制数可加上下标 10 或者字母 D,如 $(1011)_{10}$ 或者 1011D。

【例 2-1】 二进制数 01001111B 的数值为多少?

解: $01001111B = 0 \times 2^7 + 1 \times 2^6 + 0 \times 2^5 + 0 \times 2^4 + 1 \times 2^3 + 1 \times 2^2 + 1 \times 2^1 + 1 \times 2^0$
$$= 1 \times 2^6 + 1 \times 2^3 + 1 \times 2^2 + 1 \times 2^1 + 1 \times 2^0 = 79D$$

2. 八进制和十六进制

二进制便于在计算机内部存储和计算,但是表示数据时位数较多,不便于人们书写和记忆。为此,在开发程序、调试程序、阅读程序时,为了书写和阅读方便,经常使用八进制或十六进制。

八进制数采用 $0 \sim 7$ 这 8 个记数符号,基数是 8。多位八进制数据中的每一个记数符号的权值是 8^n,n 是该位的位序号。八进制数可加上下标 8 或者字母 O(为了和 0 区别,也可加 Q),如 $(1011)_8$ 或者 1011Q。

【例 2-2】 八进制数 1011Q 的数值为多少?

解: $\qquad 1011Q = 1 \times 8^3 + 0 \times 8^2 + 1 \times 8^1 + 1 \times 8^0 = 521D$

十六进制采用 $0 \sim 9$、$A \sim F$ 这 16 个记数符号,基数是 16。多位十六进制数据中的每一个记数符号的权值是 16^n,n 是该位的位序号。十六进制数可加上下标 16 或者字母 H,如 $(1011)_{16}$ 或者 1011H。由于十六进制数中出现了字母符号,为了和计算机中的字符串区分,在以字母符号开始的十六进制数前面加一个 0。

【例 2-3】 十六进制数 1011H 的数值为多少?

解: $\qquad 1011H = 1 \times 16^3 + 0 \times 16^2 + 1 \times 16^1 + 1 \times 16^0 = 4113D$

表 2.2 列出了十进制数 15 以内的 4 种数制之间的对应关系。

表 2.2 4 种数制之间的对应关系

十进制	二进制	八进制	十六进制
0	0000	0	0
1	0001	1	1
2	0010	2	2
3	0011	3	3
4	0100	4	4
5	0101	5	5
6	0110	6	6
7	0111	7	7
8	1000	10	8
9	1001	11	9
10	1010	12	A
11	1011	13	B
12	1100	14	C
13	1101	15	D
14	1110	16	E
15	1111	17	F

3. 进制的运算规则

两个十进制数相加时,逢 10 进 1;两个十进制数相减时,借 1 当 10。

两个二进制数相加时,逢 2 进 1;两个二进制数相减时,借 1 当 2。

两个八进制数相加时,逢 8 进 1;两个八进制数相减时,借 1 当 8。

两个十六进制数相加时,逢 16 进 1;两个十六进制数相减时,借 1 当 16。

【例 2-4】 $N_1 = 01010011$B,$N_2 = 00100100$B。计算 $N_1 + N_2$ 和 $N_1 - N_2$。

解：

$$N_1 + N_2 = 01110111 \qquad N_1 - N_2 = 00101111$$

$$
\begin{array}{r}
01010011 \\
+\ \ 00100100 \\
\hline
01110111
\end{array}
\qquad
\begin{array}{r}
01010011 \\
-\ \ 00100100 \\
\hline
00101111
\end{array}
$$

【例 2-5】 $N_1 = 0$BBH,$N_2 = 3$AH。计算 $N_1 + N_2$ 和 $N_1 - N_2$。

解：

$$N_1 + N_2 = 0\text{F5H} \qquad N_1 - N_2 = 81\text{H}$$

$$
\begin{array}{r}
\text{BB} \\
+\ \ 3\text{A} \\
\hline
\text{F5}
\end{array}
\qquad
\begin{array}{r}
\text{BB} \\
-\ \ 3\text{A} \\
\hline
81
\end{array}
$$

4. 进制的转换

计算机内部采用二进制编码,而书写和阅读大都采用十、八、十六进制。因此必须掌握各种数制间的转换。

1）R 进制转换为十进制

任何一个 R 进制数转换成十进制数，要将每位记数符号乘以该位的权值，再求和。这种转换方法称为位权相加法。

【例 2-6】 将 $(10101.01)_2$ 转换为十进制数。

解： $(10101.01)_2 = (1 \times 2^4 + 1 \times 2^2 + 1 \times 2^0 + 1 \times 2^{-2})_{10} = (21.25)_{10}$

【例 2-7】 将 $(37.6)_8$ 转换为十进制数。

解： $(37.6)_8 = (3 \times 8^1 + 7 \times 8^0 + 6 \times 8^{-1})_{10} = (31.75)_{10}$

【例 2-8】 将 $(3A.C)_{16}$ 转换为十进制数。

解： $(3A.C)_{16} = (3 \times 16^1 + 10 \times 16^0 + 12 \times 16^{-1}) = (58.75)_{10}$

2）十进制转换为 R 进制

整数部分采用"除基取余，先低后高"法，小数部分采用"乘基取整，先高后低"法。基数就是 R。

十进制整数部分转换时，用整数除以基数 R，直到商为 0。先得到的余数放在结果的低位，后得到的余数放在结果的高位。

十进制小数部分转换时，用小数乘以基数 R，取乘积的整数部分作为结果数据小数点后的 1 位数据。乘积的小数部分继续与基数 R 相乘，再将乘积的整数部分顺序放到结果数据中，直到乘积小数部分为 0 或已得到希望的小数位数为止。

【例 2-9】 将 $(835.6875)_{10}$ 转换为二进制数和十六进制数。

解：（动画演示文件名：例 2-9.swf）

$(835.6875)_{10} = (1101000011.1011)_2$

$(835.6875)_{10} = (343.B)_{16}$

3) 二进制、八进制、十六进制相互转换

因为 3 位二进制数恰好构成一个八进制位($2^3=8$),4 位二进制数恰好构成一个十六进制位($2^4=16$),所以,二进制数和八进制数、十六进制数的转换可以采用位段转换法。二进制数转换为八进制数时,以小数点为界,整数部分从低位向高位,小数部分从高位向低位,每3 位二进制数为一组,对应转换为一个八进制位。二进制数转换为十六进制数时,以小数点为界,整数部分从低位向高位,小数部分从高位向低位,每 4 位二进制数为一组,对应转换为一个十六进制位。一组二进制位数不足时,最低位右边添 0 补足,最高位左边添 0 补足。八进制数转换为二进制数时,八进制数的一位转换为对应的 3 位二进制数即可。十六进制数转换为二进制数时,十六进制数的一位转换为对应的 4 位二进制数即可。

【例 2-10】 将八进制数 13.724 转换为二进制数。

解:(动画演示文件名:例 2-10.swf)

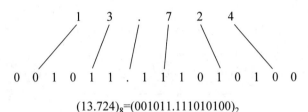

$$(13.724)_8=(001011.111010100)_2$$

【例 2-11】 将十六进制数 2B.5E 转换为二进制数。

解:(动画演示文件名:例 2-11.swf)

$$(2B.5E)_{16}=(00101011.01011110)_2$$

【例 2-12】 将二进制数 11001.11 转换为十六进制数。

解:(动画演示文件名:例 2-12.swf)

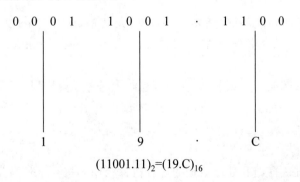

$$(11001.11)_2=(19.C)_{16}$$

2.2.2 机器数编码表示

计算机内部用具有两个不同稳定状态的元件来表示数据。数据在计算机中的表示形式称为机器数。一个机器数所代表的实际数值称为真值。

数值数据要在电子元件上表示,需要解决符号的表示问题、小数点的表示问题,还要考虑数据位的编码问题,以便于计算机内部数据的运算。下面分别介绍无符号整数、带符号整数、带符号纯小数、实数在计算机中的表示方法。因为计算机内部存储、运算和传送数据的部件是有限的,所以不管采用哪种表示法,都只能表示一定范围内的有限个数。如果数据的值超出了硬件可以表示的数值范围,则发生了溢出。所以研究数据的表示方法时,还要研究这种表示方法的数值表示范围。

1. 无符号整数的表示

无符号整数是指零和正整数。在计算机中表示无符号整数时,直接用这个数的二进制表示作为数据的编码(机器数)。机器数的每一位都是数值位。

【例 2-13】 在 8 位寄存器中表示数据 5。

解:$5D=00000101B$,寄存器中的机器数表示为

0	0	0	0	0	1	0	1

计算机中能并行传送的最大二进制数的位数称为字长。字长是由计算机的硬件长度决定的。因为计算机字长有限,所以能够表示的数据大小也有一定的范围。

对于一个 n 位的二进制的定点整数 $X=x_1x_2\cdots x_n$,其中 $x_i=0$ 或 $1,1\leqslant i\leqslant n$。这个数代表的数值是 $x_12^{n-1}+\cdots+x_{n-1}2^1+x_n2^0$,可表示的数值范围是 $0\leqslant X\leqslant 2^n-1$。

在 n 位字长的计算机中,可表示的无符号数据个数是 2^n 个,也就是 n 个具有两种稳定状态的电子元件上可能出现的状态组合个数。

2. 带符号整数的表示

数据的符号只有正、负两种,因此也可以用具有两个稳定状态的物理器件表示。在数据表示时,可增加一个符号位来表示正负号,一般用机器数的最高位表示符号位,规定 0 表示正号,1 表示负号。

但是仅仅增加符号位还不够,还要考虑数据(尤其是负数)其余位的编码方法和运算方法,以便于数据计算。一个带符号数的编码方法主要有 3 种:原码、补码、反码。

1) 原码

把一个十进制数转换为二进制数,在最高位加上符号位,就是原码。在字长为 n 的计算机中,表示一个数据 $X=x_sx_1x_2x_3\cdots x_{n-1}$,其中 x_s 是 +、- 符号,其原码的表示形式是

$$[X]_{原}=\begin{cases}0x_1x_2x_3\cdots x_{n-1}, & x\geqslant 0\\1x_1x_2x_3\cdots x_{n-1}, & x<0\end{cases}$$

采用原码编码方式存储和处理数据的计算机称为原码机。字长为 n 的原码机中数据的

表示范围是$-(2^{n-1}-1)\leqslant X\leqslant 2^{n-1}-1$。

【例 2-14】 求 $X_1=+1011010B$、$X_2=-1011010B$ 在 8 位寄存器中的原码表示形式。

解: (动画演示文件名:例 2-14-1.swf,例 2-14-2.swf)

$$[X_1]_原=[+1011010B]_原=01011010$$

它在 8 位寄存器中的表示形式为

0	1	0	1	1	0	1	0

$$[X_2]_原=[-1011010B]_原=11011010$$

它在 8 位寄存器中的表示形式为

1	1	0	1	1	0	1	0

【例 2-15】 求 $+0$ 和 -0 在 8 位原码机中的表示形式。

解: $\qquad [+0]_原=00000000 \qquad [-0]_原=10000000$

在原码的表示中,0 有两种表示方式,这使得一个数在计算机中的表示形式出现了不一致。

2)补码

计算机中一般用补码实现加减运算。补码是根据模的概念和数的互补关系引出的一种表示方法,下面用时钟来说明这些概念。

在时钟面上只有 1~12 个数,超过 12 的数不再累计,时钟的模就是 12。1 时、13 时、25 时都是等价的 1 时。在一定数值范围内的运算称为模运算,用 mod 表示。在模运算系统中,一个数与它除以模后得到的余数是等价的。假定时钟的时针指向 10 点,若沿顺时针方向拨动 8 格,时针指向 6 点;若沿逆时针方向拨动 4 格,时针也指向 6 点。

$$(10+8) \bmod 12=6 \qquad 10-4=6$$

所以在模 12 的系统中,18 等价于 6。把 4 称为 8 对模 12 的补数,8 也称为 4 对模 12 的补数。可以看到,在模运算中,减去一个数等于加上这个数对模的补数。

在计算机中,用有限的二进制位来表示数据,对于字长为 n 的计算机,共能表示 2^n 个数据,运算 $X+2^n=X \bmod (2^n)$,因此,计算机中进行的运算是模运算,模是 2^n。补码正是按补数概念对数据编码的,这样可以用加法实现减法运算。将加减法运算统一起来后,就不必像原码那样考虑符号的异同和数值的绝对值大小问题了。

设一个字长为 n 的带符号数 X 的补码定义为

$$[X]_补=2^n+X$$

若 $X>0$,则模作为超出部分被舍弃,正数的补码就是其本身。若 $X<0$,则等于模与该数绝对值之差。

【例 2-16】 在字长为 4 的寄存器中,求数据 $+5$ 和 -5 的补码。

解: 用字长为 4 的寄存器存储数据,模是 $2^4=16$。

$$[+5]_补=[+101B]_补=16+5=21 \bmod 16=5=0101$$

$$[-5]_{补}=[-101B]_{补}=16-5=11 \bmod 16=11=1011$$

可以看到,正数的补码就是该数的原码;负数的补码符号位为1,数值部分为真值按位取反后末位加1。这种表示方法可以用比较简单的电路实现。

设一个字长为 n 位的带符号数 X 的原码为 $[X]_{原}=x_s x_1 x_2 x_3 \cdots x_{n-1}$,则

$$[X]_{补}=\begin{cases} 0x_1 x_2 x_3 \cdots x_{n-1}, & x \geqslant 0 \\ 1\overline{x_1}\ \overline{x_2}\ \overline{x_3}\cdots\overline{x_{n-1}}+1, & x<0 \end{cases}$$

采用补码编码方式表示数据的计算机称为补码机。一个字长为 n 位的补码机中,数据的表示范围为 $-2^{n-1} \leqslant X \leqslant 2^{n-1}-1$。

【例 2-17】 求 $+0$ 和 -0 在 8 位机中的补码形式。

解: $[+0]_{补}=00000000$ $[-0]_{补}=\overline{10000000}+1=11111111+1=00000000$

在补码机中,0 的补码只有一种形式,具有唯一性。

【例 2-18】 求 $X_1=+1011010B$,$X_2=-1011010B$ 在 8 位寄存器中的补码表示形式。

解: $[X_1]_{补}=[+1011010B]_{补}=01011010$

它在 8 位寄存器中的表示形式为

0	1	0	1	1	0	1	0

$$[X_2]_{补}=[-1011010B]_{补}=10100110$$

它在 8 位寄存器中的表示形式为

1	0	1	0	0	1	1	0

【例 2-19】 在一个 8 位寄存器中,比较分别采用原码和补码表示的数据的范围。

解: 8 位寄存器中,编码的个数有 $2^8=256$ 个。

若采用原码表示法,1 位符号位,7 位数据位,能够表示的数据范围为 $-(2^7-1) \sim 2^7-1$,即 $-127 \sim 127$。其中,负数 $-127 \sim -1$ 使用 127 个编码,$+0$、-0 使用 2 个编码,$+1 \sim +127$ 使用 127 个编码,一共 256 个编码。

若采用补码表示法,1 位符号位,7 位数据位,能够表示的数据范围为 $-2^7 \sim 2^7-1$,即 $-128 \sim 127$。其中负数 $-128 \sim -1$ 使用 128 个编码,$+0$、-0 使用 1 个编码,$+1 \sim +127$ 使用 127 个编码,一共 256 个编码。

可以看出,原码的表示是对称的,补码的表示不对称。补码比原码的表示范围多一个最小负数。

3) 变形补码

为了判断补码数据运算结果是否溢出,某些计算机中还采用变形补码表示方式。在变形补码中,符号位用 2 位表示,正数符号位用 00 表示,负数符号位用 11 表示。若结果出现符号位为 01 或 10,则结果数据溢出。

对于一个 n 位的机器,设符号位为 2 位,数值部分为 $n-2$ 位,则数据 X 的变形补码为

$$[X]_{变补}=\begin{cases}00x_1x_2x_3\cdots x_{n-2}, & x\geqslant 0\\11\overline{x_1}\ \overline{x_2}\ \overline{x_3}\cdots\overline{x_{n-2}}+1, & x<0\end{cases}$$

【例 2-20】 已知 $X=-1011B$,求 8 位机中 X 的变形补码。

解:在 8 位机中表示变形补码,2 位符号位,6 位数据位。

$$[X]_{变补}=11+\overline{001011}+1=11110101$$

4) 反码

在补码机中,负数的补码是由原码数值各位取反再加 1 得到的。在数值各位取反但尚未加 1 时的编码形式就称为反码。

设一个字长为 n 位的带符号数 X 的原码为 $[X]_{原}=x_sx_1x_2x_3\cdots x_{n-1}$,则

$$[X]_{反}=\begin{cases}0x_1x_2x_3\cdots x_{n-1}, & x\geqslant 0\\1\ \overline{x_1}\ \overline{x_2}\ \overline{x_3}\cdots\overline{x_{n-1}}, & x<0\end{cases}$$

正数的反码与原码相同,负数的反码为原码数值位逐位取反,但符号位保持不变。

反码表示中,0 有两个编码:

$$[+0]_{反}=000\cdots 0\quad[-0]_{反}=111\cdots 1$$

由于反码运算不方便,所以计算机中不采用反码进行数值计算。

3. 带符号纯小数的表示

计算机只能识别和表示 0 和 1,而无法识别小数点。所以必须解决小数点的表示问题。在计算机中采用定点与浮点规则来解决这个问题。所谓定点数,就是小数点位置在机器数中固定不变的数。使用定点数的计算机称为定点机。小数点在数中的位置是隐含约定的,并不占数位。

小数点的位置可以隐含设置在任何数位,但通常采用两种类型的定点数表示。一种是把小数点约定在机器数最低位的右边,用于表示纯整数数据,这样机器数表示的就是定点整数。另一种是把小数点约定在符号位和最高数值位之间,数值位部分只表示小数点后的尾数部分,小数点和整数部分的 0 不表示,用于表示纯小数数据,这样表示的机器数称为定点小数。

1) 定点数表示方法

定点纯整数的格式如图 2.6 所示。

定点纯小数的格式如图 2.7 所示。

图 2.6　带符号定点纯整数格式

图 2.7　带符号定点纯小数格式

为了表示机器数是定点纯小数,书写时在符号位和数值位之间写一个小数点。

为了便于运算,定点数的数值位也采用原码、补码等编码方法。定点小数原码就是小数数值位的绝对值部分。定点纯小数的模是 2,所以定点小数 X 的补码表示为 $[X]_{补}=2+X$。

设一个字长为 n 的带符号小数 $[X]_原 = x_s.x_1 x_2 \cdots x_{n-1}$，则

$$[X]_补 = \begin{cases} 0.x_1 x_2 \cdots x_{n-1}, & x \geqslant 0 \\ 1.\bar{x}_1 \bar{x}_2 \cdots \bar{x}_{n-1} + 1, & x < 0 \end{cases}$$

【例 2-21】 求 $X_1 = +0.1011010\mathrm{B}$，$X_2 = -0.1011010\mathrm{B}$ 在 8 位机器中的定点原码表示形式。

解：（动画演示文件名：例 2-21-1.swf，例 2-21-2.swf）

$$[X_1]_原 = [+0.1011010\mathrm{B}]_原 = 0.1011010$$

它在 8 位寄存器中的表示形式为

0	1	0	1	1	0	1	0

$$[X_2]_原 = [-0.1011010\mathrm{B}]_原 = 1.1011010$$

它在 8 位寄存器中的表示形式为

1	1	0	1	1	0	1	0

【例 2-22】 求 8 位机中 $X = -0.1011010\mathrm{B}$ 的补码。

解：（动画演示文件名：例 2-22.swf）

$$[X]_补 = 1.\overline{1011010} + 1 = 1.0100101\mathrm{B} + 2^{-7} = 1.0100110$$

它在 8 位寄存器中的表示形式为

1	0	1	0	0	1	1	0

2）定点小数表示范围

在字长为 n 位的计算机中，定点原码小数的表示范围是 $-(1 - 2^{-(n-1)}) \leqslant X \leqslant 1 - 2^{-(n-1)}$。

在原码表示中，正数和负数表示的个数一样多，0 有两个编码。

在字长为 n 位的计算机中，定点补码小数的表示范围是 $-1 \leqslant X \leqslant 1 - 2^{-(n-1)}$。

在补码表示中，负数比正数多表示一个数，0 有唯一的编码，即 $000 \cdots 0$。

4. 实数的表示

定点数的表示比较单一，要么是纯整数，要么是纯小数，而且表示数的范围比较小，运算过程中很容易发生溢出。在十进制数的表示方法中，有一种科学记数法，可用来表示数值很大或很小的数，也可以用来表示既有整数又有小数的数，即实数。例如，$123.456 = 0.123456 \times 10^3$。在计算机中也引入类似的表示方法来表示实数，称为浮点数表示法，在这种表示法中，小数点的位置是不固定的。

1）浮点数表示法

对任意一个二进制数 X，可以表示成 $X = (-1)^S \times M \times R^E$。其中，$S$ 为符号位，0 表示

正号,1 表示负号,表示整个数据的正负,因为整个数据的符号与尾数的符号相同,所以 S 又称为尾符;M 为尾数,是一个二进制定点小数的数值位部分,可以采用原码或补码编码方式;E 为阶码,是一个二进制定点整数,是指数部分的编码,常用移码或补码表示,阶码的符号位称为阶符;R 是基数,可以取值 2、4、16 等。一台浮点机的基数是固定的,所以,基数不需要占用数位表示。计算机中典型的浮点数格式如下:

阶符	阶码	尾符	尾数

【例 2-23】　设机器字长为 10 位,采用浮点表示法表示数据。格式规定如下:1 位阶符,3 位阶码,1 位尾符,5 位尾数;基数为 2;阶码和尾数采用原码编码。写出数据 $X = -0.00011010B$ 的机器数形式。

解:先将数据表示成科学记数法形式:
$$X = -0.00011010 = -0.11010 \times 2^{-3}$$
分别按规定位数和编码表示各部分:
- 阶码 -3 的原码是 1011,其中最高位(即阶符)为 1。
- 尾数 -0.11010 的原码是 111010,其中最高位(即尾符)为 1。

机器数形式为 $[X]_浮 = 1011111010$。

【例 2-24】　设机器字长为 10 位,采用浮点表示法表示数据。格式规定如下:1 位阶符,3 位阶码,1 位尾符,5 位尾数;基数为 2;阶码和尾数采用补码编码。写出数据 $X = -0.00011010B$ 的机器数形式。

解:先将数据表示成科学记数法形式:
$$X = -0.00011010 = -0.11010 \times 2^{-3}$$
分别按规定位数和编码表示各部分:
- 阶码 -3 的补码是 1101,其中最高位(即阶符)为 1。
- 尾数 -0.11010 的补码是 100110,其中最高位(即尾符)为 1。

机器数形式为 $[X]_浮 = 1101100110$。

2) 移码

浮点数的阶码一般用移码表示。浮点数在进行加减运算时,要比较两个浮点数的阶码大小,为了简化比较操作,使操作过程不涉及阶的符号,可以对每个阶码都加上一个正的常数(称为偏移常数),使所有阶码都转化为正整数,这就是移码表示。

对于字长为 n 的机器,X 所对应的移码定义为
$$[X]_移 = 2^{n-1} + X \quad (-2^{n-1} \leqslant X < 2^{n-1})$$
当 $X > 0$ 时,X 最高位加 1,符号位为 1;当 $X < 0$ 时,2^{n-1} 减去 X 的绝对值,符号位为 0。可见,一个真值的移码和它的原码、反码、补码的符号位正好相反。

因为在字长为 n 的机器中,
$$[X]_补 = 2^n + X = 2^{n-1} + 2^{n-1} + X = 2^{n-1} + [X]_移$$

所以,求 X 的移码,可以简单地将其补码的符号位取反即可。

【例 2-25】 $X_1=+1011B,X_2=-1011B$,求 8 位机中 X_1 和 X_2 的移码。

解: $[X_1]_移 = 2^7 + X_1 = 10000000B + 1011B = 10001011$

或者$[X_1]_补 = 00001011$,将符号位取反:

$$[X_1]_移 = 10001011$$

$$[X_2]_移 = 2^7 + X_2 = 10000000B + [-1011B] = 01110101$$

或者$[X_2]_补 = 11110101$,将符号位取反:

$$[X_2]_移 = 01110101$$

3) 浮点数的规格化

浮点数尾数的位数表示数的有效位数,有效位数越多,数据的精度就越高。为了充分利用尾数的二进制位数来表示更多的有效位数,通常采用浮点数的规格化形式。当基数为 2 时,规格化要求尾数的绝对值大于或等于 1/2,并且小于或等于 1。这样,当尾数与符号位采用原码编码时,尾数数值最高位应为 1;当采用补码编码时,规定尾数的最高位与符号位相反。当不符合这种规定的数据出现时,可以通过修改阶码并同时移动尾数的办法使其满足规格化要求。

规格化操作有两种:左规和右规。当采用变形补码表示尾数时,如果前 3 位为 00.1 或 11.0,则浮点数就是规格化的。如果前 3 位是 00.0 或 11.1,就是非规格化的,需要采用左规操作。左规时,尾数每左移一位,末尾补一个 0,阶码减 1。若尾符为 01 或 10,并不表明该浮点数溢出,可以通过右规操作使其规格化。右规时,尾数每右移一位,符号位扩展一位,阶码加 1,再来判断阶码是否溢出。若阶码溢出,则该浮点数溢出。

【例 2-26】 已知补码浮点机格式规定为:1 位阶符,3 位阶码,2 位尾符,4 位尾数。判断浮点数$[X]_浮 = 0010000100$ 和$[Y]_浮 = 0001010000$ 是否是规格化的。若不是,则进行规格化操作,写出结果。

解: $[X]_浮 = 0010000100$,因为尾符为 00,尾数的最高位为 0,所以,它是非规格化的。采用左规操作,将尾符和尾数一起左移一位,尾数末尾加 0 变成 1000,阶码减 1,从 0010 变成 0001。所以规格化后$[X]_浮 = 0001001000$。

$[Y]_浮 = 0001010000$,因为尾符为 01,所以需要右规。尾符和尾数一起右移,高位符号位扩展,变为 001000,阶码加 1,从 0001 变成 0010。所以规格化以后$[Y]_浮 = 0010001000$。

4) 浮点数表示范围

以浮点数表示的数据是离散的值,而不是连续的值。浮点数表示法扩大了数值表示的范围,但未增加数值表示的个数。

在浮点机中,规定基数为 2,阶码为 k 位(含 1 位阶符),尾数为 m 位(含 1 位尾符),则规格化表示的浮点数的最大正数为

$$+(1-2^{-m+1}) \times 2^{2^{k-1}-1}$$

最小正数为

$$+\frac{1}{2}\times 2^{-2^{k-1}}$$

最大负数为

$$-\left(\frac{1}{2}+2^{-m+1}\right)\times 2^{-2^{k-1}-1}$$

最小负数为

$$-1\times 2^{2^{k-1}-1}$$

当浮点数的尾数为 0 时,阶码取任何值,其值都为 0,这样的数称为机器零。所以机器零是不唯一的。当一个数的大小超出了浮点数的表示范围时,称为溢出。溢出判断只对规格化数的阶码进行。当阶码小于计算机能表示的最小阶码时,称为下溢,此时一般当作机器零处理;当阶码大于计算机能表示的最大阶码时,称为上溢。

2.2.3 机器数表示形式的转换

真值是数据的实际值,机器数是数据在计算机内部表示、运算的形式。下面介绍各种机器数表示形式之间、真值和机器数之间的转换方法。

1. 机器数转换为真值

根据机器数的定义,可以通过逆运算求出真值。

1) 已知原码求真值

将原码机器数的符号位转换为 +、− 号,数值部分就是真值的二进制数值。

【例 2-27】 8 位原码机中机器数为 11100111,求其真值。

解: 已知 $[X]_原$ = 11100111,原码数据最高符号位是 1,转换为 −;后面 7 位是真值的二进制数据 1100111B。所以 X 的二进制真值是 −1100111B。

2) 已知补码求真值

设 x_0 为补码符号,X 为真值,补码表示规则为 $[X]_补 = 2^n x_0 + X$。则真值 $X = -2^n x_0 + [X]_补$。

若 x_0 是 0,则 $X = +[X]_补$。

若 x_0 是 1,则 $X = -2^n + [X]_补 = -(2^n - [X]_补) = -(2^n - 1 - [X]_补 + 1)$。

可见,若补码符号位是 0,则真值为正数,补码的数据位就是真值的二进制数据位;若补码符号位是 1,则真值为负数,真值的数据位等于补码的数据位取反加 1。

【例 2-28】 已知 8 位补码机中,$[X]_补$ = 10110101,求真值 X。

解: 根据机器数可知机器字长 $n = 8$。符号位为 1,真值为负数,数值部分取反加 1 为 1001011。所以真值 $X = -1001011$B。

2. 补码移位运算

在计算机内部,可以通过移位寄存器对数据进行移位。机器数右移一位,意味着数值缩小为原数的 1/2;而左移一位,数值扩大为原数的 2 倍。补码移位规则如下:

• 左移:高位移出,末位补 0。若移出的位不同于符号位,则溢出。

• 右移：高位补符号位，低位移出。

【例 2-29】 已知 $[X]_补 = 1.1010110$，求 $[X/2]_补$。

解：(动画演示文件名：例 2-29.swf)

$$[X]_补 = 1.1010110$$

$$[X/2]_补 = 1.1101011$$

【例 2-30】 已知 $[X]_补 = 1.1010110$，求 $[2X]_补$。

解：(动画演示文件名：例 2-30.swf)

$$[X]_补 = 1.1010110$$

$$[2X]_补 = 1.0101100$$

溢出判断：移出位为 1，符号位为 1，未发生溢出。

【例 2-31】 已知 $[X]_补 = 1.1010110$，求 $[4X]_补$。

解：(动画演示文件名：例 2-31.swf)

$$[X]_补 = 1.1010110$$

$$[2X]_补 = 1.0101100$$

$$[4X]_补 = 0.1011000$$

溢出判断：移出位为 1，现符号位为 0，发生溢出。

3. 补码取负运算

设 x_0 是符号位，X 是真值，因为 $[X]_补 = 2^n x_0 + X$，所以

$$[-X]_补 = 2^n \bar{x}_0 + (-X) = 2^n - [X]_补 = 2^n - 1 - [X]_补 + 1$$

可见，对 $[X]_补$ 连同符号位按位取反加 1，即可得 $[-X]_补$。

【例 2-32】 已知 $[X]_补 = 1011010$，求 $[-X]_补$。

解：(动画演示文件名：例 2-32.swf)

$$
\begin{array}{ll}
[X]_补 = 1011010 & \\
\quad\quad\quad 0100101 & (取反) \\
\quad\quad\quad\quad +1 & (加1) \\
\hline
[-X]_补 = 0100110 &
\end{array}
$$

4. 补码填充运算

在计算机内部,有时需要将短数扩展为一个长数,此时需要进行填充处理。补码定点小数填充时在末尾补 0,补码定点整数填充时在高位用数符补足所有位数。

【例 2-33】 求 $[X]_{补}$＝111010 在 8 位机和 16 位机中的补码表示形式。

解:(动画演示文件名:例 2-33.swf)

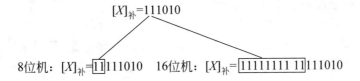

8位机:$[X]_{补}$＝ $\boxed{11}$ 111010   16位机:$[X]_{补}$＝ $\boxed{11111111\ 11}$ 111010

2.2.4 十进制数的二进制编码表示

在计算机中一般是把十进制数转换为二进制数进行处理的。但是在一些场合中,要求直接采用十进制数计算。在一些计算机中,采用一种用二进制编码的十进制数来表示数值数据,有些还有专门的十进制运算指令,并设计了专门的十进制运算逻辑电路。

将每一位十进制数用 4 位二进制数来表示。选取 4 位二进制数的 16 种状态中的 10 种表示十进制数 0～9。这种十进制数用二进制编码的形式称为 BCD(Binary-Coded Decimal,二进制编码的十进制)码。BCD 码有多种,其中最常用的是 8421 码,它选取 4 位二进制数按计数顺序的前 10 种与十进制数字相对应。二进制数中每位的权从左到右分别为 8、4、2、1,因此称为 8421 码。表 2.3 为 4 位有权码。

表 2.3　4 位有权码

十进制数	8421 码	2421 码	5211 码	84-2-1 码	4311 码
0	0000	0000	0000	0000	0000
1	0001	0001	0001	0111	0001
2	0010	0010	0011	0110	0011
3	0011	0011	0101	0101	0100
4	0100	0100	0111	0100	1000
5	0101	1011	1000	1011	0111
6	0110	1100	1010	1010	1011
7	0111	1101	1100	1001	1100
8	1000	1110	1110	1000	1110
9	1001	1111	1111	1111	1111

BCD 码在存储器内有两种存储方式,即压缩 BCD 码和非压缩 BCD 码。非压缩 BCD 码的存储形式是一字节存储空间只存放一个 BCD 码。压缩 BCD 码的存储形式是一字节存储空间存放两个 BCD 码。

【例 2-34】 写出十进制数 15 的二进制编码和 8421 码,并将 8421 码分别采用压缩 BCD

码和非压缩 BCD 码形式存放。

解： $$(15)_{10} = (00010101)_{8421} = (1111)_2$$

采用压缩 BCD 码存放,只需要一字节存储空间,值为 00010101。采用非压缩 BCD 码存放,需要两字节存储空间,一字节中值为 00000001,另一字节中值为 00000101。

2.3　非数值数据的编码表示

在计算机中除了进行数值运算外,还要大量地处理逻辑数据、字符文字、图像、声音、视频等数据,这些信息在计算机内部都必须以 0、1 序列编码形式表示。

2.3.1　逻辑数据

逻辑数据是表示事物相对立的两种可能值,如"真"或"假"、"是"或"否"等。逻辑数据在计算机中也用一位二进制数表示,一个事件成立用 1 表示,不成立用 0 表示。有时用 n 位二进制数表示 n 个逻辑数据,其中的每一位代表的是逻辑概念的 0 或 1。逻辑数据只能参加逻辑运算,按位进行运算,如与、或、逻辑左移、逻辑右移等。

2.3.2　西文字符

西文字符是指由拉丁字母、数字、标点符号及一些特殊符号组成的字符集。西文字符的编码方案有多种,目前国际上普遍采用的是美国国家信息交换标准代码(American Standard Code for Information Interchange,ASCII)。ASCII 编码标准中规定 8 位二进制数中最高位为 0,余下 7 位可以有 128 个编码,表示 128 个字符。ASCII 编码字符集如表 2.4 所示。

表 2.4　ASCII 编码字符集

$b_3 b_2 b_1 b_0$	$b_6 b_5 b_4$							
	000	001	010	011	100	101	110	111
0000	NUL	DLE	SP	0	@	P	`	p
0001	SOH	DC1	!	1	A	Q	a	q
0010	STX	DC2	"	2	B	R	b	r
0011	ETX	DC3	#	3	C	S	c	s
0100	EOT	DC4	$	4	D	T	d	t
0101	ENQ	NAK	%	5	E	U	e	u
0110	ACK	SYN	&	6	F	V	f	v
0111	BEL	ETB	'	7	G	W	g	w
1000	BS	CAN	(	8	H	X	h	x
1001	HT	EN	)	9	I	Y	i	y
1010	LF	SUB	*	:	J	Z	j	z

续表

$b_3 b_2 b_1 b_0$	$b_6 b_5 b_4$							
	000	001	010	011	100	101	110	111
1011	VT	ESC	+	;	K	[	k	{
1100	FF	FS	,	<	L	\	l	|
1101	CR	GS	—	=	M	]	m	}
1110	SO	RS	.	>	N	^	n	~
1111	SI	US	/	?	O	_	o	DEL

2.3.3 汉字字符

计算机要对汉字进行处理,就必须对汉字进行编码。汉字的总数超过 6 万个,数量巨大,在编码时既要考虑编码的紧凑性以减少存储量,又要考虑输入的方便性。为了适应汉字信息处理的不同需要,汉字编码方案根据用途可分为 3 类:汉字输入码、汉字内码和汉字字模码。

1. 汉字输入码

计算机键盘是为西文输入设计的。为了利用西文键盘输入汉字,需要建立汉字和键盘按键之间的对应规则。将每个汉字用一组键盘按键表示,这样形成的汉字编码称为汉字输入码。常见的汉字输入码有数字编码(如区位码等)、字音编码(如微软拼音输入法等)和字形编码(如五笔字型码等)。

2. 汉字内码

为了使汉字信息交换有一个通用的标准,1981 年我国制定了《信息交换用汉字编码字符集 基本集》(GB 2312—80)。该标准选出 3755 个常用汉字和 3008 个次常用汉字,一共 6763 个汉字,为每个汉字规定了标准代码,以供汉字信息在不同计算机系统之间交换使用。这个标准称为国标码,又称国标交换码。国标字符集为每个字符规定了一个唯一的二进制代码。每个编码字长为 2 字节,每字节占用 7 个二进制位,最高位为 0。这个 14 位的代码表示该字符在字符集码表中的区号和位号。

为了信息处理和存储方便,以及与 ASCII 码兼容,计算机系统将汉字国标码的每字节的最高位置 1,作为该汉字的机内码,即汉字内码。目前 PC 中汉字内码的表示大多数采用此种方式。

3. 汉字字模码

经过计算机处理后的汉字,如果需要在屏幕上显示或打印出来,则必须将汉字机内码转换成人们可以阅读的形式。每个汉字的字形信息预存在计算机内。国标字符集中的所有字符的字形信息集合在一起称为字形信息库。不同的字体(如宋体、楷体等)对应不同的字形库。需要显示一个汉字时,首先根据汉字机内码到字形库中检索出该汉字的字形信息,然后传送到相应的设备输出。

汉字的字形主要有两种描述方法:字模点阵描述和轮廓描述。字模点阵就是将汉字用

$n \times n$ 点的方阵来表示,在字符中有点的地方用 1 表示,没有点的地方用 0 表示,这样形成的二进制点阵数据称为汉字的字模点阵码。汉字的轮廓描述法是把汉字笔画的轮廓用一组直线和曲线来描述,记下每一直线和曲线的数学描述公式。

2.3.4 多媒体信息

计算机还能对图画、声音和视频等信息进行各种处理,这些信息必须能在计算机内部用 0、1 序列编码形式进行描述。

1. 图的编码表示

计算机内的图有两种表示形式:图像和图形。

图像表示法类似于汉字的字模点阵。把原始图像离散成 $m \times n$ 个像素点所组成的一个矩阵。每个像素的颜色或灰度用二进制数表示。颜色或灰度的种数称为颜色深度。颜色深度越大,描述一个像素的二进制位数越大。

图形表示法是将画面中的内容用几何元素(如点、线、面、体)、物体表面材质和环境的光照位置等信息来描述。

2. 声音的编码表示

计算机处理的声音分为 3 种:一是语音,即人说话的声音;二是音乐,即各种乐器演奏的声音;三是效果音,如掌声、爆炸声等。计算机内部用波形法和合成法两种方法来表示声音。

从物理学的角度看,声音可以用随时间变化的连续声波波形来表示。计算机要表示和处理声音,必须将声波波形转换为 0、1 序列编码形式,这个转换过程称为声音的数字化编码。声音数字化编码过程分为 3 步。

(1) 采样。以固定的时间间隔对声音波形进行数据采集,使连续的声音波形变成一个个离散的样本值。每秒采样的次数被称为采样频率。采样频率越高,声音的质量越好。通常计算机采用的采样频率有 44.1kHz、22.05kHz 和 11.025kHz。

(2) 量化。对采样的每个样本值用一个二进制数字量来表示。转换的二进制位数越多,量化精度越高,声音的质量越好。一般有 16 位或 8 位。

(3) 编码。对产生的二进制数据进行编码,按照规定的格式表示。

声音的合成法是把音乐的乐谱、弹奏的乐器类型、击键力度等用符号记录,适用于音乐在计算机内部的表示。目前广泛采用的一种标准是 MIDI(Musical Instrument Digital Interface,乐器数字接口)。

为了处理数字声音信息,计算机内部都有一个声音处理硬件,如声卡。声音处理硬件用来对各种声音输入设备(如麦克风)输入的声音进行数字化编码处理,保存为数字声音信息,并能将计算机内部的数字声音还原为模拟信号声音,经功率放大后送到声音输出设备(如音箱)输出。

3. 视频信息的表示

视频信息的内容最丰富。计算机通过视频获取设备(如视频卡)将视频信号转换为计算机内部的二进制数字信息,这个过程称为视频信号的数字化。对一幅彩色画面的亮度、色差

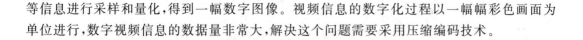

等信息进行采样和量化,得到一幅数字图像。视频信息的数字化过程以一幅幅彩色画面为单位进行,数字视频信息的数据量非常大,解决这个问题需要采用压缩编码技术。

2.4 数据校验码

数据在计算机中生成、存储、处理和传输时,会因为元器件故障或噪声干扰的原因而发生错误。为了减少和避免这些错误,除了提高硬件的可靠性外,还可以在数据编码上采用检测和纠正错误的措施,在出现错误时可以发现错误并确定错误的位置,以便纠正错误。在数据编码中,能够发现错误的编码叫作检错码,能够纠正错误的编码叫作纠错码,能够检测或纠正编码中错误的信息编码称为数据校验码。

目前的数据校验法大多采用冗余校验的思想,即除了原数据信息外,还增加若干位新编码,这些编码称为校验码。常用的数据校验码有奇偶校验码、汉明校验码和循环冗余校验码等。

2.4.1 奇偶校验码

奇偶校验法在信息位中增加一位校验位,能够检测出代码中的奇数个位的错误,但不能纠正错误。常用于存储器读写检查或按字节传输数据过程中的数据校验。奇偶校验码包括奇校验码和偶校验码两种。

1. 奇偶校验位的生成过程

设源数据 $B = b_{n-1}b_{n-2}\cdots b_1 b_0$,校验位为 P。若采用奇校验位,则 $P = b_{n-1} \oplus b_{n-2} \oplus \cdots \oplus b_1 \oplus b_0 \oplus 1$,即,若源数据 B 有奇数个1,则 P 取0,否则取1,也就是保证加上校验位之后的数据编码中有奇数个1。若采用偶校验位,则 $P = b_{n-1} \oplus b_{n-2} \oplus \cdots \oplus b_1 \oplus b_0$,即若源数据 B 有偶数个1,则 P 取0,否则取1,也就是保证加上校验位之后的数据编码中有偶数个1。

【例2-35】 源数据为01101010B。采用奇校验法生成校验位,校验位在最高位。写出校验后的编码。

解:(动画演示文件名:例2-35.swf)

$$P = 0 \oplus 1 \oplus 1 \oplus 0 \oplus 1 \oplus 0 \oplus 1 \oplus 0 \oplus 1 = 1$$

数据增加奇校验位后的编码为101101010。

2. 奇偶校验码的检错过程

假设源数据信息和校验位经存储或传送后,新编码中数据部分为 $B' = b'_{n-1}b'_{n-2}\cdots b'_1 b'_0$,校验位为 P''。为了判断源数据 B 是否在存储和传送后发生了错误,在奇偶校验电路中进行检错。步骤如下:

(1)对 B' 求新校验码 P'。

若采用奇校验法:

$$P' = b'_{n-1} \oplus b'_{n-2} \oplus \cdots \oplus b'_1 \oplus b'_0 \oplus 1$$

若采用偶校验法：

$$P' = b'_{n-1} \oplus b'_{n-2} \oplus \cdots \oplus b'_1 \oplus b'_0$$

（2）比较原校验位和新校验位是否相同，判断有无奇偶错。

$$P^* = P' \oplus P''$$

若 $P^* = 1$，则表示数据有奇数个位出错；若 $P^* = 0$，则表示数据正确或有偶数个位错。

在奇偶校验码中，若两个数据有奇数个位不同，则这两个数据的校验位就不同；若有偶数个位不同，则校验位仍然相同。因此奇偶校验码只能发现奇数个位出错，不能发现偶数个位出错，而且不能确定发生错误的位置，因而不具有纠错能力。

【例 2-36】 在计算机中采用奇校验法，数据从源部件发送到终部件，校验位在新编码的最后一位。若终部件得到的编码分别为 011010100、011010110、011010111，判断这 3 个数据是否发生了错误。

解：

（1）编码 011010100 的检错过程为

$B' = 01101010$，　　$P'' = 0, P' = 0 \oplus 1 \oplus 1 \oplus 0 \oplus 1 \oplus 0 \oplus 1 \oplus 0 \oplus 1 = 1$，

$P^* = P' \oplus P'' = 1$

该编码有奇数个位出错。

（2）编码 011010110 的检错过程为

$B' = 01101011$，　　$P'' = 0$，　　$P' = 0 \oplus 1 \oplus 1 \oplus 0 \oplus 1 \oplus 0 \oplus 1 \oplus 1 \oplus 1 = 0$，

$P^* = P' \oplus P'' = 0$

该编码无错或有偶数个位出错。

（3）编码 011010111 的检错过程为

$B' = 01101011$，　　$P'' = 1$，　　$P' = 0 \oplus 1 \oplus 1 \oplus 0 \oplus 1 \oplus 0 \oplus 1 \oplus 1 \oplus 1 = 0$，

$P^* = P' \oplus P'' = 1$

该编码有奇数个位出错。

2.4.2 汉明校验码

奇偶校验码检错能力差，并且没有纠错能力。如果将数据按某种规律分成若干组，对每组进行相应的奇偶校测，就能提供多位检错信息，从而对错误位置进行定位，并对其进行纠正。汉明校验码实质上是一种多重奇偶校验码，主要用于存储器中数据的校验。

1. 校验位位数的确定

汉明校验码和奇偶校验码一样，都是通过对原校验码和新校验码进行异或操作生成的故障字来判断数据是否发生错误。要实现对某个数据发生的错误进行定位，则故障字应能体现数据可能出现的状态。假定数据位位数为 n，校验位位数为 k，则故障字位数也是 k，k 位故障字能够表示的状态有 2^k 种，每种状态用来说明一种情况。数据会出现的状态有无错、n 位数据中某一位出错、k 位校验位中有一位出错的情况（只考虑干扰造成一位出错的情

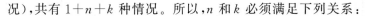

况），共有 $1+n+k$ 种情况。所以，n 和 k 必须满足下列关系：

$$2^k \geqslant 1+n+k$$

2. 分组方式的确定

数据位和校验位一起存储构成 $n+k$ 位的码字。若将校验位穿插在数据位中，使得某位出错时得到的故障字和出错的位置之间存在确定的关系，就可以根据故障字直接确定出错的位置并进行纠正。

根据上述基本思想，按以下规则来解释各故障字的值：

（1）如果故障字各位全为 0，则表示没有发生错误。

（2）如果故障字中有且仅有一位为 1，则表示校验位中有一位出错。校验位出错不需要纠正。

（3）如果故障字中有多位为 1，则表示有一个数据位出错。出错的数据位的位置由故障字的数值确定。只需根据故障字的值找到出错位进行取反纠正就可以了。

【例 2-37】 数据 $M = M_8 M_7 M_6 M_5 M_4 M_3 M_2 M_1$，采用汉明校验法时，如何确定校验分组？

解：（动画演示文件名：例 2-37.swf）

数据位有 8 位，校验位位数 k 要满足 $2^k \geqslant 1+8+k$，则 $k=4$。定义 4 位校验位 $P = P_4 P_3 P_2 P_1$。根据上面的规则进行数据位和校验位的排列。

（1）故障字 0000 表示无错的情况。

（2）故障字中只有一位为 1 时，表示校验位有一位出错的状态。将 P_1 放在 0001 的位置（即第 1 位），将 P_2 放在 0010 的位置（即第 2 位），将 P_3 放在 0100 的位置（即第 4 位），将 P_4 放在 1000 的位置（即第 8 位）。

（3）故障字中有多位为 1 时，表示数据位有一位出错的情况。将 M_1 放在 0011 的位置（即第 3 位），将 M_2 放在 0101 的位置（即第 5 位）……这样就得到了码字的排列：

$$M_8 M_7 M_6 M_5 P_4 M_4 M_3 M_2 P_3 M_1 P_2 P_1$$

故障字与出错情况的对应关系如表 2.5 所示。

表 2.5 故障字和出错情况的对应关系

故障字	无错	出 错 位											
		1	2	3	4	5	6	7	8	9	10	11	12
		P_1	P_2	M_1	P_3	M_2	M_3	M_4	P_4	M_5	M_6	M_7	M_8
S_4	0	0	0	0	0	0	0	0	1	1	1	1	1
S_3	0	0	0	0	1	1	1	1	0	0	0	0	1
S_2	0	0	1	1	0	0	1	1	0	0	1	1	0
S_1	0	1	0	1	0	1	0	1	0	1	0	1	0

3. 校验位的生成

根据故障字和出错情况对应关系表,将 12 位码字分成 4 组,每组进行奇(偶)校验生成一位校验位。在上面的分组方式中,可以看到每个数据位至少参与两组奇(偶)校验位的生成。

【例 2-38】 对 8 位数据 01101010,完成汉明校验码的校验位生成过程,每组采用偶校验。

解:(动画演示文件名:例 2-38.swf)

根据表 2.5,可得到校验位和数据位之间的关系,对每组数据进行偶校验运算。

$$P_1 = M_1 \oplus M_2 \oplus M_4 \oplus M_5 \oplus M_7 = 1$$
$$P_2 = M_1 \oplus M_3 \oplus M_4 \oplus M_6 \oplus M_7 = 1$$
$$P_3 = M_2 \oplus M_3 \oplus M_4 \oplus M_8 = 0$$
$$P_4 = M_5 \oplus M_6 \oplus M_7 \oplus M_8 = 0$$

将数据位和校验位一起存储,得到的码字为

$$M_8 M_7 M_6 M_5 P_4 M_4 M_3 M_2 P_3 M_1 P_2 P_1 = 011001010011$$

4. 汉明校验码的检错和纠错

数据位 M 和校验位 P 一起存储或传送后,读出的数据为 M',读出的校验位为 P''。对 M' 采用同样的分组校验,得到新校验位 P'。将 P' 和 P'' 进行异或得到故障字 S。根据故障字可以确定码字是否发生错误。若发生错误,根据故障字确定的错误位置确定处理方法:若是数据位出错,则取反纠错;若是校验位出错,可以不纠错。

汉明校验码具有发现两位错、纠正一位错的能力,又称为单纠错码。

【例 2-39】 在终部件处接收到的汉明校验码为 011101010011,已知校验分组表如表 2.5 所示,完成该数据的检错以及纠错过程。

解:(动画演示文件名:例 2-39.swf)

根据汉明校验码的位排列顺序,可知 $M' = 01111010$,$P'' = 0011$。

对 M' 生成新校验位 P':

$$P'_1 = M'_1 \oplus M'_2 \oplus M'_4 \oplus M'_5 \oplus M'_7 = 0$$
$$P'_2 = M'_1 \oplus M'_3 \oplus M'_4 \oplus M'_6 \oplus M'_7 = 1$$
$$P'_3 = M'_2 \oplus M'_3 \oplus M'_4 \oplus M'_8 = 0$$
$$P'_4 = M'_5 \oplus M'_6 \oplus M'_7 \oplus M'_8 = 1$$

将 P' 和 P'' 异或得到故障字 S:

$$S = P' \oplus P'' = 1010 \oplus 0011 = 1001$$

根据表 2.5,故障字为 1001,表明第 9 位出错。第 9 位是数据位 M_5,所以只需将 M'_5 取反纠正,即可得到原正确数据 01101010。

2.4.3 循环冗余校验码

循环冗余校验(Cyclic Redundancy Check,CRC)码简称循环码,是一种具有检错、纠错能力的校验码。循环冗余校验码常用于外存储器和计算机同步通信的数据校验。循环冗余校验通过多项式运算来建立数据位和校验位的约定关系。

1. 校验位的生成

循环冗余校验码由 n 位信息位和 k 位校验位构成。k 位校验位拼接在 n 位数据位后面，$n+k$ 为循环冗余校验码的字长，因此又称这个校验码为 $(n+k,n)$ 码。

在循环冗余校验法中，需要约定一个多项式，这个多项式称为生成多项式。生成多项式 $G(x)$ 是一个 $k+1$ 位的二进制数，x 的最高幂次是 k。一个多项式可以用一个二进制数来表示。将多项式中对应 x 次幂的系数依次记录便是多项式对应的二进制数。例如，多项式 x^3+x^2+1 对应的二进制数是 1101。n 位信息位表示为一个报文多项式 $M(x)$，x 的最高幂次是 $n-1$。将 $M(x)$ 乘以 x^k，即左移 k 位，再除以 $G(x)$，得到的 k 位余数就是校验位。这里的除法运算是模 2 除法，即①当部分余数首位是 1 时商取 1，反之商取 0；②每一位的减法运算是按位减（异或运算），不产生借位。

【例 2-40】 设要传送的数据信息是 100011，采用循环冗余校验法进行校验，约定的生成多项式为 $G(x)=x^3+1$。完成循环冗余校验过程。

解：（动画演示文件名：例 2-40.swf）

数据信息 100011 的报文多项式为 $M(x)=x^5+x+1$。生成多项式为 $G(x)=x^3+1$，x 的最高幂次为 3，则校验位位数为 $k=3$。将 $M(x)$ 左移 3 位，除以生成多项式，得到的余数就是校验位。计算过程如下：

$$
\begin{array}{r}
100111 \\
1001\,\overline{\smash{\big)}\,100011000} \\
\underline{1001} \\
0011 \\
\underline{0000} \\
0111 \\
\underline{0000} \\
1110 \\
\underline{1001} \\
1110 \\
\underline{1001} \\
1110 \\
\underline{1001} \\
111
\end{array}
$$

得到的余数为 111，则生成的循环冗余校验码字为 100011111。

2. 检错和纠错

CRC 码在存储或传送后，在接收方进行校验过程，以判断数据是否有错，若有错则进行纠错。一个 CRC 码一定能被生成多项式整除。接收方用码字除以同样的生成多项式。如果余数为 0，则码字没有错误；如果余数不为 0，则说明某位出错，不同的出错位对应的余数不同。对 $(n+k,k)$ 码制，在生成多项式确定时，出错位和余数的对应关系是确定的。

【例 2-41】 在 $(7,4)$ 码中，$G(x)=1011$ 时，码字中出错位和余数的对应关系是怎样的？若接收方的码字为 1001000，完成数据检错和纠错过程。

解：(动画演示文件名：例 2-41-1.swf，例 2-41-2.swf)

在循环冗余校验码中，出错位和余数的对应关系在码制、生成多项式确定时是不变的。任意选择信息码 1010，生成正确的 CRC 码。然后假设码字在不同位发生错误，用错误的码字求得出错时的余数。表 2.6 列出了每个出错位和余数的对应关系。

表 2.6　CRC 中码字、余数和出错位的关系

位号	6	5	4	3	2	1	0	余数			出错位
含义	D_3	D_2	D_1	D_0	P_3	P_2	P_1	余数			出错位
正确	1	0	1	0	0	1	1	0	0	0	无
错误	1	0	1	0	0	1	0	0	0	1	0
	1	0	1	0	0	0	1	0	1	0	1
	1	0	1	0	1	1	1	1	0	0	2
	1	0	1	1	0	1	1	0	1	1	3
	1	0	0	0	0	1	1	1	1	0	4
	1	1	1	0	0	1	1	1	1	1	5
	0	0	1	0	0	1	1	1	0	1	6

将接收方的码字除以生成多项式，得到余数为 110。根据表 2.6，可知对应第 4 位错。将第 4 位取反，得到正确的码字 1011000。

```
          1010
    ┌──────────────
1011│ 1001000
    √ 1011
      ─────
      0100
      0000
      ─────
      1000
      1011
      ─────
      0110
      0000
      ─────
      110
```

3. 生成多项式的选取

并不是所有的 k 位多项式都能作为生成多项式。为了能够检错和纠错，选取的生成多项式应具备如下条件：

(1) 当任何一位出错时，都能使余数不为 0。

(2) 不同的位发生错误，得到的余数互不相同。

(3) 对余数继续做模 2 除法，余数是循环的。

下面是几种常用的生成多项式：

CRC-CCITT：$G(x) = x^{16} + x^{12} + x^5 + 1$

CRC-16：$G(x) = x^{16} + x^{15} + x^2 + 1$

CRC-12：$G(x) = x^{12} + x^{11} + x^3 + x^2 + x + 1$

CRC-32：$G(x) = x^{32} + x^{26} + x^{23} + x^{16} + x^{12} + x^{11} + x^{10} + x^8 + x^7 + x^5 + x^4 + x^2 + x + 1$

2.5　实验设计

本节实验的目的是了解 PC 中的寄存器、AEDK 虚拟机的寄存器、AEDK 虚拟机的通用寄存器以及机器数的编码表示。

2.5.1　PC 的寄存器组

1. 访问 PC 的寄存器

本节以 x86 系列微机中的 8086 CPU 为例进行学习。

DEBUG 命令 R 用于显示和修改 CPU 中的寄存器值。

R 命令有 3 种格式。

格式 1：R

功能：显示 CPU 内所有寄存器的当前值以及下一条要执行的指令的情况。

格式 2：R 寄存器名

功能：显示和修改指定寄存器的值。先显示指定寄存器的值，然后在冒号后等待用户输入新数据。如果需要修改寄存器的值，就输入新的数据（如果要输入字符，应输入字符的 ASCII 码）；如果不修改寄存器的值，则按回车键结束命令。

格式 3：RF

功能：显示和修改标志寄存器中的标志位值。屏幕上会显示当前标志寄存器的标志位情况，在-后输入要修改的标志位的符号表示即可，输入的顺序可以任意。不修改或修改完成后按回车键。在 DEBUG 中，标志寄存器的值用符号表示，如表 2.7 所示，其中给出了每个状态位的英文含义，以方便大家理解和记忆。

表 2.7　标志位值的符号表示

标志位名	标志位为 1	标志位为 0
CF(进位/借位标志)	CY(Carry Yes)	NC(No Carry)
ZF(为零标志)	ZR(ZeRo)	NZ(No Zero)
SF(符号标志)	NG(NeGative)	PL(Plus)
PF(奇校验标志)	PE(Parity Even)	PO(Parity Odd)
OF(溢出标志)	OV(OVerflow)	NV(No oVerflow)
AF(辅助进位/借位标志)	AC(Auxiliary Carry)	NA(No Auxiliary)
DF(方向标志)	DN(DowN)	UP(UP)
IF(中断允许标志)	EI(Enable Interrupt)	DI(Disable Interrupt)

【例 2-42】 查看当前 CPU 中各寄存器的值。

-R

从图 2.8 的显示结果可以知道当前 CPU 中各寄存器的值。在最后一行可以看到下一条要执行的指令的逻辑地址、机器代码、汇编代码。如果下一条指令要访问存储单元,则还会显示要访问的存储单元当前的值。

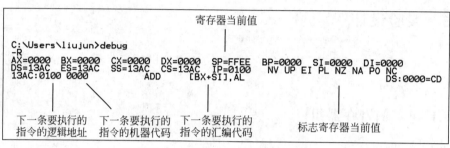

图 2.8　DEBUG 的 R 命令显示结果

2. 了解寄存器中数据的编码

8086 寄存器的数据存储采用补码。通过下面的步骤来验证。

在 DEBUG 中,编写程序段,用 A 命令输入以下程序段:

```
MOV AX,0001        ;将 1 存入 AX 寄存器
MOV BX,FFFF        ;将-1 存入 BX 寄存器
ADD AX,BX          ;对 AX 和 BX 做加法运算
```

执行 T 命令运行该程序,如图 2.9 所示。

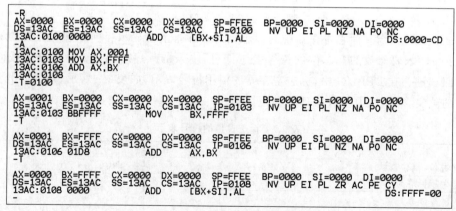

图 2.9　在 DEBUG 中运行程序

可以看到 AX 寄存器的结果为 0。即 +1 的补码 0001H 加上 -1 的补码 0FFFFH 结果为 0。

2.5.2　AEDK 虚拟机的寄存器组

1. AEDK 虚拟机的寄存器组成

AEDK 虚拟机中有 4 个寄存器：$R_0 \sim R_3$，由 4 个 74LS374 寄存器芯片组成，由一片 2-4 译码器 74LS139 通过译码来选择 4 个寄存器中的某一个，由或门 74LS32 组成控制逻辑电路。（动画演示文件名：虚拟机实验 2 堆栈寄存器组.swf）

图 2.10 为 AEDK 虚拟机的寄存器逻辑图。

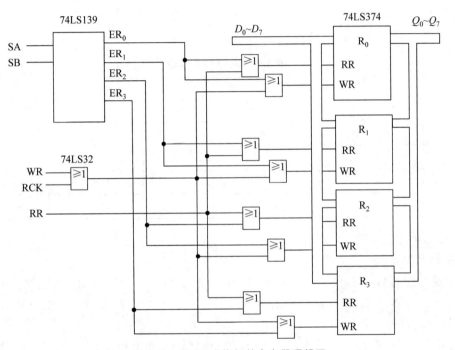

图 2.10　AEDK 虚拟机的寄存器逻辑图

1）AEDK 虚拟机寄存器组原理

由 SA、SB 两根控制线通过 74LS139 译码来选择 4 个 74LS374 寄存器。当 WR＝0 时，表示数据总线输入端 $D_0 \sim D_7$ 要向寄存器中写入数据，RCK 作为寄存器的工作脉冲，在上升沿时把总线上的数据写入 74LS139 选择的寄存器。当 RR＝0 时，把 74LS139 选择的寄存器的数据输出至数据总线输出端 $Q_0 \sim Q_7$。在本系统内使用了 WR＝0 作为写入允许信号，RCK 信号为上升沿时写入数据。RR＝0 时输出数据。

2）AEDK 虚拟机寄存器组控制信号

AEDK 虚拟机寄存器组控制信号如表 2.8 所示。

表 2.8　AEDK 虚拟机寄存器组控制信号

信号名称	作　用	有效电平
SA、SB	选通寄存器	低电平有效
RR	数据输出允许	低电平有效
WR	数据写入允许	低电平有效
RCK	寄存器的工作脉冲	上升沿有效

3) 74LS139 的逻辑

74LS139 的逻辑如表 2.9 所示。

表 2.9　74LS139 的逻辑

输　　入		输　　　　　出				功　　能
SA	SB	Y_0	Y_1	Y_2	Y_3	选择寄存器
0	0	0	1	1	1	R_0
0	1	1	0	1	1	R_1
1	0	1	1	0	1	R_2
1	1	1	1	1	0	R_3

4) 实验内容及步骤

(1) 对寄存器进行写入操作。

操作示例: 将数据 11H 写入寄存器 R_0,将数据 22H 写入寄存器 R_1,将数据 33H 写入寄存器 R_2,将数据 44H 写入寄存器 R_3。

操作步骤如下:

① 用信号线把数据总线输入端 $D_0 \sim D_7$ 与数据输入开关相连。虚拟机软件中数据总线输出端 $Q_0 \sim Q_7$ 与内部数据总线的连接线已经接好。

② 用信号线把 RR、WR、SA、SB 与对应的控制开关相连。把 RCK 连接到脉冲单元的脉冲按键。

③ 二进制开关设置。

数据开关置为 11H,各位如下:

D_7	D_6	D_5	D_4	D_3	D_2	D_1	D_0
0	0	0	1	0	0	0	1

控制开关设置如下:

RR	WR	SA	SB
1	0	0	0

按下脉冲按键,产生一个上升沿脉冲,将数据 11H 写入 R_0 寄存器。

④ 数据开关置为 22H,各位如下:

D_7	D_6	D_5	D_4	D_3	D_2	D_1	D_0
0	0	1	0	0	0	1	0

控制信号设置如下:

RR	WR	SA	SB
1	0	1	0

按下脉冲按键,产生一个上升沿脉冲,将数据 22H 写入 R_1 寄存器。

⑤ 数据开关置为 33H,各位如下:

D_7	D_6	D_5	D_4	D_3	D_2	D_1	D_0
0	0	1	1	0	0	1	1

控制信号设置如下:

RR	WR	SA	SB
1	0	0	1

按下脉冲按键,产生一个上升沿脉冲,将数据 33H 写入 R_2 寄存器。

⑥ 按照上面的方法,设置数据开关和控制信号开关,将 44H 写入 R_3 寄存器。

(2) 从寄存器中读出数据。

操作示例:把 R_0 中的数据读出到数据总线上。

操作步骤如下:

① 控制信号设置如下:

RR	WR	SA	SB
0	1	0	0

② 数据总线 $IDB_0 \sim IDB_7$ 上的发光二极管显示 00010001,读出 R_0 中的数据。

③ 根据读寄存器的操作方法,将 $R_1 \sim R_3$ 中的数据输出到数据总线上。

2. AEDK 虚拟机的通用寄存器构成

AEDK 虚拟机由两片 GAL16Z-A 芯片构成 8 位字长的通用寄存器 A。数据输出由一片 74LS244 输出缓冲器来控制。AEDK 虚拟机通用寄存器逻辑图如图 2.11 所示。(动画演示文件名:虚拟机实验 3 通用寄存器.swf)

通用寄存器的输出端 $Q_0 \sim Q_7$ 接入进位和判零电路。进位和判零电路由一片

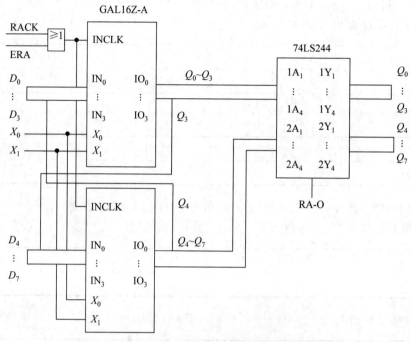

图 2.11 AEDK 虚拟机通用寄存器逻辑图

GAL16V8、一片 74LS74、两片 74LS14、一片 74LS32 和两个 LED(CY、ZD)发光管组成。进位和判零电路逻辑图如图 2.12 所示。

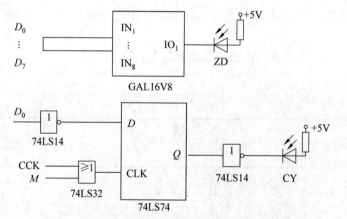

图 2.12 AEDK 虚拟机进位和判零电路逻辑图

1) 通用寄存器单元的工作原理

通用寄存器单元的核心部件为两片 GAL16Z-A,它具有数据锁存、左移、右移、数据保持等功能。可通过设置 X_0、X_1 来指定通用寄存器的工作方式,其逻辑如表 2.10 所示。

表 2.10　通用寄存器逻辑

X_0	X_1	功　能
0	0	数据锁存
0	1	右移
1	0	左移
1	1	数据保持

输出缓冲器采用三态门 74LS244。当控制信号 RA-O 为低时,74LS244 开通,把通用寄存器内容输出到总线;当 RA-O 为高时,74LS244 的输出为高阻。

进位和判零电路与通用寄存器、算术逻辑单元(ALU)有非常紧密的关系。算术逻辑单元做算术运算($M=1$)时,产生的进位输出 C_{N+4} 进入进位寄存器 74LS74 中;通用寄存器做带进位左移和右移时,移出的位进入进位寄存器 74LS74 中。当进位寄存器 74LS74 中的内容为 1 时,CY 发光管亮。GAL16V8 把通用寄存器中的每一位做或运算,结果为 0 时,ZD 发光管亮。

2) 通用寄存器的控制信号

通用寄存器的控制信号如表 2.11 所示。

表 2.11　通用寄存器控制信号

信号名称	作　用	有效电平
X_0、X_1	通用寄存器的工作模式	
ERA	选通通用寄存器	低电平有效
RA-O	通用寄存器内容输出至总线	低电平有效
RACK	通用寄存器工作脉冲	上升沿有效
M	在 ALU 单元中作为逻辑和算术运算的选择。在本实验中决定是否带进位移位	1 为带进位移位,0 为不带进位移位

3) 实验内容及步骤

(1) 将数据输入通用寄存器。

操作示例:把数据 42H 存入通用寄存器。

操作步骤如下:

① 用信号线将数据输入端 IN_1~IN_8 与数据开关相连。虚拟机软件中数据总线输出端 Q_0~Q_7 与内部数据总线的连接线已经接好。

② 用信号线把 RACK 连到脉冲单元的脉冲开关。用信号线把 ERA、X_0、X_1、RA-O、M 与对应的控制信号输入开关相连。

③ 用二进制开关输入数据和控制信号。

输入数据 42H,各位如下:

D_7	D_6	D_5	D_4	D_3	D_2	D_1	D_0
0	1	0	0	0	0	1	0

控制信号设置如下:

X_0	X_1	ERA	RA-O	M
0	0	0	0	1

④ 按下脉冲按键,产生一个上升沿的脉冲,把 42H 写入通用寄存器 A。此时 RA-O 为 0,数据输出到数据总线,数据总线上的指示灯 $IDB_0 \sim IDB_7$ 应该显示 01000010,由于寄存器内容不为 0,所以 ZD 发光管灭。

(2) 通用寄存器无进位循环左移。

操作示例:将通用寄存器中的数据 42H 做无进位循环左移,结果在数据总线上显示。

操作步骤如下:

① 按照将数据输入通用寄存器的方法把数据 42H 写入通用寄存器中,数据总线上的指示灯 $IDB_0 \sim IDB_7$ 显示 01000010。

② 循环左移功能的控制信号设置如下:

X_0	X_1	ERA	RA-O	M
1	0	0	0	0

③ 按下脉冲按键,产生一个上升沿,左移结果输出到数据总线上,数据总线上的指示灯 $IDB_0 \sim IDB_7$ 应该显示 10000100。由于寄存器内容不为 0,所以 ZD 发光管灭。

④ 一直按脉冲按键,在数据总线的指示灯上将看到数据无进位循环左移的现象。当数据左移 8 次后,寄存器中数据为 0,ZD 发光管亮。

(3) 通用寄存器带进位循环左移。

操作示例:把通用寄存器中的数据 81H 做带进位循环左移,结果在数据总线上的指示灯 $IDB_0 \sim IDB_7$ 上显示。

操作步骤如下:

① 按照将数据输入通用寄存器的方法把数据 81H 写入通用寄存器中,数据总线上的指示灯 $IDB_0 \sim IDB_7$ 显示 10000001。

② 带进位循环左移功能的控制信号设置如下:

X_0	X_1	ERA	RA-O	M
1	0	0	0	1

③ 按下脉冲按键,产生一个上升沿,左移结果输出到数据总线上,数据总线上的指示灯 $IDB_0 \sim IDB_7$ 应该显示 00000010。因为进位寄存器 CY 的初始值为 0,写入通用寄存器的最低位,同时通用寄存器的最高位写入进位寄存器 CY,CY 灯亮。由于寄存器内容不为 0,所以 ZD 发光管灭。

④ 一直按脉冲按键,在数据总线的指示灯上将看到数据带进位循环左移的现象。

2.6 本章小结

计算机系统由各种基本的数字电路模块组成。本章介绍了计算机中常用的基本逻辑电路。门电路完成基本逻辑与、或、非、异或、与非、或非等运算。触发器可存储一位二进制数据。多个触发器可以构成寄存器,存储多位二进制数据。具有移位功能的寄存器称为移位寄存器。译码器主要用于控制器里的指令分析和存储器里的地址选择。

计算机中的数据分为数值型数据和非数值型数据,都是以数字电路的物理状态来表示。本章介绍了二进制、八进制、十六进制的表示方法和各种数制的相互转换方法。本章重点介绍了计算机中机器数的编码形式。无符号整数采用二进制编码形式;带符号数采用原码、补码、反码的编码形式;对于小数点的问题,计算机中采用定点数和浮点数编码规则来解决。本章还介绍了逻辑数据、西文字符、汉字字符和多媒体信息等非数值型数据的表示方法。

数据在计算机中生成、存储、处理和传输时,会因为元器件故障或噪声干扰的原因而发生错误。采用数据校验的编码方法可以提高计算机中数据的可靠性。本章介绍了奇偶校验码、汉明校验码和循环冗余校验码 3 种校验码的生成、检错和纠错方法。

习题 2

1. 完成下面的数制转换。

$(689.45)_{10} = ($ $)_2 = ($ $)_{16}$

$(9E.23)_{16} = ($ $)_2 = ($ $)_{10}$

$(10111010.11011)_2 = ($ $)_{16} = ($ $)_{10}$

2. 机器字长为 8 位,写出下列各数的原码、反码和补码。

$+1001, -1001, +1, -1, +0.1010011, -0.1010011, -1.0, -0$

3. 已知下列机器数,求真值。

$[X]_原 = 1.1010110, [X]_反 = 01010011, [X]_补 = 11010111, [X]_补 = 10000000$

4. 已知 $[X]_补 = 10110110$,分别求以下各数。

$[4X]_补, [-X]_补, [X/2]_补, [X/8]_补$

5. 已知浮点机中数字的格式为:阶码 3 位(采用补码编码形式,含阶符 1 位),尾数 4 位(采用补码编码形式,含尾符 1 位)。写出下面两数在浮点机中的规格化形式。

$-1/8,-0.3125$

6. 某计算机字长为 16 位,采用下面几种编码时,能表示的数的范围是什么?

(1) 无符号整数。

(2) 原码定点整数。

(3) 原码定点小数。

(4) 补码定点整数。

(5) 补码定点小数。

7. 假设要传送的数据为 10101,若约定的生成多项式 $G(x)=x^3+1$,求生成的循环冗余校验码。

8. 若采用 7 位汉明校验码,每组采用偶校验法,已知故障字和出错位对应分组如表 2.12 所示。

表 2.12　故障字和出错位对应分组

分组	无错	7	6	5	4	3	2	1
		M_4	M_3	M_2	P_3	M_1	P_2	P_1
S_3	0	1	1	1	1	0	0	0
S_2	0	1	1	0	0	1	1	0
S_1	0	1	0	1	0	1	0	1

若接收端得到的码字为 11011100,完成该码字检错和纠错过程。

9. 分别采用下面 4 个编码规则时,二进制机器数 10001110 代表的信息真值分别是什么?

(1) 补码。

(2) 无符号数整数。

(3) 定点小数的补码。

(4) 增加了偶校验的 ASCII 码字符,校验位在最高位。

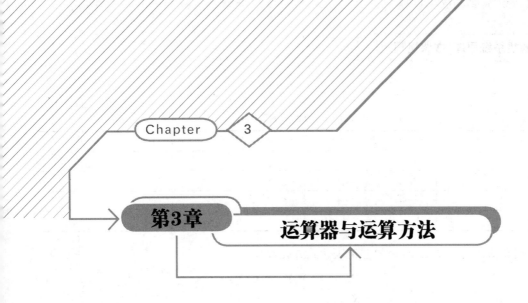

Chapter 3

第3章　运算器与运算方法

本章学习目标

- 掌握加法器、运算器、算术逻辑单元的结构和功能。
- 了解 8086 CPU 的算术逻辑单元和运算器的功能。
- 掌握定点加、减、乘、除的运算方法。
- 掌握浮点加、减、乘、除的运算方法。
- 了解十进制数加、减的运算方法。

本章首先介绍加法器、运算器、算术逻辑单元的实现原理和结构,然后介绍定点加、减、乘、除的运算方法以及浮点加、减、乘、除的运算方法,最后介绍十进制数加、减的运算方法。

3.1　运算器

运算器是计算机中的主要功能部件之一,是对二进制数据编码进行各种算术运算和逻辑运算的装置。

3.1.1　半加器和全加器

加法是计算机中的基本运算。运算器中的各种算术运算都是分解成加法运算进行的,因此加法器是运算器的基本部件。

1. 半加器

完成两个一位二进制数相加但不考虑低位进位的电路称为半加器。表 3.1 是两个二进制数的第 i 位 X_i 和 Y_i 相加的真值表,H_i 是第 i 位的半加和,C_i 表示第 i 位向高位的进位。

表 3.1 半加运算的真值表

X_i	Y_i	H_i	C_i
0	0	0	0
0	1	1	0
1	0	1	0
1	1	0	1

根据真值表写出 H_i 和 C_i 的逻辑表达式并化简：

$$H_i = \bar{X}_i Y_i + X_i \bar{Y}_i = X_i \oplus Y_i$$

$$C_i = X_i Y_i$$

根据逻辑表达式得到半加器的逻辑电路图和符号，如图 3.1 所示。

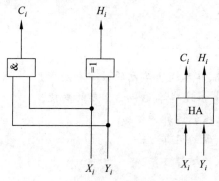

图 3.1 半加器的逻辑电路图和符号

2. 全加器

多位二进制数据相加,必须考虑低位向高位的进位。完成两个一位二进制数相加并考虑低位进位的电路称为全加器。表 3.2 是全加运算的真值表,其中 X_i、Y_i 表示第 i 位的两个加数,C_{i-1} 表示第 i 位的进位输入,F_i 是第 i 位的全加和,C_i 是第 i 位的进位输出。

表 3.2 全加运算的真值表

X_i	Y_i	C_{i-1}	F_i	C_i
0	0	0	0	0
0	1	0	1	0
1	0	0	1	0
1	1	0	0	1
0	0	1	1	0
0	1	1	0	1
1	0	1	0	1
1	1	1	1	1

根据真值表,可以写出 F_i 和 C_i 的逻辑表达式并化简:

$$F_i = \overline{X}_i Y_i \overline{C}_{i-1} + X_i \overline{Y}_i \overline{C}_{i-1} + \overline{X}_i \overline{Y}_i C_{i-1} + X_i Y_i C_{i-1} = X_i \oplus Y_i \oplus C_{i-1}$$

$$C_i = X_i Y_i \overline{C}_{i-1} + \overline{X}_i Y_i C_{i-1} + X_i \overline{Y}_i C_{i-1} + X_i Y_i C_{i-1} = (X_i \oplus Y_i)C_{i-1} + X_i Y_i$$

根据逻辑表达式得到全加器的电路逻辑图和符号,如图 3.2 所示。(动画演示文件名:虚拟机 1-全加器操作.swf)

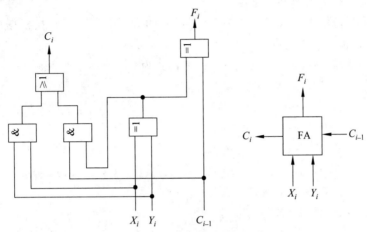

图 3.2　全加器的电路逻辑图和符号

3.1.2　加法器

半加器和全加器只能进行一位二进制数的加法运算。可以用多个半加器和全加器组成 n 位加法器。根据运算方法的不同,加法器分为串行加法器和并行加法器。

1. 串行加法器

将 n 个全加器串接起来,进位信号顺序从低位传到高位,这样的加法器电路称为串行加法器。图 3.3 是一个 4 位串行加法器的逻辑图,实现了数据 $X = X_4 X_3 X_2 X_1$ 和 $Y = Y_4 Y_3 Y_2 Y_1$ 的逐位相加,得到二进制和 $F = F_4 F_3 F_2 F_1$ 以及进位输出 C_4。(动画演示文件名:虚拟机 2-串行加法器.swf)

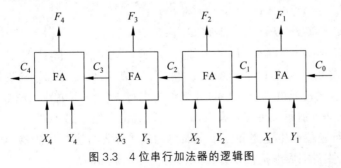

图 3.3　4 位串行加法器的逻辑图

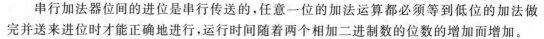

　　串行加法器位间的进位是串行传送的,任意一位的加法运算都必须等到低位的加法做完并送来进位时才能正确地进行,运行时间随着两个相加二进制数的位数的增加而增加。

2. 并行加法器

　　要提高加法器的运算速度,可以预先产生各位的进位,将进位信号同时送到各位全加器的进位输入端,所有的全加器同时运算,多位二进制数的加法可以一次完成。这种预先产生进位的方法称为先行进位或并行进位。

　　将各位的进位逻辑表达式进行变换,使得高位的进位信号可以直接根据低位的数据位产生,这样就可以预先产生进位了。

　　对于 4 位加法器,进位 C_1、C_2、C_3、C_4 的表达式为

$$C_1 = X_1 Y_1 + (X_1 + Y_1)C_0$$
$$C_2 = X_2 Y_2 + (X_2 + Y_2)C_1$$
$$= X_2 Y_2 + (X_2 + Y_2)X_1 Y_1 + (X_2 + Y_2)(X_1 + Y_1)C_0$$
$$C_3 = X_3 Y_3 + (X_3 + Y_3)C_2$$
$$= X_3 Y_3 + (X_3 + Y_3)X_2 Y_2 + (X_3 + Y_3)(X_2 + Y_2)X_1 Y_1 +$$
$$(X_3 + Y_3)(X_2 + Y_2)(X_1 + Y_1)C_0$$
$$C_4 = X_4 Y_4 + (X_4 + Y_4)C_3$$
$$= X_4 Y_4 + (X_4 + Y_4)X_3 Y_3 + (X_4 + Y_4)(X_3 + Y_3)X_2 Y_2 +$$
$$(X_4 + Y_4)(X_3 + Y_3)(X_2 + Y_2)X_1 Y_1 +$$
$$(X_4 + Y_4)(X_3 + Y_3)(X_2 + Y_2)(X_1 + Y_1)C_0$$

　　这样的进位产生电路非常复杂,为了简化电路,定义两个辅助函数:

$$P_i = X_i + Y_i$$
$$G_i = X_i Y_i$$

　　其中,P_i 表示进位传递函数,表示这一位的两个输入数据位有一个为 1,如果低位进位输入为 1,则将向高位产生进位输出;G_i 表示进位产生函数,表示两个输入数据都是 1,则产生进位输出。

　　将 P_i、G_i 代入前面的 $C_1 \sim C_4$ 的表达式中,便可得

$$C_1 = G_1 + P_1 C_0$$
$$C_2 = G_2 + P_2 G_1 + P_2 P_1 C_0$$
$$C_3 = G_3 + P_3 G_2 + P_3 P_2 G_1 + P_3 P_2 P_1 C_0$$
$$C_4 = G_4 + P_4 G_3 + P_4 P_3 G_2 + P_4 P_3 P_2 G_1 + P_4 P_3 P_2 P_1 C_0$$

　　从上述表达式可以看出,C_i 只与 X_i、Y_i 和 C_0 有关,与低位全加器的进位无关。

　　根据这些表达式构成的 $C_1 \sim C_4$ 的电路称为先行进位产生电路。图 3.4 为先行进位产生电路逻辑图。(动画演示文件名:虚拟机 3-先行进位产生电路.swf)

　　采用 4 位先行进位产生电路和 4 个全加器构成 4 位先行进位加法器,其逻辑图如图 3.5 所示。(动画演示文件名:虚拟机 4-4 位先行进位加法器.swf)

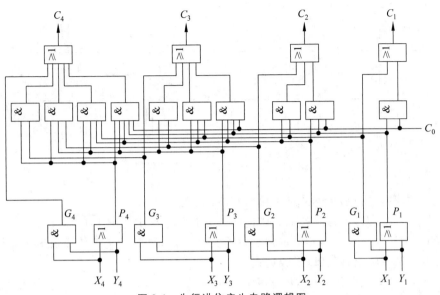

图 3.4　先行进位产生电路逻辑图

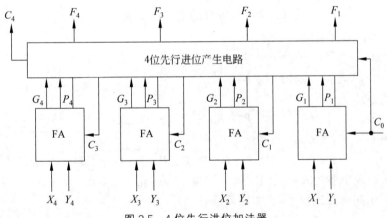

图 3.5　4 位先行进位加法器

3. 组间串行进位加法器

采用前述先行进位方法构成的 16 位或 32 位加法器电路将非常复杂。将 4 位先行进位加法器看成一个加法单元，即 4 位一组，这样可以将多个组串接起来，构成 $4n$ 位的加法器。图 3.6 是 4 个 4 位先行进位加法器串接起来构成的 16 位加法器。这个 16 位加法器各组间的进位信号是串行传送的，组内的进位信号是并行传送的。（动画演示文件名：虚拟机 5-组间串行 16 位加法器.swf）

4. 组间先行进位加法器

将预先产生各位进位的方法应用到各组间进位的产生，即可构成组间先行进位加法器。

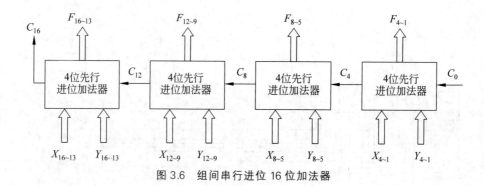

图 3.6　组间串行进位 16 位加法器

一组 4 位先行进位加法器的进位输出 C_4 的表达式为：

$$C_4 = G_4 + P_4 G_3 + P_4 P_3 G_2 + P_4 P_3 P_2 G_1 + P_4 P_3 P_2 P_1 C_0$$

定义 C_m 表示 4 位加法器的进位输出，P_m 表示 4 位加法器的进位传递输出，G_m 表示 4 位加法器的进位产生输出，则有以下表达式：

$$P_m = P_4 P_3 P_2 P_1$$
$$G_m = G_4 + P_4 G_3 + P_4 P_3 G_2 + P_4 P_3 P_2 G_1$$
$$C_m = G_m + P_m C_0$$

将上述表达式用于 16 位加法器中，每组的进位输出表达式如下：

$$C_{m1} = G_{m1} + P_{m1} C_0$$
$$C_{m2} = G_{m2} + P_{m2} C_{m1}$$
$$= G_{m2} + P_{m2} G_{m1} + P_{m2} P_{m1} C_0$$
$$C_{m3} = G_{m3} + P_{m3} C_{m2}$$
$$= G_{m3} + P_{m3} G_{m2} + P_{m3} P_{m2} G_{m1} + P_{m3} P_{m2} P_{m1} C_0$$
$$C_{m4} = G_{m4} + P_{m4} C_{m3}$$
$$= G_{m4} + P_{m4} G_{m3} + P_{m4} P_{m3} G_{m2} + P_{m4} P_{m3} P_{m2} G_{m1} + P_{m4} P_{m3} P_{m2} P_{m1} C_0$$

根据上面的逻辑表达式构成组间先行进位 16 位加法器，如图 3.7 所示。(动画演示文件名：虚拟机 6-组间先行进位 16 位加法器.swf)

3.1.3　算术逻辑单元

算术逻辑单元(Arithmetic and Logic Unit，ALU)用于完成数据的算术运算和逻辑运算，是运算器的核心。ALU 的逻辑符号通常表示为两个输入端、一个输出端和多个功能控制信号端，如图 3.8 所示。两个输入端分别接收参加运算的两个操作数，运算的结果由输出端送出。功能控制信号用于决定 ALU 所执行的运算功能。

本节介绍国际流行的 4 位 ALU 中规模集成电路 SN74181。

1. SN74181 的逻辑符号

SN74181 能对两个 4 位二进制数进行 16 种算术运算和 16 种逻辑运算，其逻辑符号如图 3.9 所示。SN74181 内部的核心结构是先行进位加法器。

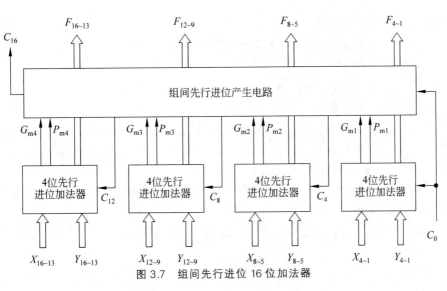

图 3.7 组间先行进位 16 位加法器

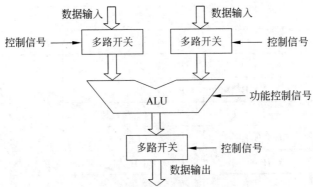

图 3.8 算术逻辑单元的符号

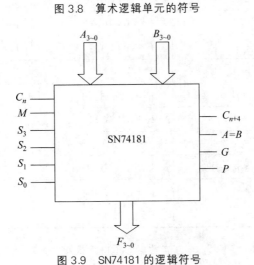

图 3.9 SN74181 的逻辑符号

SN74181 各引脚的功能如下：

(1) $A_{3\sim 0}$ 和 $B_{3\sim 0}$ 分别是两个 4 位二进制数的输入端。

(2) $F_{3\sim 0}$ 是运算的结果。

(3) C_n 是低位进上来的进位。

(4) C_{n+4} 是向高位的进位。

(5) M 为低电平时，SN74181 执行算术运算；M 为高电平时，SN74181 执行逻辑运算。

(6) $S_0\sim S_3$ 是功能控制信号，16 种组合代表 16 种算术运算或 16 种逻辑运算。

(7) $A=B$ 是数据 A 和数据 B 的比较结果。

(8) P 和 G 是先行进位电路产生的输出。G 是进位产生输出，P 是进位传递输出。

2. SN74181 功能表

SN74181 功能表如表 3.3 所示。其中，"加"和"减"是算术运算，＋是逻辑或运算。

表 3.3 SN74181 功能表

功能控制信号 $S_3 S_2 S_1 S_0$	$M=1$(逻辑运算)	$M=0$(算术运算)	
		$C_n=1$(无进位)	$C_n=0$(有进位)
0000	$F=\overline{A}$	$F=A$	$F=A$ 加 1
0001	$F=\overline{A+B}$	$F=A+B$	$F=(A+B)$ 加 1
0010	$F=\overline{A}\cdot B$	$F=A+\overline{B}$	$F=(A+\overline{B})$ 加 1
0011	$F=0$	$F=-1$(2 的补码)	$F=0$
0100	$F=\overline{AB}$	$F=A$ 加 $(A\cdot\overline{B})$	$F=A$ 加 $(A\cdot\overline{B})$ 加 1
0101	$F=\overline{B}$	$F=(A+B)$ 加 $(A\cdot\overline{B})$	$F=(A+B)$ 加 $(A\cdot\overline{B})$ 加 1
0110	$F=A\oplus B$	$F=A$ 减 B 减 1	$F=A$ 减 B
0111	$F=A\cdot\overline{B}$	$F=A\cdot\overline{B}$ 减 1	$F=A\cdot\overline{B}$
1000	$F=\overline{A}+B$	$F=A$ 加 AB	$F=A$ 加 AB 加 1
1001	$F=\overline{A\oplus B}$	$F=A$ 加 B	$F=A$ 加 B 加 1
1010	$F=B$	$F=(A+\overline{B})$ 加 AB	$F=(A+\overline{B})$ 加 AB 加 1
1011	$F=AB$	$F=AB$ 减 1	$F=AB$
1100	$F=1$	$F=A$ 加 A	$F=A$ 加 A 加 1
1101	$F=A+\overline{B}$	$F=(A+B)$ 加 A	$F=(A+B)$ 加 A 加 1
1110	$F=A+B$	$F=(A+\overline{B})$ 加 A	$F=(A+\overline{B})$ 加 A 加 1
1111	$F=A$	$F=A$ 减 1	$F=A$

使用 SN74181 可组成字长为 4 的倍数的 ALU。根据 SN74181 提供的 G、P 信号，可以实现芯片之间的并行运算。SN74182 芯片可以实现多片 SN74181 型 ALU 并行运算时先行

进位的产生。图 3.10 是用 4 片 SN74181 和 1 片 SN74182 芯片组成的 16 位快速 ALU。

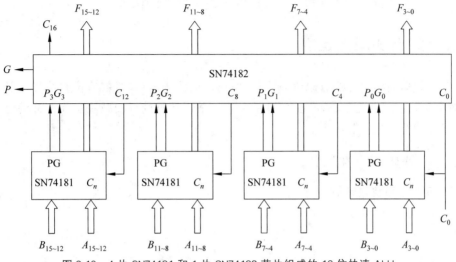

图 3.10　4 片 SN74181 和 1 片 SN74182 芯片组成的 16 位快速 ALU

3.1.4　8086 的算术逻辑单元

8086 CPU 内部有两个算术逻辑单元,如图 3.11 所示。

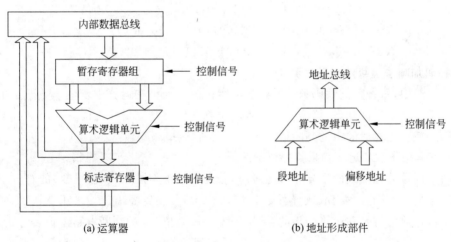

（a）运算器　　　　　　　　　　　（b）地址形成部件

图 3.11　8086 的算术逻辑单元

运算器部分的算术逻辑单元接收来自暂存寄存器的运算数据,对数据做算术运算或逻辑运算后,将运算结果输出至内部数据总线,并在标志寄存器中记录运算结果的状态。8086 CPU 的运算器可以完成加、减、乘、除算术运算以及与、或、非、异或逻辑运算。

地址形成部件的算术逻辑单元用于进行 8086 微机系统的存储器地址计算。在 8086 微机系统中,存储器地址由 16 位段地址和 16 位偏移地址表示。地址形成部件将 16 位段地址左移 4 位,再与 16 位偏移地址相加,得到 20 位的存储器物理地址。

3.2 定点加减法运算

带符号数据的编码方法有原码、补码。原码做加减法运算时,数值位和符号位要分别处理,比较麻烦。为了使运算简单化,计算机中广泛采用补码进行加减法运算。补码运算的特点是数据位和符号位一起运算。

3.2.1 补码定点加减法

1. 补码定点加减法运算

补码的加减法公式是

$$[X + Y]_补 = [X]_补 + [Y]_补$$
$$[X - Y]_补 = [X]_补 + [-Y]_补$$

公式的正确性可以从补码的编码规则得到证明。在补码编码制方法下,补码的减法运算统一采用加法处理,只需用加法器就可以实现加减法运算,有效地减少了硬件的数量。

【例 3-1】 $X = +0.1010101B, Y = -0.0010011B$,在 8 位补码机中计算 $[X + Y]_补$ 和 $[X - Y]_补$。

解: $[X]_补 = 0.1010101, [Y]_补 = 1.1101101, [-Y]_补 = 0.0010011$

$[X + Y]_补 = 0.1010101 + 1.1101101 = 0.1000010$

$[X - Y]_补 = 0.1010101 + 0.0010011 = 0.1101000$

2. 补码加减法运算溢出及检测

在计算机中,每种数据编码都有其数据表示范围。如果在运算中发生了数据溢出,则运算结果就不正确了。因此,运算器中应设置溢出判断线路和溢出标志位。

补码加减法运算时溢出的判断通常有以下几种方法:

(1) 根据操作数和运算结果符号位判断。

当两个同号数相加或两个异号数相减时,若运算结果与被加数(被减数)的符号不同,说明发生了溢出。而同号数相减或异号数相加,绝对不会发生溢出。如果用 X_s、Y_s、Z_s 分别表示两个操作数的符号和运算结果的符号,则溢出标志位 V_F 的判断电路逻辑表达式为

$$V_F = X_s Y_s \overline{Z_s} + \overline{X_s}\, \overline{Y_s}\, Z_s$$

采用这种方法不仅需要结果的符号位参加判断,还需要保持操作数的编码。

(2) 采用变形补码(双符号位)判断法。

采用变形补码时,正数的符号位是 00,负数的符号位是 11,若运算结果的符号位为 01 或 10,则发生了溢出。

若用 S_1 和 S_2 表示运算结果的两个符号位,则溢出标志位 V_F 的判断电路逻辑表达式为

$$V_F = S_1 \oplus S_2$$

采用这种判断方法,运算器需要增加一位来扩展参加运算的数据的符号位。

(3)利用数据编码的最高位(符号位)和次高位(数据最高位)的进位状况判断。

两个补码数进行加减时,若最高数值位运算向符号位的进位值 C_{n-1} 与符号位运算产生的进位 C_n 输出值不一样,则表明产生了溢出。则溢出标志位 V_F 的判断电路逻辑表达式为

$$V_F = C_{n-1} \oplus C_n$$

采用这种办法不需要增加加法器电路的位数,又不需要保持操作数的编码,所以实现比较简单。

【例 3-2】 设 $X = +1011B, Y = +1001B$,在 5 位补码机中计算 $[X+Y]_补$。

解: $\quad\quad\quad [X]_补 = 01011, [Y]_补 = 01001, [X+Y]_补 = 10100$

采用操作数和运算结果符号位判断方法,$X_s = 0, Y_s = 0, Z_s = 1$,所以,$V_F = 1$,结果溢出。

采用变形补码运算时,$[X]_补 = 001011, [Y]_补 = 001001, [X+Y]_补 = 010100$,结果的符号位为 01,所以结果溢出。

采用数据编码的最高位和次高位运算时的进位状况判断,次高位运算时产生进位,而最高位运算时未产生进位,所以结果溢出。

3.2.2 补码加减法运算器

补码加减法运算器的组成包括加法器、暂时保存操作数和运算结果的寄存器以及记录运算结果特征信息的标志寄存器。图 3.12 是补码加减法运算器的逻辑电路。(动画演示文件名:虚拟机 7-补码加减法运算器.swf)

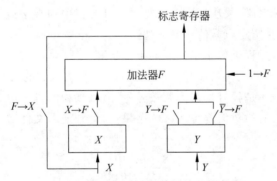

图 3.12　补码加减法运算器的逻辑电路

图 3.12 中,F 是二进制并行加法器。寄存器 X 和 Y 用于存放运算的操作数和运算结果。进位控制信号 $1 \rightarrow F$,使加法器接收进位输入,实现和的末位加 1 操作。$X \rightarrow F$ 控制信号将寄存器 X 中的数据送入加法器。$Y \rightarrow F$ 控制信号将寄存器 Y 中的数据送入加法器的另一个输入端。$\overline{Y} \rightarrow F$ 控制信号将寄存器 Y 中的数据取反后送入加法器。当 $1 \rightarrow F$ 和 $\overline{Y} \rightarrow F$ 同时有效时,实现了 Y 的取补操作。$F \rightarrow X$ 将加法器的运算结果送到 X 寄存器。

利用图 3.12 所示的补码加减法运算器实现加法 $[X+Y]_补$ 的逻辑操作步骤如下：

（1）将运算数据 $[X]_补$ 输入寄存器 X，将 $[Y]_补$ 输入寄存器 Y。

（2）控制信号 $X{\rightarrow}F$ 有效，$Y{\rightarrow}F$ 有效，且 $1{\rightarrow}F$ 无效，将 $[X]_补$ 和 $[Y]_补$ 送入加法器 F 的两个输入端。

（3）加法器完成 $[X+Y]_补$ 的加法运算，并设置标志寄存器中溢出、进位等标志位。

（4）控制信号 $F{\rightarrow}X$ 有效，将加法器 F 的输出结果送入寄存器 X。加法运算结束。

利用图 3.12 所示的补码加减法运算器实现减法 $[X-Y]_补$ 的逻辑操作步骤如下：

（1）将运算数据 $[X]_补$ 输入寄存器 X，将 $[Y]_补$ 输入寄存器 Y。

（2）控制信号 $X{\rightarrow}F$ 有效，$\bar{Y}{\rightarrow}F$ 有效，将 $[X]_补$ 和 $[\bar{Y}]_补$ 送入加法器 F 的两个输入端。

（3）控制信号 $1{\rightarrow}F$ 有效，加法器将接收到的 $[X]_补$、$[\bar{Y}]_补$、进位信号 1 相加，完成 $[X]_补$ 和 $[-Y]_补$ 的加法运算，并设置标志寄存器中溢出、进位等标志。

（4）控制信号 $F{\rightarrow}X$ 有效，将加法器 F 的输出结果送入寄存器 X。减法运算结束。

【例 3-3】 在 8 位补码加减法电路中计算 $40-12$。

解：
$$[40]_补=00101000$$
$$[-12]_补=11110100$$
$$[40-12]_补=00101000+11110100=00011100=[28]_补$$

溢出判断电路判断结果未溢出。

3.3 定点乘法运算

相对于加减法运算来说，乘法运算复杂得多。计算机中的乘法运算方法多种多样，本节以定点小数运算为例，介绍定点乘法运算方法。

二进制的乘法手算过程类似于十进制的乘法运算。

【例 3-4】 已知 $X=+0.1011B$，$Y=-0.1101B$，计算 $X{\times}Y$ 的结果。

先判断符号位同号还是异号。因为两数异号，所以乘积的符号位为一。

乘积的数值为两数的绝对值逐位相乘的结果。（动画演示文件名：例 3-4.swf）

$$
\begin{array}{r}
0.1011 \\
\times\ 0.1101 \\
\hline
1011 \\
0000 \\
1011 \\
1011 \\
\hline
0.10001111
\end{array}
$$

所以 $(+0.1011B){\times}(-0.1101B)=-0.10001111B$。

设被乘数 $X=0.x_1x_2x_3x_4$，乘数 $Y=0.y_1y_2y_3y_4$，上述计算过程具有如下特点：

（1）用乘数的每一位 $y_i(i=4,3,2,1)$ 乘以被乘数 X，得到 $X{\times}y_i$。若 y_i 为 0，则得到

0；若为 1，则得到 X。

（2）把（1）中所求得的各项结果 $X \times y_i$ 在空间上向左错位排列，即逐次左移，可以表示为 $X \times y_i \times 2^i$。

（3）对（2）的结果求和：

$$\sum_{i=1}^{4}(X \times y_i \times 2^i)$$

这就是两个正数的乘积。

3.3.1　原码乘法

做乘法运算，采用原码比较简单。在原码表示中，符号位的 0、1 表示数据的正、负，数值部分就是数据的绝对值。只要将原码的符号位异或就得到积的符号，积的绝对值就是原码数值部分的乘积。

1. 原码一位乘法实现原理

计算机中的正数乘法与手算乘法方法类似。为了提高运算效率，做了以下改进：

（1）乘数的每一位乘以被乘数得到 $X \times y_i$ 的结果后，将结果与前面所得结果累加，称为部分积 P_i，而没有等到所有位计算完了再一次求和，这就节省了保存每次相乘结果 $X \times y_i$ 的开销。

（2）每次求得 $X \times y_i$ 后，不是将它左移和前次的部分积 P_i 相加，而是将部分积右移一位与 $X \times y_i$ 相加。因为加法运算始终对部分积中的高 n 位进行。因此，只需一个 n 位的加法器就可实现两个 n 位数的相乘。

（3）对乘数中 y_i 为 1 的位执行部分积加 X 的运算，对为 0 的位不做加法运算，这样可以节省部分积的生成时间。

上述思想可以推导如下：

已知两正小数 X 和 Y，$Y = 0.y_1 y_2 \cdots y_n$，则

$$X \times Y = X \times (0.y_1 y_2 \cdots y_n)$$
$$= X \times y_1 \times 2^{-1} + X \times y_2 \times 2^{-2} + X \times y_3 \times 2^{-3} + \cdots + X \times y_n \times 2^{-n}$$
$$= 2^{-1}\{2^{-1}\{2^{-1} \cdots 2^{-1}(2^{-1}(0 + X \times y_n) + X \times y_{n-1}) + \cdots + X \times y_2) + X \times y_1\}$$

这个算式可以用递归计算过程实现：

设 P_i 是乘法运算的部分积，则有

$$P_0 = 0$$
$$P_1 = 2^{-1}(P_0 + X \times y_n)$$
$$P_2 = 2^{-1}(P_1 + X \times y_{n-1})$$
$$P_{i+1} = 2^{-1}(P_i + X \times y_{n-i}) \quad (i = 0, 1, 2, \cdots, n-1)$$
$$P_n = 2^{-1}(P_{n-1} + X \times y_1)$$

而 $X \times Y = P_n$。

上述每一步的迭代过程可以归结为：

（1）对乘数代码，由低位到高位逐次取出一位判断。

（2）若 y_{n-i} 的值是 1，则将上一步的部分积与 X 相加；若 y_{n-i} 的值是 0，则什么也不做。

（3）将结果右移一位，产生本次的迭代部分积。

在整个过程中，从乘数的最低位 y_n 和部分积 P_0 开始，经过 n 次"判断-加法-右移"循环，直到求出 P_n 为止。P_n 为乘法的结果。

2. 原码一位乘法实现电路

根据上述迭代实现原码一位乘法的原理，设计实现两个定点小数原码乘法的逻辑电路，如图 3.13 所示。（动画演示文件名：虚拟机 8-原码一位乘法器.swf）

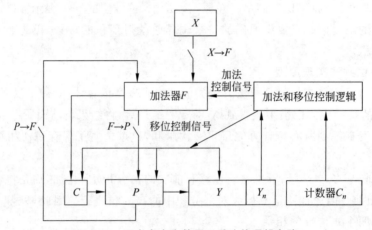

图 3.13　两个定点小数原码乘法的逻辑电路

在图 3.13 中：

（1）寄存器 X：用于存放被乘数 X。

（2）乘商寄存器 Y：运算开始时，用于存放乘数 Y。在乘法运算过程中，乘数已经判断过的位不再有存在的必要，将寄存器 Y 右移，可以将空出的高位部分用于保存部分积的低位部分。

（3）累加寄存器 P：用于存放部分积的高位部分。初始值为 0。在运算过程中，部分积的低位部分不参加累加计算，通过右移将其保存在寄存器 Y 高位。等到运算结束时，P 中为部分积的高位部分。

（4）加法器 F：是乘法运算的核心部件。在寄存器 Y 的最低位为 1 时，将累加寄存器 P 中保存的上一次迭代部分积与寄存器 X 的内容相加，将结果送至累加寄存器 P。

（5）触发器 C：保存加法器运算过程中产生的进位。

（6）计数器 C_n：存放循环迭代的次数。初值为 n（乘数的数值位数）；每循环迭代一次，C_n 减 1；当 C_n 为 0 时，乘法运算结束。

（7）加法和移位控制逻辑：根据寄存器 Y 的最低位，产生加法器的控制信号；根据计数

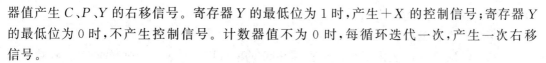

器值产生 C、P、Y 的右移信号。寄存器 Y 的最低位为 1 时,产生 $+X$ 的控制信号;寄存器 Y 的最低位为 0 时,不产生控制信号。计数器值不为 0 时,每循环迭代一次,产生一次右移信号。

3. 原码一位乘法举例

【例 3-5】　已知 $X = +0.1101\text{B}$,$Y = +0.1011\text{B}$,用原码一位乘法逻辑电路计算 $[X \times Y]_{原}$。

解： $\qquad\qquad\qquad [X]_{原} = 0.1101$,$[Y]_{原} = 0.1011$

符号位单独计算:

$$0 \oplus 0 = 0$$

数值绝对值部分按照原码一位乘法规则计算:

(1) 从低到高取乘数中的一位 y_i 判断。

(2) 若 y_i 为 0,则加法器不做运算;若 y_i 为 1,则加法器运算,做部分积加被乘数的运算。

(3) 将上一步结果右移一位。

循环第(1)步,直至乘数每位判断完毕。

记录原码一位乘法电路中的运算过程如下:

进位 C	部分积 P	乘数 Y	说　　明
0	0000	1011	开始,设 $P_0 = 0$
	+ 1101		$y_4 = 1$,$+X$
0	1101		C、P、Y 同时右移一位
0	0110	1　101	得 P_1
	+ 1101		$y_3 = 1$,$+X$
1	0011		C、P、Y 同时右移一位
0	1001	11　10	得 P_2
			$y_2 = 0$,不做加法
			C、P、Y 同时右移一位
0	0100	111　1	得 P_3
	+ 1101		$y_1 = 1$,$+X$
1	0001		C、P、Y 同时右移一位
0	1000	1111	得 P_4

乘积的符号位在最高位。因此,$[X \times Y]_{原} = 0.10001111$。

在上面的运算过程中可以看到,n 位数乘以 n 位数的运算只需 $n+1$ 位的加法器就可以完成,需要 n 次"判断-加法-右移"操作。

3.3.2　补码乘法

原码乘法容易理解,但是符号位与数值位需要分别处理。计算机中的数据多用补码表示,用补码直接进行乘法运算比较方便。

1. 补码一位乘法的实现原理

布斯(A. D. Booth)提出了一种算法,将相乘的两数用补码表示,它们的符号位和数值位一起参与运算过程,直接得出用补码表示的乘法结果,且正数和负数同等对待。这种算法是补码一位乘法,又称为布斯乘法。

设被乘数 X 和被乘数 Y 均为数据位长 n 位的定点小数:

$$[X]_{补} = x_0 x_1 \cdots x_n, [Y]_{补} = y_0 y_1 \cdots y_n$$

$$[Y]_{补} = y_0 \times 2^0 + y_1 \times 2^{-1} + y_2 \times 2^{-2} + \cdots + y_n \times 2^{-n}$$

其中,y_0 为符号位,y_i 是各数据位值,2^i 为各数据位的权。

根据定点小数补码定义,$[Y]_{补} = 2 + Y (\mathrm{mod}\ 2)$,有

$$Y = -2 + [Y]_{补} = -2 + y_0 \times 2^0 + y_1 \times 2^{-1} + y_2 \times 2^{-2} + \cdots + y_n \times 2^{-n}$$

(1) 当 $Y > 0$ 时,$y_0 = 0$,有

$$Y = 0 \times 2^0 + y_1 \times 2^{-1} + y_2 \times 2^{-2} + \cdots + y_n \times 2^{-n}$$

(2) 当 $Y < 0$ 时,$y_0 = 1$,有

$$Y = -1 \times 2^0 + y_1 \times 2^{-1} + y_2 \times 2^{-2} + \cdots + y_n \times 2^{-n}$$

可以合并上面两式:

$$Y = -y_0 + y_1 \times 2^{-1} + y_2 \times 2^{-2} + \cdots + y_n \times 2^{-n}$$
$$= -y_0 + (y_1 - y_1 \times 2^{-1}) + (y_2 \times 2^{-1} - y_2 \times 2^{-2}) + \cdots + (y_n \times 2^{-(n-1)} - y_n \times 2^{-n})$$
$$= (y_1 - y_0) + (y_2 - y_1) \times 2^{-1} + (y_3 - y_2) \times 2^{-2} + \cdots + (y_n - y_{n-1}) \times 2^{-(n-1)} + (0 - y_n) \times 2^{-n}$$

$$[X \times Y]_{补} = [X \times ((y_1 - y_0) + (y_2 - y_1) \times 2^{-1} + (y_3 - y_2) \times 2^{-2} + \cdots + (y_n - y_{n-1}) \times 2^{-(n-1)} + (0 - y_n) \times 2^{-n})]_{补}$$
$$= [X \times (y_1 - y_0) + 2^{-1}((y_2 - y_1) \times X + 2^{-1}((y_3 - y_2) \times X + \cdots + 2^{-1}((y_n - y_{n-1}) \times X + 2^{-1}(0 - y_n) \times X) \cdots))]_{补}$$

将上述运算过程用递推实现:

$$[P_0]_{补} = 0$$
$$[P_1]_{补} = [2^{-1}(P_0 + (0 - y_n)X)]_{补}$$
$$[P_2]_{补} = [2^{-1}(P_1 + (y_n - y_{n-1})X)]_{补}$$
$$[P_3]_{补} = [2^{-1}(P_2 + (y_{n-1} - y_{n-2})X)]_{补}$$
$$\vdots$$
$$[P_n]_{补} = [2^{-1}(P_{n-1} + (y_2 - y_1)X)]_{补}$$
$$[P_{n+1}]_{补} = [P_n + (y_1 - y_0)X]_{补} = [X \times Y]_{补}$$

在已知 $[P_i]_{补}$ 后,根据乘数中连续两位数 y_{n-i} 和 y_{n-i+1} 的组合做对应的运算,可以求得 $[P_{i+1}]_{补}$。y_{n-i} 和 y_{n-i+1} 的组合对应的运算如下:

若 $y_{n-i} y_{n-i+1} = 01$,则 $[P_{i+1}]_{补} = [2^{-1}(P_i + X)]_{补}$。

若 $y_{n-i}y_{n-i+1}=10$，则 $[P_{i+1}]_{补}=[2^{-1}(P_i-X)]_{补}$。

若 $y_{n-i}y_{n-i+1}=00$ 或 11，则 $[P_{i+1}]_{补}=[2^{-1}P_i]_{补}$。

最后归纳补码乘法的运算步骤如下：

（1）乘数最低位增加一个辅助位 0，用于求 P_1 时和 y_n 组合。

（2）判断 $y_{n-i}y_{n-i+1}$ 的值，相应地对上一步部分积执行 $+X$ 或 $-X$，或不做运算。然后右移一位，得到新的部分积。

（3）重复第（2）步，直到乘数符号位参加判断，执行 $+X$ 或 $-X$，或不做运算。不移位。得到乘积。

2. 补码一位乘法实现电路

根据上述迭代实现补码一位乘法的原理，设计实现两个定点小数补码乘法的逻辑电路，如图 3.14 所示。（动画演示文件名：虚拟机 9-补码一位乘法器.swf）

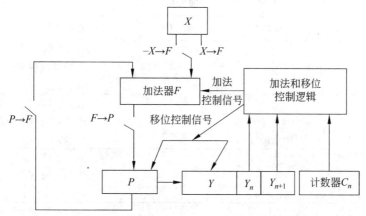

图 3.14 两个定点小数补码乘法的逻辑电路

在图 3.14 中：

（1）寄存器 X：用于存放被乘数 X 的补码。

（2）乘商寄存器 Y：运算开始时，用于存放乘数 Y 的补码。寄存器 Y 后增加辅助位 y_{n+1}，初始值为 0。在乘法运算过程中，乘数已经判断过的位不再有存在的必要，将寄存器 Y 右移，可以将空出的高位部分用于保存部分积的低位部分。

（3）累加寄存器 P：用于存放部分积的高位部分。初始值为 0。在运算过程中，部分积的低位部分不参加累加计算，通过右移将其保存在寄存器 Y 高位。等到运算结束时，P 中为部分积的高位部分。

（4）加法器 F：是乘法运算的核心部件。在寄存器 Y 的最低两位为 01 时，将累加寄存器 P 中保存的上一次迭代部分积和寄存器 X 的内容相加，将结果送至累加寄存器 P。在寄存器 Y 的最低两位为 10 时，将累加寄存器 P 中保存的上一次迭代部分积和寄存器 X 的内容相减，将结果送至累加寄存器 P。为了防止补码加减法运算溢出，加法器中采用变形补码运算。

（5）计数器 C_n：存放循环迭代的次数。初值为 n（乘数的数值位数）；每循环迭代一次，C_n 减 1；当 C_n 为 0 时，乘法运算结束。

（6）加法和移位控制逻辑：根据寄存器 Y 的最低两位，产生加法器的控制信号；根据计数器值产生 P、Y 的右移信号。寄存器 Y 的最低两位为 01 时，产生 $+X$ 的控制信号；寄存器 Y 的最低两位为 10 时，产生 $-X$ 的控制信号。计数器值不为 0 时，每循环迭代一次，产生一次右移信号。

3. 补码一位乘法应用举例

【例 3-6】 已知 $X=+0.1101B$，$Y=-0.1010B$，采用布斯乘法计算 $[X \times Y]_补$。

解：$\qquad [X]_补=0.1101$，$[Y]_补=1.0110$，$[-X]_补=1.0011$

记录补码一位乘法电路中的运算过程如下：

部分积 P	乘数 Y	辅助位 y_{n+1}	说　明
00 0000	10110	0	开始，设 $y_5=0$，$[P_0]_补=0$
			$y_4 y_5=00$
			P、Y 同时右移一位
00 0000	0|1011	0	得 $[P_1]_补$
$+$ 11 0011			$y_3 y_4=10$，$+[-X]_补$
11 0011			P、Y 同时右移一位
11 1001	10|101	1	得 $[P_2]_补$
			$y_2 y_3=11$
			P、Y 同时右移一位
11 1100	110|10	1	得 $[P_3]_补$
$+$ 00 1101			$y_1 y_2=01$，$+[X]_补$
00 1001			P、Y 同时右移一位
00 0100	1110|1	0	得 $[P_4]_补$
$+$ 11 0011			$y_0 y_1=10$，$+[-X]_补$
11 0111	1110|1	0	最后一次不右移
			得 $[P_5]_补$

$[X \times Y]_补=1.01111110$。

3.3.3 阵列乘法器

在计算机内，为了提高乘法运算速度，采用多级加法器，排列成阵列结构，可以构成一个实现手算过程的乘法器，称为阵列乘法器（array multiplier）。

图 3.15 是一个 4×4 位的阵列乘法器的逻辑图，它用一个与门实现乘法操作，用 16 个与门和 3 个 4 位加法器完成部分积的相加。

阵列乘法器的组织结构规则性强，标准化程度高，适合用超大规模集成电路实现，能够获得很高的运算速度。

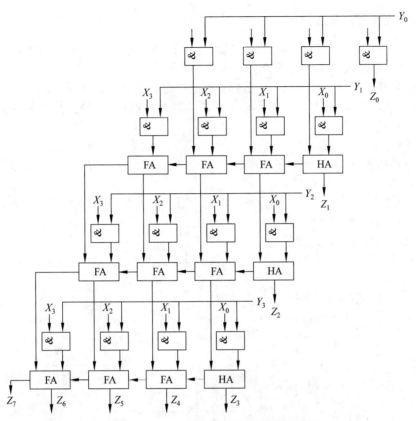

图 3.15 4×4 位的阵列乘法器逻辑图

3.4 定点除法运算

计算机中的除法运算是参照手算除法运算过程,采用移位和加减运算的迭代过程实现的。

【例 3-7】 已知 $X = 0.1011B, Y = 0.1101B$,通过手算求 X/Y 的商和余数。

$$
\begin{array}{r}
0.\ 1101 \\
1101\,\overline{\big)\,1011\ \vert\ 0} \\
110\ \vert\ 1 \\
\hline
100\ \vert\ 10 \\
11\ \vert\ 01 \\
\hline
1\ \vert\ 0100 \\
1101 \\
\hline
0.\ 0111
\end{array}
$$

X/Y 的商为 $0.1101B$,余数为 $0.0111B$。

3.4.1　原码除法运算

原码除法对符号位和数值位分别运算。商的符号位为被除数和除数的符号位的异或值,商的数值为被除数和除数绝对值的商。

计算机参照手算过程实现两个正数的除法。为了方便计算机实现,有下面一些考虑:

(1) 在手算中比较被除数和除数的大小是根据人的观察来实现的,而在计算机中需要经过减法运算进行。

(2) 如果被除数减去除数所得余数为正,上商1;所得余数为负,上商0。在手算中,余数添0后和除数比较;在计算机中,采用部分余数左移后和除数比较,左移出界的部分余数的高位都是0,对运算不产生影响。

(3) 计算机进行定点数除法运算时要求被除数小于除数,这是因为,当被除数大于或等于除数时,商为带小数(整数部分不为零),会发生溢出。

1. 定点小数除法运算的逻辑电路

根据上述思想,设计实现两个定点小数原码除法运算的逻辑电路,如图 3.16 所示。

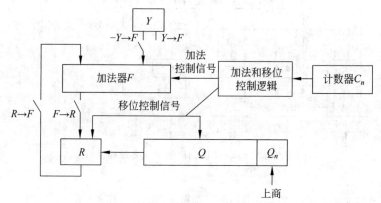

图 3.16　原码除法运算的逻辑电路

在图 3.16 所示的电路中:

(1) 寄存器 R:在初始时存放被除数,在除法运算过程中存放部分余数,在除法结束的时候存放余数。

(2) 寄存器 Y:存放除数。

(3) 寄存器 Q:初始值为0。除法过程中与寄存器 R 同时左移,空出的低位上商。除法运算结束时,存放商的数值。

(4) 加法器 F:实现部分余数和除数做减法,比较大小。

(5) 计数器 C_n:控制除法的循环次数。初始值为需要的商的位数。每循环一次,C_n 自动减1,当 C_n 为 0 时,除法运算结束。

由于采用部分余数减去除数的方法比较两者大小,当减法结果为负,即上商0的时候,破坏了部分余数,为了正确运算,可采取两种方法:①把减去的除数再加回来,恢复原来的余数,这种方法称为恢复余数法;②将多减的除数在下一步运算的时候弥补回来,这种方法

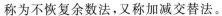

称为不恢复余数法,又称加减交替法。

2. 恢复余数法

已知两个正的定点小数 X 和 Y,求 X/Y 的商 Q 和余数 R 的步骤如下:(动画演示文件名:虚拟机 10-原码恢复余数除法运算器.swf)

(1) $R_1 = X - Y$。

若 $R_1 < 0$,则上商 $q_0 = 0$。然后恢复余数:$R_1 = R_1 + Y$。

若 $R_1 \geqslant 0$,则上商 $q_0 = 1$。此时被除数 X 大于或等于 Y,做溢出处理。

(2) 若第 i 次的部分余数为 R_i,则第 $i+1$ 次的部分余数为 R_{i+1},$R_{i+1} = 2R_i - Y$。

若 $R_{i+1} < 0$,则上商 $q_i = 0$,同时恢复余数:$R_{i+1} = R_{i+1} + Y$。

若 $R_{i+1} \geqslant 0$,则上商 $q_i = 1$。

(3) 循环执行第(2)步,直到求得所需位数的商。

【例 3-8】 已知 $X = +0.1011\text{B}$,$Y = -0.1101\text{B}$,求 $[X/Y]_{原}$。

解: $[X]_{原} = 0.1011$,$[Y]_{原} = 1.1101$

先计算商的符号位:

$$0 \oplus 1 = 1$$

然后,用 X 和 Y 的绝对值在除法电路中进行运算。除法电路中进行补码加减运算,为了防止溢出,采用变形补码编码形式。$[|X|]_{补} = 00.1011$,$[|Y|]_{补} = 00.1101$。运算中要减 Y,用 $+[-|Y|]_{补}$ 实现,所以 $[-|Y|]_{补} = 11.0011$。

记录原码除法电路中恢复余数法计算过程如下:

部分余数 R	商 Q		说　明
00 1011	0000		开始,$R_0 = X$
$+\ 11\ 0011$			$R_1 = X - Y$
11 1110	0000	0	$R_1 < 0$,则 $q_0 = 0$
$+\ 00\ 1101$			恢复余数:$R_1 = R_1 + Y$
00 1011			得 R_1
01 0110	000	0	$2R_1$(部分余数和商同时左移)
$+\ 11\ 0011$			$-Y$
00 1001	000	01	$R_2 > 0$,则 $q_1 = 1$
01 0010	00	01	$2R_2$(左移)
$+\ 11\ 0011$			$-Y$
00 0101	00	011	$R_3 > 0$,则 $q_2 = 1$
00 1010	0	011	$2R_3$(左移)
$+\ 11\ 0011$			$-Y$
11 1101	0	0110	$R_4 < 0$,则 $q_3 = 0$
$+\ 00\ 1101$			恢复余数:$R_4 = R_4 + Y$
00 1010	0	0110	得 R_4
01 0100		0110	$2R_4$(左移)
$+11\ 0011$			$-Y$
00 0111	01101		$R_5 > 0$,则 $q_4 = 1$

$[X/Y]_原 = 1.1101$,余数为 0.0111×2^{-4}。

3. 不恢复余数法

在恢复余数法的运算中,在需要恢复余数时,要进行两次加减法操作,运算速度较慢,控制比较复杂。在实际计算机中常用不恢复余数法,其特点是:运算过程中出现不够减的情况时,不必恢复余数,根据余数符号继续进行运算,运算步数固定,控制简单。

在恢复余数法中,设恢复余数前第 i 次余数为 R'_i,恢复余数后为 R_i,那么

$$R'_i = 2R_{i-1} - Y$$

当 $R'_i \geq 0$ 时,上商 1,余数不恢复,$R_i = R'_i$,计算 R_{i+1} 时左移一位,得 $R_{i+1} = 2R_i - Y$。

当 $R'_i < 0$ 时,上商 0,应做恢复余数操作,$R_i = R'_i + Y$,然后计算 R_{i+1}:

$$R_{i+1} = 2R_i - Y = 2(R'_i + Y) - Y = 2R'_i + Y$$

因此,当第 i 次的部分余数是负数时,可以跳过恢复余数的步骤,直接求第 $i+1$ 步的部分余数。这种算法称为不恢复余数法。

对于两个正的定点小数 X 和 Y,采用不恢复余数法求 X/Y 的商和余数的基本步骤如下:

(动画演示文件名:虚拟机 11-原码不恢复余数除法运算器.swf)

(1) $R_1 = X - Y$。

若 $R_1 < 0$,则上商 $q_0 = 0$。

若 $R_1 \geq 0$,则上商 $q_0 = 1$,做溢出处理。

(2) 已求得部分余数 R_i,

若 $R_i < 0$,则上商 $q_{i-1} = 0$。下一步 $R_{i+1} = 2R_i + Y$。

若 $R_i \geq 0$,则上商 $q_{i-1} = 1$。下一步 $R_{i+1} = 2R_i - Y$。

(3) 循环执行第(2)步。结束时,若余数为负数,要执行 $+Y$ 恢复余数的操作。

【例 3-9】 已知 $X = +0.1011B$,$Y = -0.1101B$,求 $[X/Y]_原$ 的商和余数。

$$[X]_原 = 0.1011, \quad [Y]_原 = 1.1101$$

符号位单独计算:

$$0 \oplus 1 = 1$$

然后,用 X 和 Y 的绝对值在除法电路中进行运算。除法电路中进行补码加减运算,为了防止溢出,采用变形补码编码形式。$[|X|]_补 = 00.1011$,$[|Y|]_补 = 00.1101$。运算中要减 Y,用 $+[-|Y|]_补$ 实现,所以 $[-|Y|]_补 = 11.0011$。

记录原码除法电路中不恢复余数法计算过程如下:

部分余数 R	商 Q		说　明
00 1011	0000		开始,$R_0 = X$
+ 11 0011			$R_1 = X - Y$
11 1110	0000	0	$R_1 < 0$,则 $q_0 = 0$
11 1100	000	0	$2R_1$(部分余数和商同时左移)
+ 00 1101			$+Y$
00 1001	000	01	$R_2 > 0$,则 $q_1 = 1$
01 0010	00	01	$2R_2$(左移)
+ 11 0011			$-Y$
00 0101	00	011	$R_3 > 0$,则 $q_2 = 1$
00 1010	0	011	$2R_3$(左移)
+ 11 0011			$-Y$
11 1101	0	0110	$R_4 < 0$,则 $q_3 = 0$
11 1010	0110		$2R_4$(左移)
+ 00 1101			$+Y$
00 0111	01101		$R_5 > 0$,则 $q_4 = 1$

$[X/Y]_原 = 1.1101$,余数为 0.0111×2^{-4}。

3.4.2　补码除法运算

补码除法中,符号位和数值位等同参与除法运算,商的符号位在除法运算中产生。而判断部分余数和除数是否够除,不能用两数直接相减的方法来判断,需要根据两数符号是否相同,采用不同的运算判断。判断规则如表 3.4 所示。

表 3.4　补码运算符号判断规则

部分余数 $[R]_补$ 的符号	除数 $[Y]_补$ 的符号	$([R]_补 - [Y]_补)$ 的符号		$([R]_补 + [Y]_补)$ 的符号	
		0	1		
0	0	够减,商 1	不够减,商 0		
0	1			够减,商 0	不够减,商 1
1	0			不够减,商 1	够减,商 0
1	1	不够减,商 0	够减,商 1		

可见,补码除法的运算规则比较复杂,就不介绍了。

3.4.3　阵列除法器

为了提高除法运算的速度,可以采用阵列除法器。阵列除法器采用组合逻辑电路实现,由于其电路比加法器复杂得多,需要采用大规模集成电路实现。图 3.17 是实现不恢复余数法的阵列除法器电路。

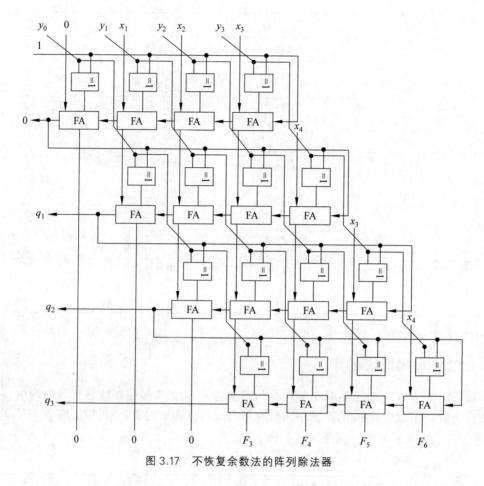

图 3.17　不恢复余数法的阵列除法器

在图 3.17 中,用一个异或门与一个全加器构成一个可控制的加减法电路,用一条控制线控制加减法操作。阵列中每一行完成一个字的加法或者减法,实现除法操作中的一个步骤。

3.5　浮点运算

浮点数是二进制科学记数法在计算机内的表示形式。浮点数表示范围大,运算不易发生溢出,在数值计算方面被广泛采用。

下面看一下十进制科学记数法的运算:

$$X = 123 \times 10^2, Y = 456 \times 10^3$$

$$X \pm Y = 0.123 \times 10^5 \pm 0.456 \times 10^6 = (0.0123 \pm 0.456) \times 10^6$$

十进制科学记数法的加减运算过程是:先把两个数的阶码调整为相等的值,然后进行尾数的加减运算。

十进制科学记数法的乘法运算是尾数相乘,阶码相加:

$$X \times Y = 0.123 \times 10^5 \times 0.456 \times 10^6 = (0.123 \times 0.456) \times (10^{5+6})$$
$$= 0.0056088 \times 10^{11} = 0.56088 \times 10^9$$

十进制科学记数法的除法运算是尾数相除,阶码相减:

$$X \div Y = (0.123 \times 10^5) \div (0.456 \times 10^6) = (0.123 \div 0.456) \times (10^{5-6})$$
$$\approx 0.02697$$

根据十进制科学记数法的运算方法,可以得到二进制科学记数法的运算方法,即浮点数的运算方法。

3.5.1　浮点加减法运算

设两个浮点数 X 和 Y 表示为

$$X = M_X \times 2^{EX} , \quad Y = M_Y \times 2^{EY}$$

则 $X \pm Y = (M_X \times 2^{EX-EY} \pm M_Y) \times 2^{EY}$,即将两个浮点数的阶码调整为相同值后,再对尾数进行加减法运算。

浮点数实现加减法运算的步骤如下:(动画演示文件名:虚拟机12-浮点加减法运算器.swf)

(1)对阶。

对阶的目的是使 X 和 Y 的阶码相等。为了防止阶码改变时尾数的移位造成溢出错误,阶码统一取大的阶码。阶码的比较采用两个阶码的减法来实现。对阶操作时,原来阶码小的数的尾数右移,右移的位数由两个阶码的差值决定。

(2)尾数相加减。

将经过对阶运算后的尾数部分进行定点小数加或减的运算。

(3)规格化。

浮点数规格化的要求是尾数最高位的真值为1,而浮点尾数运算后的结果可能不符合规格化的要求,尾数运算也可能会发生溢出的情况,所以,要进行规格化处理。

若尾数运算的结果绝对值大于1时,例如尾数的变形补码为10.××…×,或01.××…×,需要将尾数右移,阶码相应地增加。这个过程称为右规。

若尾数运算的结果绝对值小于1/2,例如尾数的变形补码为11.1××…×,或00.0××…×,就需要将尾数左移,阶码相应地减小,直至满足规格化条件为止。这个过程称为左规。

(4)舍入处理。

对阶和右规时,尾数右移移出的位对运算结果的精确度有影响,可以保留下来作为警戒位。为了提高运算的精度,需要对尾数采用舍入处理。常用的舍入方法有 0 舍 1 入法、恒舍法和恒置 1 法。

- 0 舍 1 入法:警戒位最高位为 1 时,在尾数末尾加 1;为 0 时,舍弃所有警戒位。
- 恒置 1 法:不论警戒位为何值,尾数的有效最低位都为 1。
- 恒舍法:无论警戒位为何值,都舍去。

【例 3-10】 已知 $X=11.011011\text{B}, Y=-1010.1100\text{B}$。在浮点机中,数符 1 位,阶符 1 位,阶码 3 位,尾数 8 位。阶码和尾数都采用补码表示。采用恒舍法计算$[X+Y]_浮$。

解:先在浮点机中正确表示 X 和 Y。先写出两数的科学记数法形式:$X=0.11011011\times 2^{010}$,$Y=-0.10101100\times 2^{100}$,按浮点机格式表示为

$$[X]_浮=0\ 0\ 010\ 11011011$$
$$[Y]_浮=1\ 0\ 100\ 01010100$$

求$[X+Y]_浮$的过程如下:

(1) 对阶:$\Delta E=E_X-E_Y=00\ 010+11\ 100=11\ 110=-2$,则 $E_X<E_Y$,取大的阶码,$E_b=E_Y=0\ 100$,将 X 的尾数右移 2 位,$[X]_浮=0\ 0\ 100\ 0011011011$。

(2) 尾数加:

$$M_b=M_X+M_Y$$

$$
\begin{array}{r}
00\ 0011011011 \\
+\ \ 11\ 01010100 \\
\hline
11\ 1000101011
\end{array}
$$

(3) 尾数规格化。尾数没有溢出,但符号位与最高数值位相同,需要左规:

① 尾数左移 1 位:$M_b=11000101011$。

② 阶码减 1:$E_b=0\ 011$。

(4) 舍入处理。采用恒舍法,舍掉警戒位:

$$M_b=1100010101$$

(5) 阶码溢出判断。阶码无溢出,所以$[X+Y]_浮$无溢出。

$$[X+Y]_浮=1001100010101$$

即 $X+Y=-0.11101011\times 2^{011}$。

3.5.2 浮点乘除法运算

浮点数乘除法的运算步骤如下:

(1) 尾数和阶码运算。两个浮点数相乘,乘积的尾数是两个乘数的尾数相乘,乘积的阶码是两个乘数的阶码求和。两个浮点数相除,商的尾数是被除数除以除数的尾数所得的商,商的阶码是被除数的阶码减去除数的阶码得到的差。

(2) 尾数规格化。对尾数运算的结果进行规格化判断,如果不符合规格化要求,要进行左规或者右规处理。

(3) 尾数舍入处理。对尾数运算时多保留的数据位根据需要进行调整。

(4) 阶码溢出判断。检查阶码是否溢出,若无溢出,则得到运算的最后结果。

3.6 十进制数的加减法运算

对于 BCD 码或余 3 码组成的十进制数进行加减法运算,常常是在二进制加减法运算的基础上通过适当的校正来实现的。校正就是将二进制的和转换为要求的十进制格式。

1. 十进制的加法运算

在计算机内实现 BCD 码加法运算时,先做二进制加法运算。一个十进制位的 4 位二进制码向高位进位是"逢十六进一",这不符合 BCD 码加法运算中一个十进制位"逢十进一"的原则。

当一个十进制位的 BCD 码加法和大于或等于 1010(十进制的 10)时,就需要进行加 6 修正。

修正的具体规则如下:

(1) 两个 BCD 码相加之和等于或小于 1001,即十进制的 9,不需要修正。

(2) 两个 BCD 码相加之和大于或等于 1010 且小于或等于 1111,即十进制的 10～15,需要在本位加 6 修正。修正的结果是向高位产生进位。

(3) 两个 BCD 码相加之和大于 1111,即已超出十进制的 15,加法的过程已经向高位产生了进位,对本位也要进行加 6 修正。

【例 3-11】 用 BCD 码实现十进制数运算 15+21 和 15+26。

$$
\begin{array}{r}
0001\ 0101 \\
+\quad 0010\ 0001 \\
\hline
0011\ 0110
\end{array}
\qquad
\begin{array}{r}
0001\ 0101 \\
+\quad 0010\ 0110 \\
\hline
0011\ 1011 \\
+\qquad 0110 \quad (\text{加 6 修正})\\
\hline
0100\ 0001
\end{array}
$$

第一个运算的结果是正确的 BCD 码形式,所以不需要修正。第二个运算的结果不是正确的 BCD 码形式,所以需要修正。因为低位的相加之和大于 1010,所以加 6 修正。

2. 十进制数加法器

处理 BCD 码的十进制数加法器只需要在二进制数加法器上添加适当的校正逻辑就可以了。图 3.18 是一位十进制数加法器,其中包括两级结构。第一级是一个 4 位二进制数加法器,执行通常的二进制加法操作,得到 4 位二进制的和 $z_{i8}^* z_{i4}^* z_{i2}^* z_{i1}^*$ 以及进位输出 C_{i+1}^*。第二级为校正逻辑,根据修正规则中列出的情况产生校正因子 0 或 6,加上校正因子后,得到校正后的和 $z_{i8} z_{i4} z_{i2} z_{i1}$ 以及进位输出 C_{i+1}。(动画演示文件名:虚拟机 13—一位十进制数加法器.swf)

用 n 个一位十进制数的 BCD 码加法器可以构成一个 n 位十进制数的串行进位加法器。

3. 十进制的减法运算

两个 BCD 码的十进制位的减法运算,通常采用先取减数的模 9 补码或模 10 补码,再将模 9 补码+1(即模 10 补码)与被减数相加。

求十进制数字的 BCD 码的模 9 补码,通常可以采用以下两种方法:

(1) 先将 4 位二进制表示的 BCD 码按位取反,再加上二进制 1010(十进制 10),加法的最高进位位丢弃。

例如,BCD 码 0011(十进制 3)的模 9 补码计算方法为:先对 0011 按位取反得 1100,再将 1100 加上 1010 且丢弃最高进位位,得 0110(十进制 6)。0110 就是 0011 的模 9 补码。

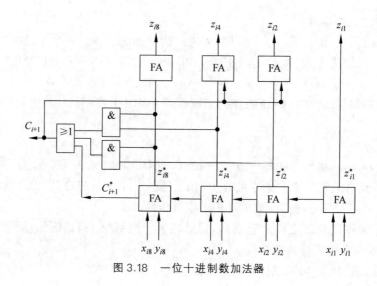

图 3.18　一位十进制数加法器

（2）先将 4 位二进制表示的 BCD 码加上 0110（十进制 6），再将每位二进制位按位取反。

例如，BCD 码 0011（十进制 3）的模 9 补码的计算方法为：先计算 0011＋0110＝1001，再对 1001 按位取反得 0110。

【例 3-12】　用 BCD 码计算十进制减法运算 7－2。

（1）计算减数的模 9 补码。减数的 BCD 码为 0010，加上 0110 后为 1000，再按位取反得 0111。

（2）将减数的模 9 补码加 1 后和被减数做 BCD 码相加：0111＋1＋0111＝1111，再进行加 6 修正，得 0101。

4. BCD 码加减法电路

一个十进制数字的 BCD 码的模 9 补码也可以用组合电路来实现。

设 BCD 码 Y 为 $y_8 y_4 y_2 y_1$，Y 的模 9 补码表示为 $b_8 b_4 b_2 b_1$。Y 及其模 9 补码的真值表如表 3.5 所示。

根据真值表可以得到模 9 补码的组合电路，其逻辑符号如图 3.19 所示。当信号 $M=0$ 时，$b_8 b_4 b_2 b_1$ 表示 Y 本身；当 $M=1$ 时，$b_8 b_4 b_2 b_1$ 表示 Y 的模 9 补码。

表 3.5　Y 及其模 9 补码的真值表

y_8	y_4	y_2	y_1	b_8	b_4	b_2	b_1
0	0	0	0	1	0	0	1
0	0	0	1	1	0	0	0
0	0	1	0	0	1	1	1
0	0	1	1	0	1	1	0

y_8	y_4	y_2	y_1	b_8	b_4	b_2	b_1
0	1	0	0	0	1	0	1
0	1	0	1	0	1	0	0
0	1	1	0	0	0	1	1
0	1	1	1	0	0	1	0
1	0	0	0	0	0	0	1
1	0	0	1	0	0	0	0

将 BCD 码的模 9 补码电路和 BCD 码加法器组合在一起,构成如图 3.20 所示的两个 BCD 码的加减法运算电路。变量 M 用于选择进行加法或者减法运算的操作。当 $M=0$ 时,输出 $Z=X+Y$,电路执行两个 BCD 码的加法运算;当 $M=1$ 时,同时送入 $C_i=1$,则输出 $Z=X+(9-Y)+1$,电路执行 X 和 Y 模 10 补码的加法运算,若丢弃最高位的进位位,则相当于执行两个 BCD 码的减法运算。

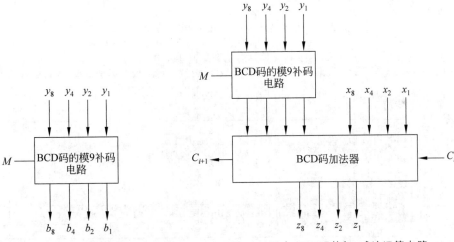

图 3.19　求一个数 Y 的模 9 补码的组合电路　　图 3.20　两个 BCD 码的加、减法运算电路

多数计算机同时提供了二进制数和十进制数的运算电路,用户在程序中可以用指令选择需要的二进制或十进制运算。

3.7　实验设计

本节实验的目的是了解 PC 的运算器原理和功能以及 AEDK 虚拟机的运算器的组成、原理和功能。

3.7.1 PC 的运算器

在 x86 的计算机中有完成数据算术运算和逻辑运算的运算器以及记录运算情况的标志寄存器。x86 指令系统具有丰富的运算类指令。算术运算类指令完成数据的加、减、乘、除等运算,逻辑运算类指令完成数据的与、或、非、异或等运算。执行一次数据运算操作,除了将运算结果保存为目的操作数外,通常还涉及或影响到状态标志位。详细的指令系统将在第 5 章介绍。

1. 加法运算功能

ADD 指令实现两个数据的相加,结果返回目的操作数,并根据运算结果置相应的标志位;而 ADC 指令在对两个数据相加时,当前的进位标志 CF 也会参加运算,结果返回目的操作数,并根据运算结果置相应的标志位。指令中的操作数支持寄存器与立即数、寄存器、存储器间的加减运算以及存储器与立即数、寄存器间的加减运算。

在 PC 上运行下面的程序段,比较 ADD 和 ADC 指令的执行结果。首先在 DEBUG 中用 A 命令输入程序段,再用 G 命令运行程序段。

```
MOV AX,1234 H   ;AX=1234H
MOV CX,AX       ;CX=AX=1234H
MOV BX,0001     ;BX=0001H
STC             ;设 CF=1,为了测试对 ADD 指令是否有影响
ADD AX,BX       ;AX=AX+BX=1235H,不会将 CF 的值加进来,执行后置标志寄存器
STC             ;CF=1,为了测试对 ADC 指令是否有影响
ADC CX,BX       ;CX=CX+BX+CF=1236H,指令执行前的 CF 值会影响结果,执行后置标志寄存器
```

加法运算功能程序的执行过程如图 3.21 所示。

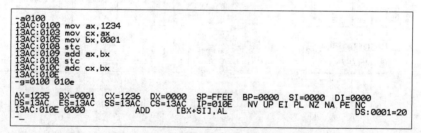

图 3.21　加法运算功能程序的执行过程

2. 逻辑运算功能

以下程序段对 11010101B 和 00101010B 这两个二进制数执行与、或、异或逻辑运算,用 DEBUG 跟踪调试这些指令,了解它们的功能和对标志位的影响。注意,DEBUG 只能输入十六进制形式数据。

```
MOV AL,11010101B   ;AL=11010101B
MOV BL,AL          ;BL=AL=11010101B
MOV CL,AL          ;CL=AL=11010101B
AND AL,00101010B   ;AL=00H
```

```
OR   BL,00101010B       ;BL=0FFH
XOR  CL,00101010B       ;CL=0FFH
```

逻辑运算功能程序的执行过程如图 3.22 所示。

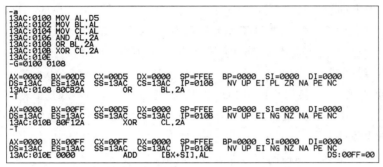

图 3.22　逻辑运算功能程序的执行过程

3.7.2　AEDK 虚拟机的运算器

1. AEDK 虚拟机运算器构成

AEDK 虚拟机的运算器由两片 SN74181 构成 8 位字长的 ALU 单元,数据输入端由两片 74LS374 锁存数据,数据输出端由一片 74LS244(输出缓冲器)来控制。AEDK 虚拟机的运算器逻辑图如图 3.23 所示。(动画演示文件名:虚拟机实验 4 算术逻辑单元.swf)

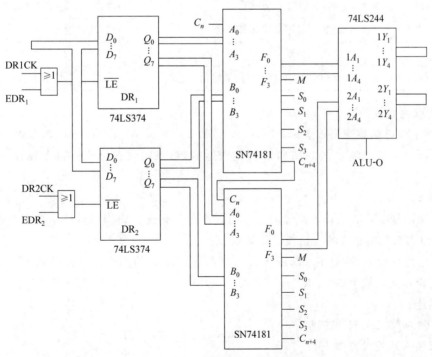

图 3.23　AEDK 虚拟机的运算器逻辑图

2. AEDK 虚拟机运算器的工作原理

输入寄存器 DR_1 的 EDR_1 为低电平并且 DR1CK 为电平正跳变时,把来自数据总线的数据写入寄存器 DR_1。同样,通过 EDR_2、DR2CK 可以把数据写入 DR_2。

算术逻辑单元的核心是由两片 SN74181 组成的,可以对两个 8 位的二进制数进行算术运算和逻辑运算。SN74181 的各种工作方式可通过设置控制信号 S_0、S_1、S_2、S_3、M、C_n 来实现。由于 DR_1、DR_2 已经把数据锁存了,只要 SN74181 的控制信号不变,那么 SN74181 的输出数据也不会改变。

输出缓冲器采用三态门 74LS244。当控制信号 ALU-O = 0 时,74LS244 开通,把 SN74181 的运算结果输出到数据总线;当 ALU-O = 1 时,74LS244 的输出为高阻。

3. 控制信号说明

AEDK 虚拟机运算器的控制信号如表 3.6 所示。

表 3.6　AEDK 虚拟机运算器的控制信号

信号名称	作用	有效电平
EDR_1	选通 DR_1 寄存器	低电平有效
EDR_2	选通 DR_2 寄存器	低电平有效
DR1CK	DR_1 寄存器工作脉冲	上升沿有效
DR2CK	DR_2 寄存器工作脉冲	上升沿有效
$S_0 \sim S_3$	SN74181 工作方式选择	
M	逻辑运算或算术运算选择	
C_n	有无进位输入	
ALU-O	将 SN74181 的计算结果输出至总线	低电平有效

4. 实验内容及步骤

1) 两个二进制数逻辑或运算

操作示例:实现两个数 33H 和 55H 的或运算,结果用数据总线上的灯 $IDB_0 \sim IDB_7$ 显示出来。

操作步骤如下:

(1) 用信号线将数据输入端 $D_7 \sim D_0$ 与数据开关相连。虚拟机软件中数据总线输出端 $Q_0 - Q_7$ 与内部数据总线的连接线已经接好。

(2) 用信号线把 DR1CK 和 DR2CK 分别与脉冲单元的两个脉冲按键相连。用信号线把算术逻辑单元模块上的 EDR_1、EDR_2、ALU-O、S_0、S_1、S_2、S_3、C_n、M 与对应的 8 个控制信号开关相连。

(3) 输入数据 33H 和控制信号。

数据输入开关设置如下:

D_7	D_6	D_5	D_4	D_3	D_2	D_1	D_0
0	0	1	1	0	0	1	1

控制信号开关设置如下：

EDR_1	EDR_2	ALU-O	S_0	S_1	S_2	S_3	C_n	M
0	1	0	0	1	1	1	1	1

（4）按下 DR1CK 对应的脉冲按键，产生一个上升沿脉冲，把 33H 写入 DR_1 寄存器。

（5）输入数据 55H 和控制信号。

数据输入开关设置如下：

D_7	D_6	D_5	D_4	D_3	D_2	D_1	D_0
0	1	0	1	0	1	0	1

控制信号开关设置如下：

EDR_1	EDR_2	ALU-O	S_0	S_1	S_2	S_3	C_n	M
1	0	0	0	1	1	1	1	1

（6）按下 DR2CK 对应的脉冲按键，产生一个上升沿脉冲，把 55H 写入 DR_2 寄存器。

（7）SN74181 根据控制信号 S_0、S_1、S_2、S_3、C_n、M 设置的 011111 完成对应的 $F=A$ 或 B 运算，把运算结果输出到数据总线上，数据总线上的灯 $IDB_0 \sim IDB_7$ 显示 77H。

2）不带进位两数加法运算

操作示例：将 33H 和 55H 相加，结果用数据总线上的灯 $IDB_0 \sim IDB_7$ 显示出来。

操作步骤如下：

（1）用信号线将数据输入端 $D_7 \sim D_0$ 与数据开关相连。虚拟机软件中数据总线输出端 $Q_0 \sim Q_7$ 与内部数据总线的连接线已经接好。

（2）用信号线把 DR1CK 和 DR2CK 分别与脉冲单元的两个脉冲按键相连。用信号线把算术逻辑单元模块上的 EDR_1、EDR_2、ALU-O、S_0、S_1、S_2、S_3、C_n、M 与对应的 8 个控制信号开关相连。

（3）输入数据 33H 和控制信号。

数据输入开关设置如下：

D_7	D_6	D_5	D_4	D_3	D_2	D_1	D_0
0	0	1	1	0	0	1	1

控制信号开关设置如下：

EDR$_1$	EDR$_2$	ALU-O	S_0	S_1	S_2	S_3	C_n	M
0	1	0	1	0	0	1	1	0

(4) 按下 DR1CK 对应的脉冲按键，产生一个上升沿脉冲，把 33H 写入 DR$_1$ 寄存器。

(5) 输入数据 55H 和控制信号。

数据输入开关设置如下：

D_7	D_6	D_5	D_4	D_3	D_2	D_1	D_0
0	1	0	1	0	1	0	1

控制信号开关设置如下：

EDR$_1$	EDR$_2$	ALU-O	S_0	S_1	S_2	S_3	C_n	M
1	0	0	1	0	0	1	0	0

(6) 按下 DR2CK 对应的脉冲按键，产生一个上升沿脉冲，把 55H 写入 DR$_2$ 寄存器。

(7) SN74181 根据控制信号 S_0、S_1、S_2、S_3、C_n、M 设置的 1001110 完成对应的 $F = A$ 加 B 运算，把运算结果输出到数据总线上，数据总线上的灯 IDB$_0$～IDB$_7$ 显示 88H。

(8) 将控制信号 S_0、S_1、S_2、S_3、C_n、M 设置为不同的组合，SN74181 进行不同的运算，得到的结果显示在数据总线上。

3.8　本章小结

运算器是计算机中的主要功能部件之一，是对二进制数据编码进行各种算术运算和逻辑运算的装置。加法器是运算器的基本部件。本章介绍了加法器、算术逻辑单元的组成及工作原理。

以加法器为硬件基础，本章重点介绍了多种运算方法，包括定点补码加减法、定点乘法、定点除法、浮点运算、十进制数的加减运算方法。

习题 3

1. 采用 74LS244 和 SN74181、SN74182 芯片，设计具有并行运算功能的 16 位补码二进制加减法运算器。画出逻辑框图。

2. 已知二进制数 $X = 0.1001B$，$Y = -0.1011B$，完成下列计算。

（1）求$[X+Y]_{补}$和$[X-Y]_{补}$。

（2）用原码一位乘法计算$[X \times Y]_{原}$。

（3）用布斯乘法计算$[X \times Y]_{补}$。

（4）用两种方法计算$[X/Y]_{原}$的商和余数。

3. 假设在浮点机中，阶符为 1 位，阶码为 3 位，尾符为 1 位，尾数为 3 位，采用 0 舍 1 入法，用浮点补码运算方法计算下面的题目。

$3.125+6.325, 3.125-6.325$

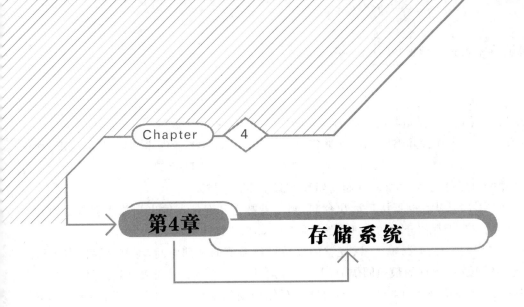

Chapter 4

第4章 存储系统

本章学习目标

- 了解存储器的主要性能指标、分类和存储系统的层次结构。
- 了解半导体读写存储器的基本构成和工作原理。
- 掌握用存储芯片构成主存储器的扩展方法。
- 掌握 8086 系统的存储器组织。
- 了解半导体只读存储器的分类和工作原理。
- 掌握高速缓冲存储器的工作原理、映像方式和替换算法。
- 掌握虚拟存储器的概念和基本管理方法。
- 了解磁表面存储器和光盘存储器的工作原理。

本章首先介绍存储器的主要性能指标、分类以及存储系统的层次结构,然后介绍半导体读写存储器和只读存储器的构成和工作原理,接着介绍高速缓冲存储器的工作原理、映像方式和替换算法以及虚拟存储器的概念和基本管理方法,最后介绍磁表面存储器和光盘存储器的工作原理。

4.1 存储系统概述

存储器是计算机系统中用来存放程序、数据等信息的记忆设备。一个计算机系统可以配置各种各样的存储设备。由存储设备和其相应的管理程序组织起来的软硬件系统称为存储系统。存储系统的优劣,特别是它的存取速度和存储容量,关系着整个计算机系统的优劣。

4.1.1 存储器的主要性能指标

存储器评价的主要性能指标是容量、速度和价格。

存储器的容量是指存储器能容纳的二进制信息总量,通常用字节表示。常用的单位有字节(Byte,B)、千字节(KiloByte,KB)、兆字节(MegaByte,MB)、吉字节(GigaByte,GB)和太字节(TeraByte,TB)。$1KB=2^{10}B$,$1MB=2^{20}B$,$1GB=2^{30}B$,$1TB=2^{40}B$。

存储器的速度可用存取时间、存储周期和存储器带宽来描述。

(1) 存取时间是从存储器接到读命令起,到信息被送到存储器输出端总线上所需的时间。存取时间取决于存储介质的物理特性及使用的读出机构的特性。

(2) 存储周期是存储器进行一次完整的读写操作需要的全部时间,也就是存储器进行连续两次读写操作所允许的最短间隔时间。存储周期往往比存取时间大,因为存储器读或写操作后,总会有一段恢复内部状态的时间。存储周期的单位常采用 μs(微秒)或 ns(纳秒)。

(3) 存储器的带宽表示存储器单位时间内可读写的字节数(或二进制的位数),又称为数据传输率。

存储器的价格可用总价格或每位价格来表示。存储器的成本包括存储单元本身的成本和完成读写操作必需的外围电路的成本。

4.1.2 存储器分类

1. 按存储元件分类

存储器按存储元件可以分为以下 3 类:

(1) 半导体存储器:用半导体器件构成的存储器,采用半导体器件的导通(有电流)或者截止(无电流)表示数据 0 或 1。

(2) 磁性材料存储器:主要是磁芯存储器和磁表面存储器,后者又分为磁盘存储器和磁带存储器,采用磁性材料的不同磁性方向表示数据 0 或 1。

(3) 光介质存储器:一般做成光盘,利用光盘表面对极细的激光束的反射程度来区别存0 还是存 1。

2. 按存取方式分类

存储器按存取方式可以分为以下 3 类:

(1) 顺序存取存储器(Sequentially Access Memory,SAM):存储器中的信息顺序存放或读出,其存取时间取决于信息存放位置。磁带是典型的顺序存取存储器,读取磁带上的数据时,只能沿着磁带顺序逐块查找。

(2) 随机存取存储器(Random Access Memory,RAM):此类存储器可以在任一时刻按地址访问任一存储单元,而且访问时间与地址无关,都是一个存取周期。半导体存储器一般属于此类存储器。

(3) 直接存取存储器(Direct Access Memory,DAM):此类存储器存取信息时,首先选取需要存取的信息所在的区域,然后用顺序方式存取。磁盘属于直接存取存储器,它对磁道的寻址是随机的,在磁道上寻找扇区时采用顺序寻址。

3. 按工作方式分

存储器按工作方式可以分为以下两类：

（1）读写存储器（Read/Write Storage，RWS）：这类存储器既能存入数据，也能从中读出数据。

（2）只读存储器（Read-Only Memory，ROM）：在正常读写操作下，这类存储器的内容只能读出而不能写入。

4. 按存储器在计算机中的功能分类

存储器按其在计算机中的功能可以分为以下3类：

（1）高速缓冲存储器（cache）：简称高速缓存，计算机系统中的高速小容量存储器，接近CPU的工作速度，用来临时存放指令和数据，一般由双极型半导体组成。

（2）主存储器：简称主存，是计算机系统中的重要部件，用来存放计算机运行时的大量程序和数据。主存储器一般由MOS半导体存储器构成，比高速缓冲存储器的容量大。CPU能够直接访问的存储器称内存储器，高速缓存和主存都是内存储器。

（3）辅助存储器：简称辅存，又称外存储器（简称外存）。外存储器主要由磁表面存储器、光存储器和闪存存储器组成。外存储器的特点是容量大。

4.1.3 存储系统的层次结构

在现代计算机中，各种不同容量和不同存取速度的存储器按一定的结构有机地组织在一起，程序和数据按不同的层次存放在各级存储器中，使整个存储系统具有较好的速度、容量和价格等方面的综合性能指标。

目前广泛使用的三层存储结构如图4.1所示。在三层存储结构中，主存和辅存构成一个层次，高速缓存和主存构成另一个层次。"高速缓存—主存"层次主要解决存储器的速度问题。"主存—辅存"层次主要解决存储器的容量问题。

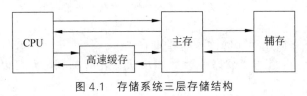

图4.1 存储系统三层存储结构

4.2 半导体读写存储器

半导体读写存储器习惯称为RAM。半导体读写存储器具有体积小、存取速度快等优点，因而适合作为内存储器使用。

半导体读写存储器按工艺不同可分为双极型RAM、MOS型RAM。MOS型RAM又分为静态RAM和动态RAM两类。

4.2.1 半导体基本存储单元

基本存储单元是用来存储一位二进制位的电路,是存储器最基本的存储元件,又称位单元。

1. 静态 MOS 存储位单元工作原理

静态 MOS 存储位单元由 MOS 场效应管构成。六管 MOS 基本存储位单元用 6 个 MOS 场效应管构成,电路和符号如图 4.2 所示。(动画演示文件名:虚拟机 14-六管 MOS 基本存储位单元电路.swf)

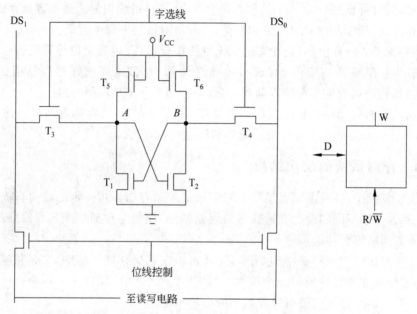

图 4.2　六管 MOS 基本存储位单元电路和符号

六管 MOS 基本存储位单元的读写原理如下:

设定 T_1 管截止、T_2 管导通状态表示 1,相反状态表示 0,则电路可以完成一位二进制信息写入、保存、读出操作。

(1) 写入操作。在字选线上加一个高电位的字脉冲,使 T_3 管和 T_4 管导通。若要写入 1,在 DS_0 线上加低电位,使 B 点电位下降,T_1 管截止,A 点电位上升,T_2 管导通,则数据 1 写入成功。若要写 0,在 DS_1 上加低电位,使 A 点电位下降,则 T_2 管截止,B 点电位上升,T_1 管导通,实现写 0。

(2) 存储数据保持。在字选线上加低电位,T_3 管和 T_4 管截止,T_1 管和 T_2 管与外界隔离,保持原有状态(即信息)不变。

(3) 读出操作。在字选线上加高电位,T_3 管和 T_4 管导通。若原来存储的是数据 1,则 A 点是高电平,DS_1 线上也为高电平;B 点是低电平,DS_0 上是低电平。DS_1 的高电平和 DS_0

的低电平使读出电路产生读 1 信号。若原来存储的是数据 0，则 DS₁ 上为低电平，DS₀ 上为高电平，使读出电路产生读 0 信号。

从六管 MOS 基本存储位单元电路中可以看出，即使在位单元不工作时，也有电流流过该电路，所以其功耗较大。

2. 动态 MOS 存储位单元工作原理

动态 MOS 存储位单元利用电容来保存信息。设定电容充有电荷表示存储 1，电容放电表示存储 0。在信息保持状态下，存储位单元中没有电流流动，因而大大降低了功耗。

采用一个 MOS 管和一个电容可以构成单管 MOS 动态存储位单元，结构简单，集成度很高。图 4.3 是单管 MOS 动态存储位单元电路，其中 T 管是字选择控制管，读写该单元时通过加选通脉冲使其导通。（动画演示文件名：虚拟机 15-单管动态位单元电路.swf）

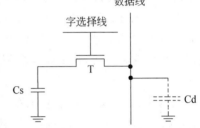

图 4.3　单管 MOS 动态存储位单元电路

单管 MOS 动态存储位单元电路的工作原理是：

（1）写入操作。字选择线加高电平，使 T 管导通。当数据线为高，Cs 被充电，表示写入数据 1；当数据线为低，Cs 被放电，表示写入数据 0。

（2）存储数据。字选择线为低电平，T 管截止，Cs 与数据线隔离，本来应该保持原存储的信息，但是因为电容上的电荷会缓慢泄放，超过一定时间（2～3.3ms），原有信息就会丢失，因此必须定时给电容补充充电，这个过程称为刷新。

（3）读出操作。字选择线加高电平，使 T 管导通。数据线为中间电位，若原有电容上存 1，则 Cs 上的电荷通过 T 管向数据线泄放，形成读 1 信号；若原有电容上存 0，则无泄放电流。由于在读出操作的时候，Cs 上原有电荷泄放，破坏了原有信息，属于破坏性读出，因此，单管 MOS 动态存储位单元电路在读出操作之后必须根据读出的内容进行重写。设置 Cd 作为重写的充电电容。

4.2.2　半导体 RAM 芯片

用大量的位存储单元构成存储阵列，存储大量的信息，再通过读写电路、地址译码电路和控制电路实现对这些信息的访问，这样就构成了存储器芯片。半导体 RAM 芯片主要有静态存储器（Static Random Access Memory，SRAM）芯片和动态存储器（Dynamic Random Access Memory，DRAM）芯片两种。静态存储器芯片的速度较高，但它的单位价格较高；动态存储器芯片的容量较高，但速度比静态存储器慢。

1. 静态存储器芯片的结构和工作原理

静态存储器 SRAM 芯片由以下几个部分组成：（动画演示文件名：原理 4-1 静态 RAM 芯片结构.swf）

（1）存储体。由大量的存储位单元构成的存储阵列组成。一个存储阵列中包含很多行，每行由多列存储单元构成。阵列中用行选通线选择一行中的存储单元，再用列选通线选择一行中的某个存储单元,对数据进行存取操作。

(2) 地址译码器。其输入信号线是访问存储器的地址编码,地址译码器把用二进制表示的地址转换成驱动读写操作的选择信号。地址译码有两种方式:一种是单译码方式,适用于小容量存储器;另一种是双译码方式,适用于容量较大的存储器。

在单译码方式下,地址译码器只有一个,其输出选通某个地址对应的字节或字单元的多个位单元。当地址位数较多时,单译码方式的输出线数目较多。例如,存储体有 1024 个字节单元,采用单译码方式时,地址译码器输入端地址为 10 位,输出端存储单元的选通信号线有 1024 条。

在双译码方式下,地址译码器分为行选通译码器 X 和列选通译码器 Y,分别用于产生一个有效的行选通信号和一个有效的列选通信号,行选通线和列选通线都有效的存储单元被选通。采用这种方式,每个译码器都比较简单,可减少数据单元选通线的数量。例如,存储体有 1024 个字节单元,排列为 32 行×32 列的矩阵。采用 X 地址译码器产生行选通信号,输入端地址 5 位,输出端行选通线 32 条;采用 Y 地址译码器产生列选通信号,输入端地址 5 位,输出端列选通线 32 条。存储单元选通线条数共 64 条。

(3) 驱动器。由于选通信号线要驱动存储体中的大量单元,因此需要在译码器输出端增加一个驱动器,用驱动器输出的信号去驱动连接在各条选通线上的各存储单元。

(4) I/O 电路。即输入输出电路,处于数据总线和被选通的存储单元之间,用以控制被选通的存储单元读出或写入,并具有放大数据信号的作用。数据驱动电路对读写的数据进行读写放大,增加信号的强度,然后输出到芯片外部。

(5) 片选控制。产生片选控制信号,选通芯片。

(6) 读/写控制。根据 CPU 给出的信号控制被选通的存储单元做读操作还是写操作。

图 4.4 中是容量为 4096B 的静态存储器芯片结构。4096 个存储单元排成 64×64 的矩阵,地址位数为 12,由 6 位行选通译码器 X 和 6 位列选通译码器 Y 来选择要访问的单元。

以上介绍的是存储器芯片的物理结构。在逻辑表示上,存储器芯片的容量经常用字数 M×位数 N 表示。字数 M 表示存储芯片中的存储阵列的行数,位数 N 表示存储阵列的列数,即数据宽度。存储器芯片的字数影响到芯片所需的地址线数量,数据宽度则对应芯片的数据线数量。例如,1024×4b 的存储芯片有 10 条地址线($2^{10}=1024$)和 4 条数据线。

静态存储器芯片的引脚接口信号如下:

(1) Address:地址信号,一般表示为 $A_0, A_1, A_2, \cdots, A_i (2^{i+1}=M)$。

(2) Data:数据信号,一般表示为 $D_0, D_1, D_2, \cdots, D_j (j+1=N)$。

(3) $\overline{\text{CS}}$:芯片片选信号,低电平表示该芯片被选通。

(4) $\overline{\text{WR}}$:写允许信号,低电平表示写操作。

(5) $\overline{\text{RD}}$:读允许信号,低电平表示读操作。

静态存储器芯片逻辑图如图 4.5 所示。

不同的存储芯片产品的控制信号名称会有差别,信号的有效电平也有差别。例如,有些芯片的片选信号常表示为 CS(高电平有效)或者 $\overline{\text{CE}}$(芯片许可,Chip Enable);有些芯片的读

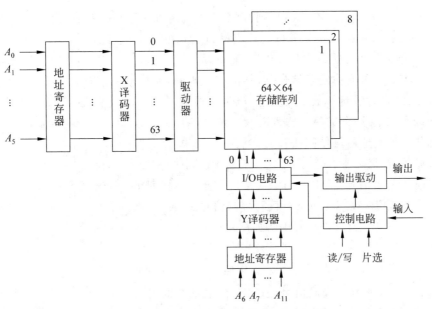

图 4.4　4096B 的静态存储器芯片结构图

写信号合并为 $\overline{\text{WE}}$，低电平表示写操作，高电平表示读操作；有些芯片上数据线是单向的，用 D_{in} 表示数据输入信号线，用 D_{out} 表示数据输出信号线。

【例 4-1】 静态存储器芯片 62256 的引脚如图 4.6 所示。芯片的地址引脚为 $A_0 \sim A_{14}$；数据引脚为 $\text{I/O}_0 \sim \text{I/O}_7$；片选信号为 $\overline{\text{CE}}$，低电平有效；写控制信号为 $\overline{\text{WE}}$，读控制信号为 $\overline{\text{OE}}$，低电平有效。计算该芯片的存储容量。

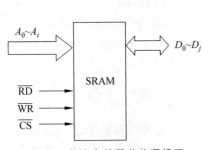

图 4.5　静态存储器芯片逻辑图

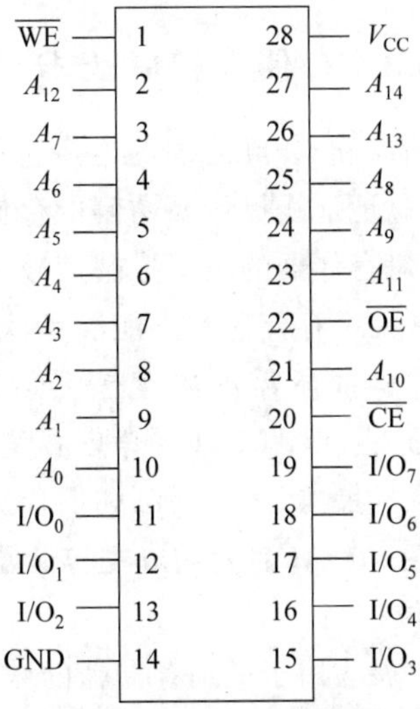

图 4.6　静态存储器芯片 62256 的引脚

解：62256 芯片地址线有 15 根，则有 32 768（写为 32K）个存储字单元。数据线 8 根，则每个字单元的数据宽度为 8b。所以芯片容量为 32K×8b，即 32KB。

2. 动态存储器芯片的结构和工作原理

用动态存储位单元构成存储阵列，加上控制电路，制作成动态存储器 DRAM 芯片。但是由于 DRAM 芯片容量一般比较大，所以地址线数量较多。为了减少地址线数量，将地址分成行地址和列地址，分成两次输入芯片。两次地址的输入分别由芯片的地址选通信号 $\overline{\text{RAS}}$ 和 $\overline{\text{CAS}}$ 控制。其中，$\overline{\text{RAS}}$ 是行地址选通信号，低电平有效，用于选通存储阵列中的一行；$\overline{\text{CAS}}$ 是列地址选通信号，低电平有效，用于选通存储阵列中的一列。另外，DRAM 芯片也具有读写控制信号。

例如，动态存储芯片 4164 的引脚如图 4.7 所示。

4164 芯片的容量为 64K×1b。芯片地址引脚为 $A_0 \sim A_7$；数据输入引脚为 D_{in}，数据输出引脚为 D_{out}；行地址选通信号是 $\overline{\text{RAS}}$，列地址选通信号是 $\overline{\text{CAS}}$，低电平有效；读/写控制信号为 $\overline{\text{WE}}$，低电平为写操作，高电平为读操作。

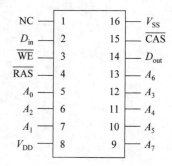

图 4.7　动态存储芯片 4164 的引脚

行地址在 $\overline{\text{RAS}}$ 有效前到达芯片的地址输入端，经过一段访问时间后，将行地址输入到芯片内；然后列地址到达，使 $\overline{\text{CAS}}$ 有效一段延时时间，将列地址输入到芯片内，这时启动芯片内部的读写操作。在 $\overline{\text{CAS}}$ 有效时根据 $\overline{\text{WE}}$ 的电平状态进行读操作或者写操作。若为读操作，数据将从数据线上输出；若为写操作，外部提供的写入数据输入到芯片中。不论是读操作还是写操作，$\overline{\text{RAS}}$ 和 $\overline{\text{CAS}}$ 的有效时间都必须保持一定的长度，并且在撤销后到下一次有效必须经过一段时间。

4.2.3　存储器扩展技术

存储器和 CPU 之间的连接包括地址线、数据线和控制线的连接。CPU 访问存储器的时候，通过地址线提供要访问的存储器单元字的地址信息；CPU 的 $\overline{\text{RD}}$（读信号）和 $\overline{\text{WR}}$（写信号）提供对存储器的读写控制信号；CPU 的数据线和存储器数据线相连接。

通常一个存储芯片不能满足计算机存储器的字数要求和数据宽度的要求，需要用多个存储芯片构成所需的主存储器。具体构成主存储器时，首先要选择存储芯片的类型是 SRAM 还是 DRAM，还要考虑容量扩展的技术。用若干存储芯片构成一个主存储器的方法主要有位扩展法、字扩展法和混合扩展法。

1. 用 SRAM 芯片构成主存储器

1）位扩展

位扩展法用于增加存储器的数据位，即用若干个位数较少的存储芯片构成具有给定字长的存储器，而存储器的字数与存储芯片上的字数相同。位扩展时，各存储芯片上的片选线、地址线、读/写控制线都与 CPU 对应的信号线相接，而数据线单独引出后，并列连接到

CPU 的数据线。

【例 4-2】 用 $4096 \times 1b$ 的芯片构成 $4K \times 8b$ 存储器。

解：（动画演示文件名：例 4-2 用 $4096 \times 1b$ 的芯片构成 $4K \times 8b$ 存储器.swf）

存储芯片容量为 $4096 \times 1b$，需要的存储器容量为 4KB，则共需要 8 个存储芯片。

每个芯片的 $A_0 \sim A_{11}$ 地址线连接在一起，接收来自 CPU 地址线 $A_0 \sim A_{11}$ 提供的地址信息，选定芯片内部的一个字单元。

每个芯片的 $\overline{CS}$ 片选信号连接在一起，与 CPU 提供的控制信号或者高位的地址线连接，用于选择所有存储芯片。

每个芯片的 $\overline{RD}$ 连接在一起，与 CPU 提供的读信号连接。每个芯片的 $\overline{WR}$ 信号连接在一起，与 CPU 提供的写信号连接。当 CPU 发出读写信号时，所有芯片可以同时进行读写操作。

CPU 对存储器读写操作时，每个存储芯片的一位数据线并列和 CPU 的 8 位数据线进行数据交流，从而实现 CPU 访问一次存储器，可以有 8b 数据操作。

存储器中芯片的连接如图 4.8 所示。

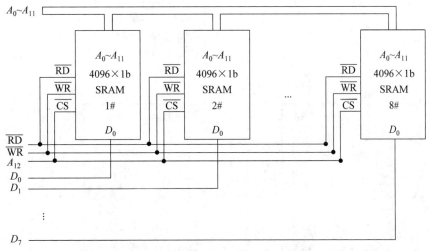

图 4.8 用 $4096 \times 1b$ 的芯片构成 $4K \times 8b$ 存储器的逻辑图

2）字扩展

当存储芯片中每个单元的位数与 CPU 字长相同，而要求的存储器容量大于一个芯片的容量时，就要采用字扩展法，在字方向上进行扩充，而位数不变。字扩展时，CPU 的低位地址线与各存储芯片的低位地址线连接在一起，提供单元选通信号；CPU 的高位地址线经译码器译码后连接各芯片的片选信号 $\overline{CS}$，提供芯片片选信号。每个存储芯片均直接提供 CPU 需要的多位数据。

【例 4-3】 用 $16K \times 8b$ 的芯片构成 $64K \times 8b$ 的存储器。

解：（动画演示文件名：例 4-3 用 $16K \times 8b$ 构成 $64K \times 8b$ 存储器.swf）

用所需的存储器总容量除以每个芯片容量，则一共需要 4 个存储芯片。

每个芯片的 $A_0 \sim A_{13}$ 地址线连接在一起,与 CPU 提供的低位地址线 $A_0 \sim A_{13}$ 连接,用于选定存储芯片内部的字单元。

CPU 提供的高位地址线 A_{14}、A_{15} 连接到译码器的输入端,在输出端产生各存储芯片的片选信号。

CPU 的读写信号和各存储芯片的读写信号相连,提供芯片的读写控制信号。

各存储芯片的数据线并联,某个芯片在被选通进行读写操作时,能和 CPU 进行 8b 数据的操作。存储器中芯片的连接如图 4.9 所示。

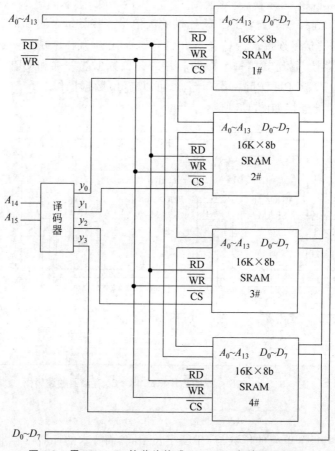

图 4.9　用 16K×8b 的芯片构成 64K×8b 存储器逻辑图

3) 混合扩展

当选用的存储芯片容量和每个单元的位数都不能满足存储器的要求时,就需要字和位同时进行扩展,称为字位扩展,即混合扩展。

混合扩展时,将各存储芯片的地址线与 CPU 提供的低位地址线相连,CPU 提供的高位地址通过译码后连接各存储芯片的片选信号,有些存储芯片的片选信号线会同时被选通。

多个芯片的字数满足 CPU 的字数要求,同时被选通的多个芯片一起提供 CPU 需要的多位数据。

【例 4-4】 用 $1K \times 4b$ 的芯片构成 $4K \times 8b$ 的存储器。

解:(动画演示文件名:例 4-4 用 $1K \times 4b$ 的芯片构成 $4K \times 8b$ 的存储器.swf)

根据所需存储器容量和存储芯片容量,可以计算出需要的芯片数量为 8。芯片的连接如图 4.10 所示。

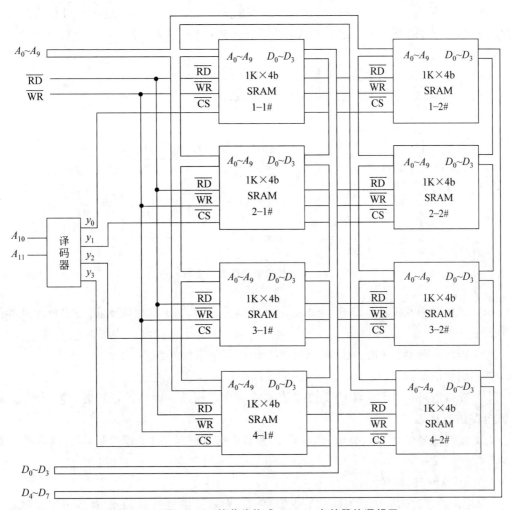

图 4.10 用 $1K \times 4b$ 的芯片构成 $4K \times 8b$ 存储器的逻辑图

各存储芯片上的 $A_0 \sim A_9$ 地址线连接到 CPU 的低位地址线 $A_0 \sim A_9$。CPU 提供的高位地址线 A_{10}、A_{11} 连接到译码器,产生存储芯片所需要的片选信号。由于一个存储芯片选通时只能向 CPU 提供 4 位数据线,所以,需要将两个存储芯片的片选信号线连接在一起。片选连在一起的两个存储芯片,4 位数据线分别连接 CPU 的 4 位数据线,可以向 CPU 提供

8b 数据。

2. 用 DRAM 芯片构成主存储器

如果选用 DRAM 芯片构成主存储器，DRAM 芯片的地址分行地址和列地址，增加了 $\overline{RAS}$ 和 $\overline{CAS}$ 信号，而 CPU 访问存储器时，地址信息是同时提供的，这就需要一个控制电路，以生成存储器需要的控制信号，并且将地址信息分成行地址和列地址，然后按读写工作时序送出。另外，DRAM 的刷新操作一般也在存储器控制电路的控制下进行。存储器控制电路用一个计数器提供一个刷新的行地址，读出存储阵列中的一行数据，经过信号放大后再写回，就完成了一次刷新操作。这个控制电路就是 DRAM 控制器，它是 CPU 和 DRAM 芯片之间的接口电路。

1）DRAM 控制器的主要组成结构

DRAM 控制器的主要组成结构如图 4.11 所示，组成部分包括：

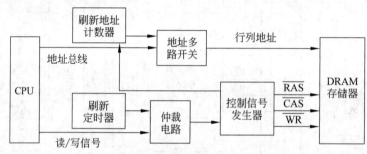

图 4.11　DRAM 控制器的主要组成结构

（1）地址多路开关：将 CPU 送来的地址转换为分时向 DRAM 芯片送出的行地址和列地址。

（2）刷新定时器：定时产生 DRAM 芯片的刷新请求信号。

（3）刷新地址计数器：DRAM 芯片是按行刷新的，需要一个计数器提供刷新行地址。

（4）仲裁电路：如果来自 CPU 的访存请求和来自刷新定时器的刷新请求同时产生，由仲裁电路进行优先权仲裁。

（5）控制信号发生器：提供 $\overline{RAS}$、$\overline{CAS}$ 和 $\overline{WR}$ 控制信号，用于读写操作和刷新操作的控制。

2）DRAM 存储器的刷新

DRAM 的存储阵列中所有的存储电容必须周期性地重复充电，上次对整个存储器刷新结束到下次对整个存储器全部刷新一遍为止的时间间隔称为刷新周期，一般为 2ms。刷新时没有列地址和 $\overline{CAS}$ 信号，各单元的数据读写彼此隔离，并且不会送到读放电路，所以刷新操作一次可以刷新一行所有单元。为了使一次刷新操作尽可能多地对一些单元进行操作，芯片的存储阵列排列时使行数少一些，而列数多一些。

常用的刷新方式有 4 种：集中式刷新、分散式刷新、异步刷新和透明刷新。

（1）集中式刷新。在整个刷新间隔内，前一段时间用于正常的读/写操作，而在后一段时间停止读写操作，逐行进行刷新。在整个刷新间隔内进行的刷新操作的次数正好是将存储器全部刷新一遍所需要的操作次数，所以用于刷新的时间最短。但是，它在一段较长的时间里不能进行正常的读/写操作（这个时间段称死区）。

（2）分散式刷新。一个存储周期的时间分为两段，前一段时间用于正常的读/写操作，后一段时间用于刷新操作。这样不存在死区，但是每个存储周期的时间加长。

（3）异步刷新。上述两种方式结合起来构成异步刷新。在 2ms 时间内必须轮流对每一行刷新一次。这种刷新方式比前两种效率高。

（4）透明刷新。CPU 在取指周期后的译码时间内，存储器为空闲阶段，可利用这段时间插入刷新操作，这不占用 CPU 时间，对 CPU 而言是透明的。这时设有单独的刷新控制器，刷新由单独的时钟、行计数与译码独立完成，目前高档微机中大部分采用这种方式。

【例 4-5】 若 128×128 矩阵的动态存储芯片中，设每个读写周期和刷新操作都为 $0.5\mu s$，刷新间隔为 2ms，计算前 3 种刷新方式的刷新次数、读写次数和效率。

解： （1）集中式刷新。刷新操作集中在一段时间内，次数为全部刷新一遍的操作次数。

存储阵列有 128 行，所以刷新次数为 128 次。刷新时间为 $128 \times 0.5\mu s = 64\mu s$。可以进行的读写次数为 $(2000-64)/0.5 = 3872$ 次。刷新周期中存在 $64\mu s$ 死区。

（2）分散式刷新。在存储读写周期中完成刷新操作。

在存储周期中进行读写和刷新，需 $0.5+0.5=1\mu s$，那么在刷新周期里读写和刷新次数为 $2000/1=2000$ 次，其中读写次数 2000 次，刷新次数 2000 次。这种方式没有死区，但读写次数少，刷新次数多。

（3）异步刷新。将刷新次数平均分配到刷新周期中，则 2ms 内必须对每一行刷新一次。刷新次数为 128 次，则刷新间隔为 $2000/128=15.5\mu s$。每个 $15.5\mu s$ 中 $15\mu s$ 用于读写，$0.5\mu s$ 用于刷新，则读写次数为 $15/0.5=30$ 次，总的读写次数为 $30 \times 128=3840$ 次。这种方式没有死区，并且读写次数也较高。

在现在的动态存储器产品中，刷新控制电路都包括在存储芯片中，芯片外部只需给出启动刷新操作的控制信号即可。

4.2.4　8086 系统的存储器组织

8086 微处理器的地址线有 20 条，所以可以寻址的主存容量是 2^{20}，即 1MB 的主存储器存储空间。

主存储器有 2^{20} 个存储单元，每个单元是一字节（8 个二进制位）。每个存储单元分配一个唯一的物理地址。物理地址编号 20 位，对应的十六进制地址范围是 00000H～0FFFFFH。存储器中相邻的两字节被定义为字（16 个二进制位）。一个字中的两字节都有地址，访问该字的时候，使用两个地址中较小的一个作为该字的地址。一个字存入两个相邻字节时,高位数据存入地址高的字节,低位数据存入地址低的字节。从存储器中相邻两个单元读取一个字时,存储器中地址高的字节为高位数据,地址低的为低位数据。

8086 CPU 内部寄存器都是 16 位寄存器,存放地址时,只能存放 16 位地址,即寻址空间只能是 64KB。所以必须采用分段寻址的方法才能访问整个内存空间。

1. 逻辑段

在 8086 系统中,存储空间可以被分为若干个逻辑段。要求各逻辑段的首地址必须是物理地址最低 4 位地址码为 0 的存储单元。将物理地址的高 16 位作为段地址,又称为段基地址。各逻辑段内每个单元从 0 开始在段内编址,称为段内偏移地址。所以,段内的某个存储单元的地址可以表示为"段基地址:偏移地址"的形式,称为逻辑地址。

对内存进行逻辑分段后,根据逻辑段中的内容,可以分为数据段、代码段、堆栈段、附加段。用于存放数据的区域称为数据段。用于存放程序代码的区域称为代码段。内存中划分出一块特殊的数据区域,在这个区域内,数据的存取要遵循"先进后出,后进先出"的原则,这个区域称为堆栈段。数据需要放在内存中与数据段不同区域时,可以划分出一块扩展的数据段,称为附加段。

每个段的段地址保存在段寄存器中。数据段的段地址保存在 DS 中,代码段的段地址保存在 CS 中,堆栈段的段地址保存在 SS 中,附加段的段地址保存在 ES 中。存储单元的偏移地址可以直接在指令中写出,或者保存在 BX、SI、DI、BP、SP、IP 寄存器中。

2. 逻辑地址和物理地址

在 8086 系统中,每个物理地址对应的存储单元可能包含在若干个重叠的逻辑段中,即一个物理地址可能对应多个逻辑地址。

程序运行时,CPU 根据指令中的逻辑地址去访问存储器,此时要用物理地址进行实际寻址。这样就需要用地址形成电路将逻辑地址转换为物理地址。逻辑地址转换为物理地址的运算方法是:段基地址×16+偏移地址。地址形成电路将段基地址左移 4 个二进制位,然后与偏移地址相加,便能得到 20 位的物理地址。

【例 4-6】 计算内存中逻辑地址为 0000:0021H、0001:0011H 和 0002:0001H 的 3 个单元的物理地址。

解:逻辑地址为 0000:0021H 的单元,将段基地址 0000H 左移 4 位得到 00000H,再加上 0021H,因此该单元的物理地址是 00021H。

逻辑地址为 0001:0011H 的单元,将段基地址 0001H 左移 4 位得到 00010H,再加上 0011H,因此该单元的物理地址是 00021H。

逻辑地址为 0002:0001H 的单元,将段基地址 0002H 左移 4 位得到 00020H,再加上 0001H,因此该单元的物理地址是 00021H。

这 3 个逻辑地址指示的存储单元实际都是内存中物理地址为 00021H 的同一个单元。

在 8086/8088 系统中运行程序时,控制器根据代码段段寄存器 CS 和指令指针 IP 中的值得到要执行的下一条指令的逻辑地址,再通过地址形成电路得到物理地址,根据这个物理地址去程序段中取得指令。当执行的指令要访问内存,往内存单元写入数据或从内存单元中读出数据时,如果指令中直接给出偏移地址或者偏移地址在 BX、SI、DI 中,则控制器根据数据段段寄存器 DS 的值和指令中给出的偏移地址进行计算,得到要访问的内存单元的物理地址,再进行数据的操作。如果指令要对堆栈段进行操作,则控制器根据堆栈段段寄存器 SS 的值和堆栈指针 SP 或者基址指针 BP 的值进行计算,得到 20 位堆栈单元地址。附加段一般作为辅助的数据段使用,在串处理指令执行时,如果需要访问附加段,则根据 ES 中的段地址和 DI 中的偏移地址进行计算,得到要访问的附加段单元的物理地址。

4.3　半导体只读存储器

只读存储器是只能读出信息而不能写入的随机存储器,用于存储计算机中的一些固定程序,如计算机的启动程序。ROM 的工作速度与 RAM 相当,但结构要比 RAM 简单得多,从而集成度高,造价低,功耗比 RAM 小,而且可靠性高,掉电不丢失信息,无须刷新。

根据只读存储器的工艺,半导体只读存储器可分为 ROM、PROM、EPROM 和 EEPROM(E^2PROM)等类型。

4.3.1　掩膜只读存储器

掩膜 ROM(masked ROM)存储的信息由生产厂家在掩膜工艺过程中写入,用户不能修改。掩膜 ROM 根据存储元件分为双极型和 MOS 型两种。

图 4.12 是 MOS 型掩膜 ROM。对某条选通的字线来说,若它与某个位线之间有 MOS 管连接,位线为低,则表示存储 1,若没有 MOS 管连接,位线为高,则表示该位存储 0。

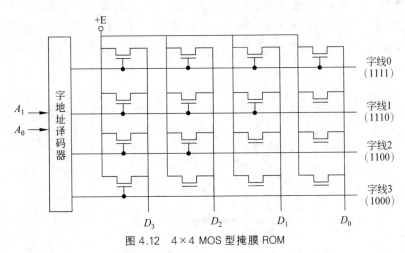

图 4.12　4×4 MOS 型掩膜 ROM

4.3.2　可编程只读存储器

可编程只读存储器(Programmable Read-Only Memory,PROM)出厂时各个存储单元都是 1 或 0,允许用户用特定的电编程器向 ROM 中通过加过载电压写入数据,写入后,再不能修改。PROM 有双极型镍铬熔丝式和双极型短路结式两种。

双极型镍铬熔丝式 PROM 的每个存储单元都是一个连有熔丝的三极管,如图 4.13 所示。写 0 时,在字线 Z 和位线 W 上,用正常电流 $10\sim100$ 倍的大电流烧断熔丝;写 1 时,保留熔丝。

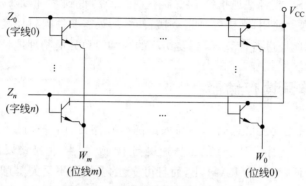

图 4.13 双极型镍铬熔丝式 PROM

4.3.3 可擦除可编程的只读存储器

可擦除可编程的只读存储器(Erasable Programmable Read-Only Memory,EPROM)是一种可多次改写的 ROM,改写时可用紫外线照射来擦除原数据。EPROM 按结构可分为浮动栅型 MOS 和叠栅雪崩注入型 MOS 两种。

浮动栅型 MOS 存储单元的结构如图 4.14 所示。当在存储单元的源极和漏极间加上 50V 左右的电压时,此 MOS 管会引起雪崩,由于隧道效应,电荷注入浮动栅。当浮动栅上聚积的电荷足够多时,源极和漏极导通,存储单元变成 1。浮动栅处于四周绝缘状态,电荷不会丢失,所以存储的数据可以长久保存。当用紫外线照射时,可释放浮动栅上积存的电荷,使存储单元恢复到原始状态。

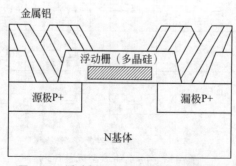

图 4.14 浮动栅型 MOS 存储单元的结构

一般把 EPROM 芯片上的石英窗口对着紫外线灯($12\mathrm{mW/cm^2}$ 规格),距离 3cm 远,照射 $8\sim20\mathrm{min}$,即可抹除芯片上的全部信息。

4.3.4　电擦除电改写只读存储器

EPROM 芯片擦除数据时需要将芯片从线路板上取下并用紫外线照射,而且只能整片擦除,不能按单元擦除,对于改写操作不够方便。电擦除电改写只读存储器(Electrically Erasable Programmable Read-Only Memory, EEPROM 或 E²PROM)在读数据上和 EPROM 一样,其优点是可以采用高电压来擦除和重编程,对于现场编程很方便。

E²PROM 存储单元的结构如图 4.15 所示。擦除数据时将控制栅接地,同时将源极 S 端加较高正电压,将浮动栅置于一个较强的电场中,在电场力的作用下,浮动栅上的自由电子会越过绝缘层进入源极,达到擦除数据的目的。

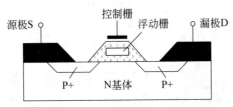

图 4.15　E²PROM 存储单元结构

4.3.5　闪存存储器

闪存存储器(Flash ROM)是一种电子式可擦除的只读存储器,结合了 ROM 和 RAM 的长处,可电擦除,可编程,断电不会丢失数据,同时可以快速读取数据。RAM 按字节进行数据擦除,而闪存存储器用特殊的宏块方式进行数据擦除,从而简化了电路,数据密度更高,降低了成本。

目前,Flash 闪存根据读取技术分为 NOR Flash 和 NADN Flash 两种。

NOR 型闪存有独立的地址线和数据线,可以像 RAM 一样随机寻址,可以读取任何一个字节,可以直接运行装载在 NOR Flash 里面的代码,价格较贵,容量较小。因此,NOR 型闪存比较适合频繁随机读写的场合,例如手机内的存储器。

NAND 型闪存地址线和数据线是共用的 I/O 线,采用一次读取一块的形式,不能直接运行 NAND Flash 上的代码,成本要低一些,容量较大。NAND 型闪存主要用来存储资料,常用的闪存产品,如闪存卡、闪存盘、数码存储卡、U 盘和 MP3 都是用 NAND 型闪存。

4.4　高速缓冲存储器

计算机系统中,因为 CPU 的工作速度提高很快,所以对存储器的速度和容量的要求越来越高。在 CPU 和主存之间插入一个快速存储器,用于存放 CPU 经常访问的指令或操作数据,这个快速存储器称为高速缓冲存储器(一般简称 cache)。这是当前计算机系统中为了提高运行速度所采取的计算机结构的主要改进措施之一。在高档微机中,为了获得更高的效率,不仅设置了独立的指令 cache 和数据 cache,还设置二级 cache 甚至三级 cache。

4.4.1 工作原理

cache 由 cache 存储体和 cache 控制部件组成。cache 存储体通常由双极型半导体存储器或 SRAM 组成。cache 控制部件包括 cache 管理逻辑电路和相联映像表。cache 管理逻辑电路是完成 cache 管理算法的硬件电路。相联映像表是记录 cache 中数据的 cache-主存地址对应关系的存储区域。cache 的组成结构如图 4.16 所示(动画演示文件名:原理 4-2 高速缓冲存储器工作过程.swf)。

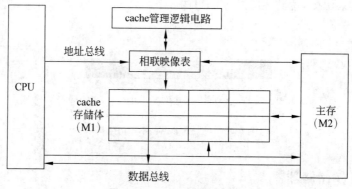

图 4.16　cache 的组成结构

在具有高速缓冲存储器的存储体系中,当 CPU 对主存执行读操作时,CPU 把要访问的主存地址送到 cache,经相联映像表进行地址变换,也就是把主存地址转换为 cache 地址,如果 CPU 要访问的内容在 cache 中,称为命中,则从 cache 中读取数据送 CPU;如果 CPU 要访问的内容不在 cache 中,称为不命中或失靶,则将 CPU 送来的地址直接送到主存,在主存中读取数据,同时 cache 和主存之间还要交换数据。为了便于在 cache 和主存之间交换数据,cache 和主存空间都划分为大小相同的页,即主存空间的页和 cache 空间的页所包含的字节数相同。cache 空间的分配以及数据交换都以页为单位进行。在主存内容写入 cache 时,如果 cache 已满,需按某种替换策略选择被替换的内容。地址变换、替换策略等算法全部由 cache 管理逻辑电路来完成。

另外,当 CPU 对主存执行写操作时,如果要写的内容恰好在 cache 中,则 cache 内容被更改,但该单元对应的主存内容尚没有改变,这就产生了 cache 和主存内容不一致的情况。为此需要选择更新主存内容的算法。一般采用写回法(write back)和写直达法(write through)。写回法是 CPU 对主存写的信息只写入 cache,在 cache 页被替换时,先将该页内容写回主存,再调入新页。写直达法又称存直达法,在每次 CPU 进行写操作时,将信息也写回主存。这样,在页替换时,就不必将被替换的 cache 页内容写回,而可以直接调入新页。

4.4.2　映像方式

CPU 提供给 cache 的地址是主存地址。要访问 cache,必须把主存地址转换为 cache 地址,这种地址变换叫作地址映像。常用的地址映像方式有全相联映像、直接映像和组相联映像。

1. 全相联映像方式

全相联映像方式的映像规则是:主存中的任一页可装入 cache 内任一页的位置。采用相联映像表来存放地址映像关系,即记录 cache 中的页和主存中的页的对应关系。主存地址包含主存页号和页内地址,cache 地址包含 cache 页号和页内地址。主存-cache 地址转换过程如图 4.17 所示。

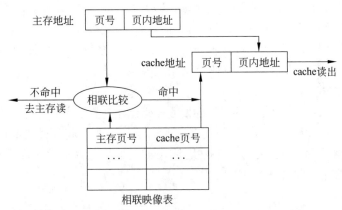

图 4.17　全相联映像方式主存-cache 地址转换过程

主存中的一页数据装入 cache 中的一页后,将主存页号存入相联映像表中对应 cache 页号的行单元中。当 CPU 送出主存地址后,让主存页号与相联映像表中各行单元中的页号做相联比较。如果有相同的页号,则将对应行的 cache 页号取出,拼接上页内地址,就形成了 cache 地址;如果没有相同的页号,表示主存页未装入 cache,不命中,则去主存读取数据。

【例 4-7】　cache 中有 4 页,主存中有 16 页。每页有 4B。已知 cache 中的相联映像表如表 4.1 所示。写出 CPU 连续访问主存中 01H 单元、30H 单元和 36H 单元的命中情况。

表 4.1　例 4-7 相联映像表

cache 页号	主存页号	cache 页号	主存页号
00	0000	10	0001
01	1100	11	0110

解:(动画演示文件名:例 4-7 全相联映像法查找过程.swf)

主存有 16×4B=64B,所以主存地址有 6 位。cache 有 4×4B=16B,所以 cache 地址有

4 位。每页有 4B,所以主存地址和 cache 地址中的最后 2 位是页内地址。主存地址前 4 位为主存页号,cache 地址前 2 位为 cache 页号。

CPU 送出主存地址 01H=000001B,主存页号为 0000。在相联映像表中查找到登记的主存页号 0000,所以命中,并且得到对应的 cache 页号为 00,即主存中的 0000 页,在 cache 的 00 页。拼接上页内地址,就是 cache 的 0001 单元。

CPU 送出主存地址 30H=110000B,主存页号为 1100。在相联映像表中查找到登记的主存页号 1100,所以命中,并且得到对应的 cache 页号为 01,即主存中的 1100 页,在 cache 的 01 页。拼接上页内地址,就是 cache 的 0100 单元。

CPU 送出主存地址 36H=110110B,主存页号为 1101。在相联映像表中没有登记主存页号 1101,所以 cache 未命中,要去访问主存。

全相联映像方式的优点是页冲突概率最低,只要 cache 有空闲页,便可装入。只有当 cache 页全部装满后,才会出现冲突。cache 访问过程中,需要依次查找相联映像表中的每一行,全部查完才能确定是否不命中,计算机系统中 cache 容量一般都较大,相联映像表容量大,查表速度难以提高,所以目前很少使用全相联映像方式。

2. 直接映像方式

在直接映像方式中,一个主存页只能放到 cache 的一个固定页中。直接映像的方法是将主存页号对 cache 页数取模,得到的商是页面标记,余数就是该页映像的 cache 的页号。所以主存地址包含页面标记、页号和页内地址,cache 地址包含 cache 页号和页内地址。主存-cache 地址转换过程如图 4.18 所示。

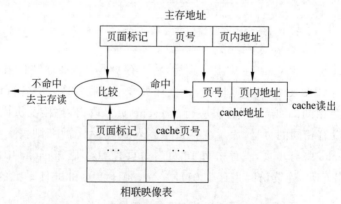

图 4.18 直接映像方式主存-cache 地址转换过程

主存中某一页按照映像关系装入 cache 中对应的页后,将主存页面标记部分装入相联映像表中对应的 cache 页的行中。

CPU 访问主存时,首先根据主存地址,直接查出该主存页对应的 cache 页号。在相联映像表中找到对应的 cache 页后,检查它的页面标记和要访问的主存页面标记是否一致。若一致,访问命中,由 cache 页号和页内地址得到 cache 地址,从 cache 中读出数据;若不一致,则不命中,CPU 直接从主存中读出数据。

【例 4-8】 cache 中有 4 页,主存中有 16 页。每页有 4B。已知 cache 中相联映像表如表 4.2 所示。写出 CPU 连续访问主存中 01H 单元、31H 单元、36H 单元的命中情况。

表 4.2 例 4-8 相联映像表

cache 页号	页面标记	cache 页号	页面标记
00	00	10	00
01	11	11	01

解:(动画演示文件名:例 4-8 直接映像方式查找过程.swf)

cache 有 4 页,共 $4 \times 4B = 16B$,所以 cache 地址为 4 位。主存共有 $16 \times 4B = 64B$,所以主存地址为 6 位。用主存页号对 cache 页数取模,商是页面标记,余数是对应的 cache 页号。主存地址中页面标记 2 位,cache 页号 2 位。cache 地址中 cache 页号是 2 位。页内地址都是 2 位。

CPU 送出主存地址 01H=000001B,其中 cache 页号为 00,到相联映像表中对应的 00 页,查得表中登记的页面标记是 00,与要访问的主存地址页面标记一样,所以命中,即主存 0000 页在 cache 的 00 页,拼接上页内地址,得到 cache 地址 0001 单元。

CPU 送出主存地址 31H=110001B,其中 cache 页号为 00,到相联映像表中对应的 00 页,查得表中登记的页面标记是 00,与要访问的主存地址页面标记 11 不一样,所以未命中,要到主存访问数据。

CPU 送出主存地址 36H=110110B,其中 cache 页号为 01,到相联映像表中对应的 01 页,查得表中登记的页面标记是 11,与要访问的主存地址页面标记 11 一样,所以命中,即主存 1101 页在 cache 的 01 页,拼接上页内地址,得到 cache 地址 0110 单元。

【例 4-9】 CPU 访问主存,送出的主存字节地址序列为 1,4,8,5,20,17,19,56,9,11,4,43,5,6。假定 cache 采用直接映像法,每页 4B,cache 容量为 16B。初始时 cache 为空,写出 cache 中数据装入和命中的情况。

解:(动画演示文件名:例 4-9 直接映像法 cache 情况.swf)

主存单元地址除以每页字节数,余数为页内地址,商为主存页号。主存页号除以 cache 页数,余数为对应的 cache 页号,商为页面标记。

初始时 cache 中为空。

当 CPU 送出主存地址 1 时,计算得到主存页号为 0。主存页号 0 对 cache 页数 4 取模,得到映像的 cache 页号为 0,页面标记为 0。相联映像表中 0 页没有登记页面标记,所以未命中,就直接到主存访问数据,并同时将 1 单元所在的页装入 cache 中,即主存的 0、1、2、3 单元一起装入 cache 的 0 页,在相联映像表中登记页面标记 0。

当 CPU 送出主存地址 4 时,计算得到主存页号为 1。主存页号 1 对 cache 页数 4 取模,得到映像的 cache 页号为 1,页面标记为 0。相联映像表中 1 页没有登记页面标记,所以未命中，就直接到主存访问数据，并同时将 4 单元所在的页装入 cache 的 1 页，在相联映像表中登记页面标记 0。

当 CPU 送出主存地址 8 时，计算得到主存页号为 2。主存页号 2 对 cache 页数 4 取模，得到映像的 cache 页号为 2，页面标记为 0。相联映像表中 2 页没有登记页面标记，所以未命中，就直接到主存访问数据，并同时将 8 单元所在的页装入 cache 的 2 页，在相联映像表中登记页面标记 0。

当 CPU 送出主存地址 5 时，计算得到主存页号为 1。主存页号 1 对 cache 页数 4 取模，得到映像的 cache 页号为 1，页面标记为 0。相联映像表中 1 页的页面标记为 0，所以命中。

当 CPU 送出主存地址 20 时，计算得到主存页号为 5。主存页号 5 对 cache 页数 4 取模，得到映像的 cache 页号为 1。相联映像表中 1 页登记的页面标记为 0，与要访问的页的页面标记 1 不同，未命中，就直接到主存访问数据，并同时将 20 单元所在的页装入 cache 的 1 页，在相联映像表中登记页面标记 1。

其余以此类推，各页装入和命中情况如图 4.19 所示。

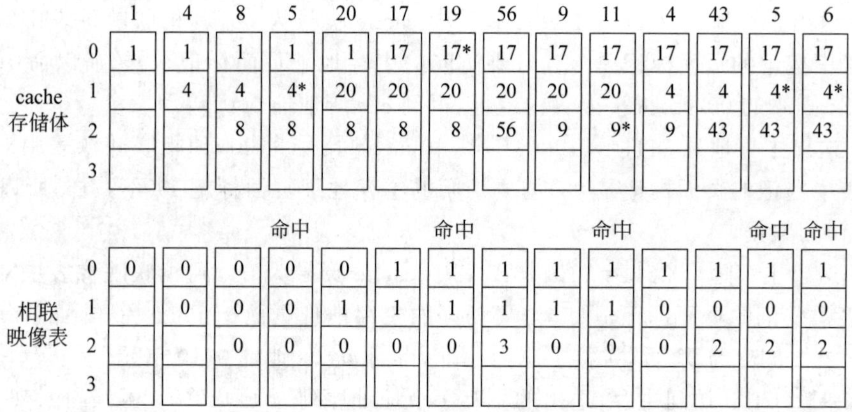

cache 存储体

	1	4	8	5	20	17	19	56	9	11	4	43	5	6
0	1	1	1	1	1	17	17*	17	17	17	17	17	17	17
1		4	4	4*	20	20	20	20	20	20	4	4	4*	4*
2			8	8	8	8	8	56	9	9*	9	43	43	43
3														

（命中标注位于第 5、19、9、5、6 列上方）

相联映像表

	1	4	8	5	20	17	19	56	9	11	4	43	5	6
0	0	0	0	0	0	1	1	1	1	1	1	1	1	1
1		0	0	0	1	1	1	1	1	1	0	0	0	0
2			0	0	0	0	0	3	0	0	0	2	2	2
3														

图 4.19 cache 页装入和命中情况

直接映像的优点是地址变换简单，实现容易且速度快。其缺点是页冲突的概率较高。当主存页需要装入 cache 时，只能对应唯一的 cache 页面，即使 cache 中还有很多空页，也必须对指定的 cache 页进行替换。

3. 组相联映像方式

在组相联映像方式中，将 cache 空间分成组，每组多页。主存页号对 cache 组数取模，得到主存中一页对应 cache 中的组号，允许该页映射到指定组内的任意页。组相联映像法在各组间是直接映像，组内各页则是全相联映像，这样就实现了前两种方式的兼顾。在组相联映像中，cache 页冲突概率比直接映像法低得多，由于只有组内各页采用全相联映像，相联映像表较小，易于实现，而且查找速度也快得多。

在组相联映像方式中，主存地址包含页面标记、组号和页内地址，cache 地址包含组号、组内页号和页内地址。主存-cache 地址转换过程如图 4.20 所示。

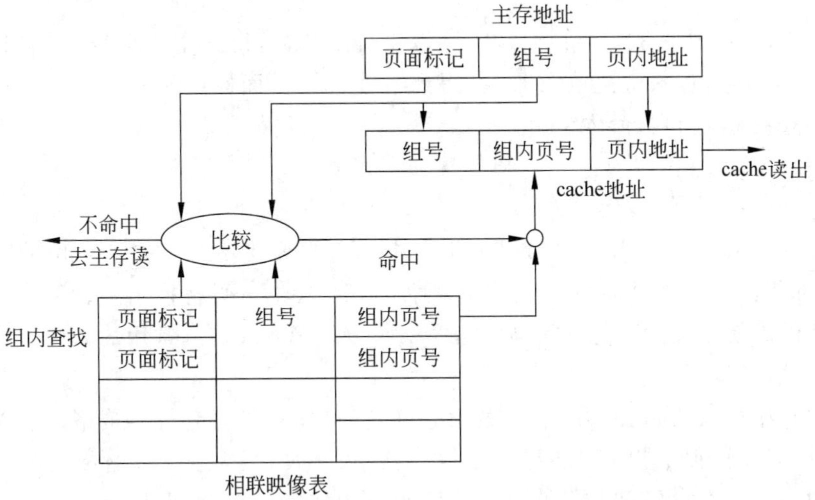

图 4.20　组相联映像主存-cache 地址转换过程

当 CPU 送出主存地址时,主存页号对 cache 组数取模,得到该页映像的组号,在相联映像表中相应组的若干页中查找是否有相同的页面标记。如果有,则命中,在 cache 中读取数据;如果未命中,则在主存中读取数据,并将该主存页调入 cache 中,将页面标记写入相联映像表中。

【例 4-10】　cache 中有 4 页,主存中有 16 页。每页有 4B,每组 2 页。已知 cache 中的相联映像表如表 4.3 所示。写出 CPU 连续访问主存中 01H 单元、31H 单元、36H 单元的命中情况。

表 4.3　例 4-10 相联映像表

组号	组内页号	页面标记	组号	组内页号	页面标记
0	0	000	1	0	001
0	1	110	1	1	110

解:(动画演示文件名:例 4-10 全相联映像法查找过程.swf)

cache 有 4 页,共 4×4B=16B,所以 cache 地址为 4 位。每组 2 页,所以组号 1 位,组内页号 1 位。主存有 16 页,共 16×4B=64B,主存地址为 6 位。每页 4B,所以页内地址为 2 位。用主存页号对 cache 组数取模,得到组号为 1 位,页面标记为 3 位。

CPU 送出主存地址 01H=000001B,除以每页字节数,得到主存页号为 0000,页内地址为 01。用主存页号对 cache 组数 2 取模,得到组号为 0,页面标记为 000。在相联映像表中 0 组的 2 页中查找标记 000,命中。

CPU 送出主存地址 31H=110001B,除以每页字节数,得到主存页号为 1100,页内地址

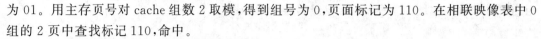

为 01。用主存页号对 cache 组数 2 取模,得到组号为 0,页面标记为 110。在相联映像表中 0 组的 2 页中查找标记 110,命中。

CPU 送出主存地址 36H＝110110B,除以每页字节数,得到主存页号为 1101,页内地址为 10。用主存页号对 cache 组数 2 取模,得到组号为 1,页面标记为 110。在相联映像表中 1 组的 2 页中查找标记 110,命中。

4.4.3 替换算法

在访存时如果出现 cache 页失效(即不命中),就需要将主存页按所采用的映像规则装入 cache。如果此时出现页冲突,就必须按某种策略将 cache 页替换出来。替换策略的选取要根据实现的难易以及是否能获得高的命中率两个因素来决定。常用的方法有先进先出法及近期最少使用算法。

在采用直接映像的 cache 中,替换的页是确定的,不需要研究替换策略。在采用全相联映像的 cache 中,由于可以将页装入 cache 中的任意一页,则需要考虑替换策略。在采用组相联映像的 cache 中,由于可以将页装入指定组中的任意一页,组内替换时也需要考虑替换策略。

1. 先进先出法

先进先出(FIFO)法的策略是选择最早装入的 cache 页为被替换的页。这种算法实现起来较方便,但不能正确反映程序的局部性,因为最先进入的页也可能是目前经常要访问的页,因此采用这种算法有可能产生较大的页失效率。

【例 4-11】 cache 中有 4 页,CPU 访问主存页的页号地址序列为 1,2,3,4,1,2,5,1,2,3,4,5,采用 FIFO 替换策略。画出 cache 中的替换情况。

解:(动画演示文件名:例 4-11FIFO 替换策略过程.swf)

替换情况如图 4.21 所示。

1	2	3	4	1	2	5	1	2	3	4	5
1	1	1	1	1	1	5	5	5	5	4	4
	2	2	2	2	2	1	1	1	1	5	
		3	3	3	3	2	2	2	2		
			4	4	4	4	4	3	3	3	

命中　命中

图 4.21　例 4-11 采用 FIFO 替换策略时 cache 中的替换情况

2. 近期最少使用算法

近期最少使用(LRU)算法能比较正确地反映程序的局部性,因为当前最少使用的页一般来说也是未来最少被访问的页。但是它的具体实现比 FIFO 算法要复杂一些。

【例 4-12】 cache 中有 4 页时,CPU 访问主存页的页号地址序列为 1,2,3,4,1,2,5,1,2,3,4,5,采用 LRU 替换策略。画出 cache 的替换情况。

解：（动画演示文件名：例 4-12LRU 替换策略过程.swf）

替换情况如图 4.22 所示。

1	2	3	4	1	2	5	1	2	3	4	5
1	1	1	1	1	1	1	1	1	1	1	5
	2	2	2	2	2	2	2	2	2	2	2
		3	3	3	3	5	5	5	5	4	4
			4	4	4	4	4	4	3	3	3

命中　命中　　　命中　命中

图 4.22　例 4-12 采用 LRU 替换策略时 cache 中的替换情况

4.5　虚拟存储器

4.5.1　虚拟存储器的概念

虚拟存储技术是为了克服内存空间不足而提出的方案。由于软件功能越来越强，程序员编程时会觉得主存容量不够用，这样就提出了虚拟存储技术。将辅存和主存结合，对两者的地址空间统一编址，形成比实际主存空间大得多的逻辑地址空间。将程序中出现的地址称为虚拟地址，而实际主存的地址称为物理地址。虚拟存储技术是在主存和辅存之间增加软件及硬件，使主存和辅存之间的信息交换、程序再定位、地址转换都能自动进行。程序员可以使用的空间比实际的主存空间大得多，称为虚拟存储器（Virtual Memory，VM）。

4.5.2　虚拟存储器的管理方式

虚拟存储器的管理方式有页式、段式和段页式 3 种。

1. 页式虚拟存储器

将辅存和主存空间都分成大小相同的存储空间，称为页。辅存的页是虚页，主存的页是实页。虚存地址包括逻辑页号和页内地址，实存地址包括物理页号和页内地址。虚存地址到主存地址的转换是由主存中的页表实现的。当程序的某一页调入主存时，将主存实际地址的页号记录在页表中，并将装入标记设为 1，表明该页已经在主存中。当访问主存时，根据逻辑页号查找页表，若该页已装入主存，将页表中查到的实际页号与页内地址组装起来，即得到实际地址。若装入标记为 0，即该页未装入主存，则产生缺页中断，需要根据替换算法将需要的页调入。

页式虚拟存储器的地址转换过程如图 4.23 所示。

【例 4-13】 在一个页式虚拟存储器中，程序的地址空间有 4 页。已知程序的第 0 页映像到主存的第 2 页，第 1 页映像到主存的第 6 页，第 2 页映像到主存的第 7 页，第 3 页映像到外存。画出该程序的页表。

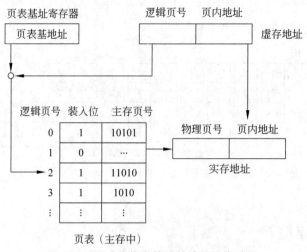

图 4.23　页式虚拟存储器的地址转换过程

解：页表记录程序每页的映像情况，所以页表有 4 行，每行包括装入位和主存页号，页表内容如表 4.4 所示。

表 4.4　例 4-13 页表

程序页号	装入位	主存页号	程序页号	装入位	主存页号
0	1	2	2	1	7
1	1	6	3	0	——

在页式虚拟存储器中，虚存、实存页面大小都相等，便于主存和辅存间信息调进调出。另外，各个页面不要求占用连续主存空间，每页运行完后，可以分配给其他程序调入，主存空间利用率高。但是，由于页不是逻辑上独立的，所以页式管理处理、保护和共享都不如段式管理方便。

2. 段式虚拟存储器

一个程序往往包含着逻辑上相互独立的程序段(如过程、子程序等)。段式虚拟存储器就是将程序按其逻辑功能分段，程序按段装入主存，在内存中建立段表。运行程序时先查段表，将虚存地址转换为实存地址。

段式虚拟存储器通过段表实现虚实地址转换。每一程序段在段表中都占有一个表目，记录各段是否装入内存的标记、装入内存后的实际地址以及该段的长度。虚存地址包括段号和段内地址。当访问程序段时，首先根据段号查找到段表中的表目地址，查该段的装入位，若该段已经在内存中，则从该表目中取出该段在实存中的首地址，与段内地址相加，得到实际地址。若装入标记表明该段不在主存中，则要从辅存中调入。

段式虚拟存储器中虚存地址向实存地址转换的过程如图 4.24 所示。

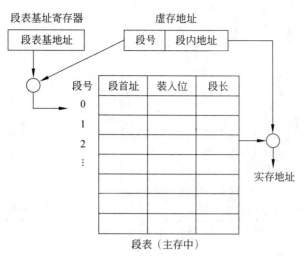

图 4.24 段式虚拟存储器的地址转换过程

段式虚拟存储器的优点是段的分界和程序的自然分界对应,段的逻辑独立性使它易于编译、管理、修改和保护,也便于多道程序共享。其缺点是整个段必须一起装入或调出主存,这使得段长不能大于主存容量,从而限制了虚拟空间的容量;而且各段的长度不相同,段的起点和终点不定,给主存空间分配带来麻烦,容易在实存中留下零碎存储空间,造成浪费。

3. 段页式虚拟存储器

将段式虚拟存储器和页式虚拟存储器结合起来,可以充分发挥两种管理方式的优点。在段页式虚拟存储器中,把程序按逻辑分段后,再把每个段分成固定大小的页。程序调入主存时按页面进行,但是又可以按段实现共享和保护。

程序虚存地址包括虚段号、段内虚页号和页内地址。实存地址包括实页号和页内地址。内存中用段表和页表实现虚存地址到实存地址的转换。每个程序可由若干段组成,每段又由若干页组成。在主存中,每个程序都有一张段表,每个段都有一张页表,由段表指明该段页表的起始地址,由页表指明该段各页在主存中的位置以及装入标记等信息。

段页式虚拟存储器的地址转换过程如图 4.25 所示。当进行地址转换时,由段表基址寄存器给出段的首地址,虚存地址的段号指明要访问段表中的哪个表目,两者相加找到该段相应的页表在主存中的首地址。将首地址再与虚存地址中的段内虚页号相加,找到页表中的某一表目,将该表目中登记的实页号与虚存地址中的页内地址组装后得到实存地址。

段页式虚拟存储器的缺点是地址转换过程中需要多次查表,这样地址转换的速度将会影响存储器的访问速度。

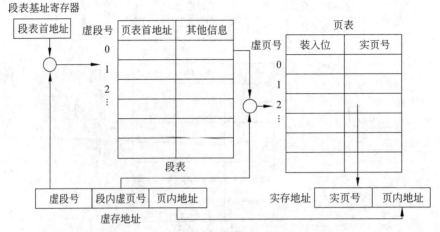

图 4.25　段页式虚拟存储器的地址转换过程

4.6　辅助存储器

4.6.1　磁表面存储器

将磁性材料涂敷于基体上,制成磁记录载体,通过磁头与基体之间的相对运动来读写记录的存储器就是磁表面存储器。磁盘存储器在 20 世纪 50 年代研制成功。美国从 1962 年开始制造软磁盘。1972 年,IBM 公司试制成功 IBM 3740 单面软磁盘驱动器,1976 年试制成功双面软磁盘,1977 年试制成功双面双密度软磁盘。由于在存取速度、存储容量、价格等方面的综合优势,近几十年来,磁盘存储器发展十分迅速,广泛应用于微机系统中。

1. 数据的磁存储原理

磁记录信息的基本原理是利用硬磁性材料的剩磁状态来存储二进制信息。根据电磁感应原理,变化磁场穿过闭合线圈时可以产生感应电势或电流。如果让已被磁化的磁性材料在绕有线圈回路的磁头空隙处运动,使穿过线圈回路中的磁通量发生变化,在线圈中就会产生感应电信号,这样就把通过磁性材料的不同剩磁状态表示的二进制信息转换为电信号输出。

用绕有线圈的有间隙的铁芯作为读/写磁头,完成电磁能量转换,实现对磁表面存储器的写入和读出信息。磁头结构见图 4.26。当写入信息时,由 a 至 b 在瞬间通过电流,磁头铁芯里将产生顺时针方向的磁通,磁头两端空隙处形成定向磁场。当载磁体在这个

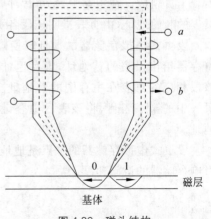

图 4.26　磁头结构

磁场作用下做相对运动时,磁层表面就被磁化成有相应极性的磁化单元。要读出磁表面的信息时,磁头和载磁体之间相对运动,磁头铁芯中的磁力线发生变化,在磁头线圈回路中产生感应电势。由于磁化单元中剩磁的方向不同,因而在磁头线圈中产生的感应电势方向也不同,从而可以读出磁表面上的信息 0 或 1。

2. 磁盘存储器

磁盘存储器根据采用的盘体材料可以分为两种。如果盘体采用塑料(聚酯薄膜)作为基体,两面涂上磁粉,装在保护套内,则称为软磁盘,简称软盘。如果盘体采用金属(铝镁合金)作为基体,两面涂上磁粉,则称为硬磁盘,简称硬盘。由于硬磁盘是由多个盘片组成的,所以也叫磁盘组。

磁盘的每个盘面上密布着若干同心的闭合圆环,称为磁道。最靠近圆心的称为末道,最远离圆心的称为零道。由若干盘片组成的同轴盘片组中,距其轴心相同位置的一组磁道构成了一个圆柱,称为柱面。柱面从外到内为零柱面至末柱面。每个磁道或柱面按等弧度分为若干段,称为扇区,是磁头读写的最小单位。

磁盘存储器主要由磁盘盘片、磁盘驱动器和磁盘控制器组成。

4.6.2　光盘存储器

光盘(optical disk)是利用光存储技术读写信息的一种圆盘。光存储技术是利用激光在某种介质上写入信息,再利用激光把信息读出的技术。20 世纪 60 年代开发的半导体激光技术可以使高能量的激光束集中在 $1\mu m^2$ 的范围内,把介质烧蚀为一个凹点,而用能量相对较小的激光束把介质上的信息读出来。这样,光盘具有记录密度高、存储容量大、信息保存寿命长、工作稳定可靠、环境要求低等特点,得到了广泛应用。

1. 光盘的分类

光盘按读写类型一般分为只读型、一次写入型和可重写型 3 类。

只读型光盘上所有的信息都以坑点的形式分布。一系列的坑点(信息元)形成信息记录道。这种坑点分布除了包含数据的编码信息外,还有用于读出和写入光点的引导信息。激光在旋转的光盘表面上聚焦,通过检测盘面的反射光的强弱,读出记录的信息。只读式光盘上记录的信息只能读出,用户不能修改或写入新的信息。只读型光盘是生产厂家制造的。

一次写入型光盘又叫写入后立即读出式光盘。它是用输出强度高得多的激光束在光盘的光敏层上直接写入可读的数据,盘面材料的形状发生永久性变化,所以不能在原址重新写入信息。它与只读式光盘的区别在于可由用户将数据写入光盘。

可重写型光盘则是可以写入、擦除、重写的可逆型记录系统。它是利用激光照射引起介质的可逆性物理变化完成信息记录的。

2. 光盘存储器的组成及读写原理

光盘存储系统的工作原理见图 4.27。在采用半导体激光器作为光源的情况下,为了记录输入的数据,信号首先要通过 ECC 电路和编码电路直接调制二极管激光器的输出。经过调制的高强度激光束经由光学系统会聚、平行校正,通过跟踪反射镜被导向聚焦透镜。聚焦透镜把调制过的记录光束聚焦成直径约 $1\mu m$ 的光点,正好落在数据存储介质的平面上。当高强度写入光点通过存储介质时,有一定宽度和间隔的记录光脉冲就在介质上形成一连串的物理标志,它们是相对于周围的背景在光学上能显示出反差的微小区域,如黑色线状单元或凹坑。在最简单的情况下,使用金属薄膜介质,此时,物理标志就是金属薄膜上被熔化或烧蚀的微米大小的孔,有孔即代表存储了二进制代码1,无孔则代表存储了二进制代码0。

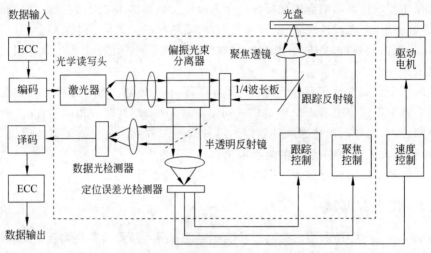

图 4.27　光盘存储系统工作原理

当要读出光盘存储的数据时,需在二极管激光器上施加一个较低的直流电压,产生与之相应的小功率、连续波输出。读出光束的功率必须小于存储介质的记录阈值,以免破坏盘面上已写入的信息。读出光束经过光学系统,在存储介质面上聚焦成微米大小的读出光点。根据数据道上有无光学标志的情况,读出光束的反射光强度受到调制。被调制的反射光由聚焦透镜收集,经由跟踪反射镜导向 1/4 波长板和偏振光束分离器。由于二极管激光器的输出是平面偏振光束,因而把 1/4 波长板和偏振光束分离器组合在一起时,就能把反射回来的读出光束分离出来,并把它导至光检测元件。用一个半透明反射镜,可把反射的读出光束在数据光检测器和定位误差检测器之间分配开来。

在数据道上没有凹坑的地方,入射的读出光束被反射,其中大部分返回到物镜。而有凹坑时,从凹坑反射回来的激光与从凹坑周围反射回来的激光相比,光路长度相差 1/2 波长,因而相互干扰,返回的反射光与入射光相消,入射光有相当一部分没有返回物镜,因此,光检测器的输出可减少到没有凹坑时的 1/10。这样,反射光的强度表明了有无凹坑。可以读出光盘上记录的凹坑信号,再由光检测器将介质上反射率的变化转变为电信号。经过数据检测、译码和 ECC 电路,即可把读出的数据输出。

4.6.3　固态硬盘

固态硬盘(Solid State Drive,SSD)是用固态电子存储芯片阵列制成的硬盘。固态硬盘的存储介质分为两种,一种是采用闪存(Flash 芯片)作为存储介质,另外一种是采用 DRAM 作为存储介质。

采用 Flash 芯片作为存储介质的固态硬盘,最大的优点是可以移动,而且数据保护不受电源控制,能适应于各种环境,适合个人用户使用,寿命较长。例如笔记本硬盘、微硬盘等。

采用 DRAM 作为存储介质的固态硬盘仿效传统硬盘的设计,可被绝大部分操作系统的文件系统工具进行卷设置和管理,是一种高性能的存储器,需要独立电源来保护数据安全。DRAM 固态硬盘属于非主流的设备。

4.7 实验设计

本节实验的目的是了解 PC 的存储系统构成,了解 AEDK 虚拟机的存储器构成及工作原理。

4.7.1 PC 的存储器

1. 获得 PC 的存储器信息

存储器是 PC 的重要组成部分,其容量和速度影响着系统的整体运行效率。可以在控制面板中获得 PC 的内存和辅存的硬件配置信息。

(1) 在 Windows 11 操作系统桌面搜索栏中搜索【系统】,打开【系统＞系统信息】窗口,可查看到内存容量,如图 4.28 所示。

图 4.28 【系统＞系统信息】窗口

（2）在【系统＞系统信息】窗口中选择【高级系统设置】选项，打开【系统属性】对话框，在【高级】选项卡的【性能】选项中单击【设置】按钮，打开【性能选项】对话框，在其中的【高级】选项卡中可以查看和设置虚拟内存大小，如图4.29所示。

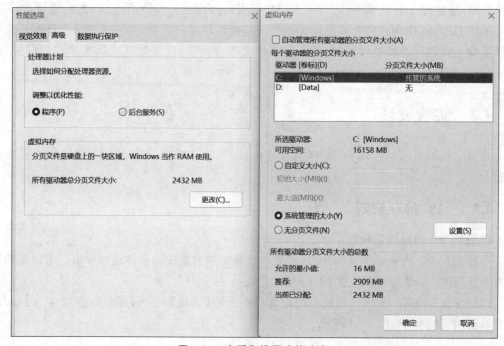

图4.29　查看和设置虚拟内存

（3）在 Windows 11 操作系统桌面搜索栏中搜索【计算机管理】，打开【计算机管理】窗口，可以获得辅助存储器的信息，如图4.30所示。

2. 访问 PC 的内存

在 8086 系统中，利用 DEBUG 软件访问内存空间，可以查看和修改内存数据。

1）显示存储单元命令 D

格式1：D

功能：显示当前数据段当前地址单元开始的 128B 数据。

格式2：D 地址

功能：显示指定单元开始的 128B 数据。地址可以是"段地址：偏移地址"形式或者"DS：偏移地址"形式，也可以只有偏移地址。在只有偏移地址时，默认为当前数据段。

格式3：D 起始单元偏移地址 结束单元偏移地址

功能：显示从起始单元到结束单元的数据。注意，结束单元偏移地址不能有段地址，必须和起始单元在同一个段。

格式4：D 起始单元地址 L 单元个数

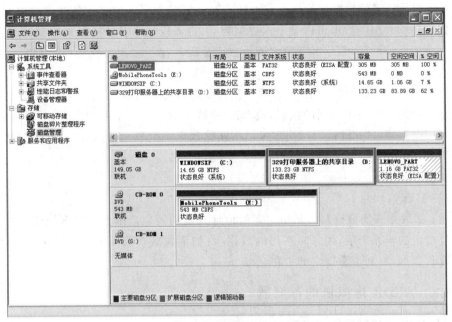

图 4.30　查看辅助存储器信息

功能：显示从起始单元开始指定个数的单元中的数据。

【例 4-14】　显示从当前地址单元开始的 128 个单元中的数据。

-D

图 4.31 分为 3 部分。左边的为地址列表区，列出数据列表区每行 16 个数据的起始地址，同行中的每个单元的地址采用类推得到。中间为数据列表区，每行 16 个数据，8 行共 128 个数据。为了查找方便，在一行中，前 8 个数据和后 8 个数据用短横"-"分隔。右边的部分为可显示字符区，用来表示一行的 16 个数据中哪些是 ASCII 码表中的可显示字符。如果是可显示字符，则显示出该字符；如果不是可显示字符，则用黑点"."表示。所有的数据都默认为十六进制。

图 4.31　DEBUG 的 D 命令显示结果

2）修改存储单元命令 E

格式 1：E 地址 数据表

功能：用数据表的数据修改从指定地址单元开始的数据区内容。数据表可以是一个或多个数据。数据表中的数据可以是十六进制数字，也可以是单引号括起来的字符或字符串。数据之间要用空格间隔，数字和字符之间可以不分隔。

格式 2：E 地址

功能：显示指定单元的数据，查看后根据需要选择是否修改，需要修改时再输入修改的值。按空格键显示下一个单元的内容，或者按"-"键显示上一个单元的内容；不需要修改时，可以直接按空格键或"-"键；这样，用户可以不断修改下一个单元的内容，直到用回车键结束该命令为止。

3）填充命令 F

格式：F 起始地址 L 单元个数 数据表

功能：将数据表的数据写入从指定起始地址开始的一定范围的主存区域中。如果数据个数超过指定的单元个数，则忽略多出的数据项；如果数据个数小于指定的单元个数，则重复使用这些数据，直到填满指定的主存区域。

4.7.2 AEDK 虚拟机的存储器

1. AEDK 虚拟机的存储器构成

AEDK 虚拟机采用一片静态 RAM（6264）构成存储器主体，控制电路由 74LS32 组成。AEDK 虚拟机的存储器构成逻辑图如图 4.32 所示。（动画演示文件名：虚拟机实验 5 存储器.swf）

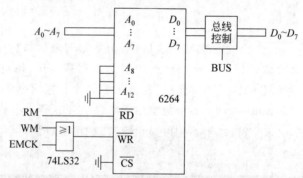

图 4.32　AEDK 虚拟机存储器构成逻辑图

2. AEDK 虚拟机存储器工作原理

6264 芯片地址线有 13 根，数据线有 8 根，芯片存储容量为 $2^{13} \times 8b = 8KB$。但是地址线中 $A_8 \sim A_{12}$ 接地，芯片留给用户可用容量为 256B。6264 的数据线接在外部数据线 $D_0 \sim D_7$ 上，外部数据线的方向由 BUS 信号控制。6264 的地址总线接在外部总线 $A_0 \sim A_7$ 上。存储器芯片有 3 个控制信号。$\overline{CS}$ 信号已经接地，芯片处于选通可访问状态。在外部地址总线上设置要访问的存储单元地址，控制信号 RM＝0，使芯片 $\overline{RD}$ 信号有效，将存储器中指定单元的

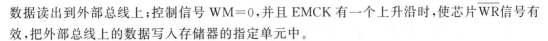

数据读出到外部总线上；控制信号 WM＝0，并且 EMCK 有一个上升沿时，使芯片$\overline{WR}$信号有效，把外部总线上的数据写入存储器的指定单元中。

3. AEDK 虚拟机存储器控制信号说明

AEDK 虚拟机存储器控制信号说明如表 4.5 所示。

表 4.5 AEDK 虚拟机存储器控制信号说明

信号名称	作 用	有效电平
RM	6264 的读允许信号	低电平有效
WM	6264 的写允许信号	低电平有效
EMCK	6264 的写入脉冲信号	上升沿有效
BUS	总线方向选择	

4. 实验内容及步骤

1）将数据写入存储器

操作示例：将数据 66H 写入存储器的 55H 单元，数据 77H 写入存储器的 56H 单元。

操作步骤如下：

（1）用信号线将数据总线 $D_7 \sim D_0$ 与数据开关相连。用信号线将地址总线 $A_0 \sim A_7$ 与地址开关相连。

（2）用信号线把 EMCK 与脉冲单元的脉冲按键相连。用信号线把 BUS、WM、RM 与控制信号开关相连。

（3）置数据开关为 66H。

D_7	D_6	D_5	D_4	D_3	D_2	D_1	D_0
0	1	1	0	0	1	1	0

置地址开关为 55H。

A_7	A_6	A_5	A_4	A_3	A_2	A_1	A_0
0	1	0	1	0	1	0	1

控制信号开关设置如下。

WM	RM	BUS
0	1	1

（4）按下脉冲按键，在 EMCK 上产生一个上升沿，数据 66H 写入存储器地址为 55H 的存储单元中。

（5）参照前述（3）（4）步骤，将数据 77H 写入存储器地址为 56H 的存储单元中。

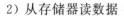
2）从存储器读数据

操作示例：将存储器中 55H、56H 单元的数据分别读出，显示在数据总线上。

操作步骤如下：

（1）参照前述操作，在存储器 55H 单元存入数据 66H。

（2）置地址开关为 55H。

A_7	A_6	A_5	A_4	A_3	A_2	A_1	A_0
0	1	0	1	0	1	0	1

控制信号开关设置如下。

WM	RM	BUS
1	0	1

（3）按下脉冲按键，在 EMCK 上产生一个上升沿，数据从地址为 55H 的存储单元读出到外部数据总线，则数据总线上的发光二极管 $IDB_7 \sim IDB_0$ 显示 01100110。

（4）参照前述操作，从地址为 56H 的存储单元读出数据，数据总线上的发光二极管 IDB_7-IDB_0 显示为 01110111。

4.8　本章小结

本章介绍了存储器的基本概念。评价存储器的主要性能指标是容量、速度和价格。存储器有多种分类方法。在现代计算机中，把各种不同容量和不同存取速度的存储器按一定的结构有机地组织在一起，目前广泛使用的是高速缓存、主存和辅存三层存储结构。

本章介绍了存储器的构成及基本原理。存储一个二进制位的电路称位单元。静态MOS 存储位单元由 MOS 场效应管构成，动态 MOS 存储位单元利用电容来保存信息。用存储阵列、读写电路、地址译码电路和控制电路构成存储器芯片。一个存储器芯片不能满足计算机存储器的字数要求和数据宽度的要求时，可以采用位扩展法、字扩展法和混合扩展法来构成主存储器。选用 DRAM 芯片构成主存储器时，需要一个控制电路将地址分为行地址和列地址以及控制刷新操作。常用的刷新方式有 4 种：集中式刷新、分散式刷新、异步刷新和透明刷新。半导体只读存储器可分为 ROM、PROM、EPROM、EEPROM 和 FlashROM 等类型。

本章还介绍了高速缓冲存储器的构成及工作原理。在 CPU 和主存之间插入高速缓冲存储器，是为了提高运行速度所采取的计算机结构的主要改进措施之一。cache 由 cache 存储体和 cache 控制部件组成，常用的地址映像方式有全相联映像、直接映像和组相联映像。在 cache 中出现页冲突时，常用的替换方法有先进先出（FIFO）法及近期最少使用（LRU）

算法。

本章介绍了虚拟存储器的原理和管理方式。虚拟存储技术是为了克服内存空间不足而提出的。将辅存和主存结合,对两者的地址空间统一编址,形成比实际主存空间大得多的逻辑地址空间。虚拟存储器的管理方式有段式、页式和段页式3种。

本章介绍了磁表面存储器、光盘存储器和固态硬盘的工作原理。磁记录信息的基本原理是利用硬磁性材料的剩磁状态来存储二进制信息。光存储技术是利用激光在某种介质上写入信息,再利用激光把信息读出的技术。固态硬盘是用固态电子存储芯片阵列制成的硬盘。

习题 4

1. 如果用 1K×4b 的 SRAM 芯片构成 64K×8b 的存储器,需要多少个芯片?画出该存储器的逻辑图。

2. 用 64K×1b 的 DRAM 芯片构成 256K×8b 的存储器,需要多少个芯片?画出该存储器的逻辑图。

3. 用 8K×8b 的 EPROM 芯片构成 32K×16b 的只读存储器,需要多少个芯片?画出该存储器的逻辑图。

4. 设计算机的主存容量为 8MB,采用直接地址映像方式的 cache 容量为 64KB。主存分为 1024 页。

(1) 主存地址中标记字段有多少位?页号有多少位?页内地址有多少位?

(2) cache 地址中页号有多少位?页内地址有多少位?

(3) 若 cache 中的映像表如表 4.6 所示,当 CPU 要访问的主存地址为 680FF7H 时,是否能在 cache 中命中?当 CPU 要访问的主存地址为 0000FFH 时,是否能在 cache 中命中?当 CPU 要访问的主存地址为 7F1750H 时,是否能在 cache 中命中?当 CPU 要访问的主存地址为 2D0FF7H 时,是否能在 cache 中命中?

表 4.6 相联映像表

cache 页号	页面标记
0	1101000
1	0101101
2	1111111
3	0000000
⋮	⋮
$n-2$	1111001
$n-1$	1000110

5. 采用组相联映像方式的 cache 由 64 页组成,分为 8 组。主存有 4096 页。每页 512B。

(1) 主存地址的页面标记、组号、页内地址分别是多少位?

(2) cache 地址的组号、组内页号、页内地址分别是多少位?

6. 假定 cache 采用全相联映像方式,cache 的容量为 16B,有 4 页。初始时 cache 为空。CPU 访存时页号地址序列为 1,4,8,5,20,17,19,56,9,11,4,43,5,6,9,17。

(1) 写出采用 FIFO 替换策略时 cache 的命中情况及 cache 的内容变化情况。

(2) 写出采用 LRU 替换策略时 cache 的命中情况及 cache 的内容变化情况。

7. 主存容量为 4MB,虚存容量为 1GB,实存地址和虚存地址各为多少位? 若页面大小为 4KB,主存页表应有多少个表目?

8. 某页式管理虚拟存储器共有 1024 个页面,每页 1024B。主存容量为 64KB,虚存容量为 1GB。

(1) 实存分多少页? 逻辑页号为几位二进制? 页内地址为几位二进制?

(2) 用于地址转换的页表有多少表目?

(3) 物理页号为几位二进制? 页内地址为几位二进制?

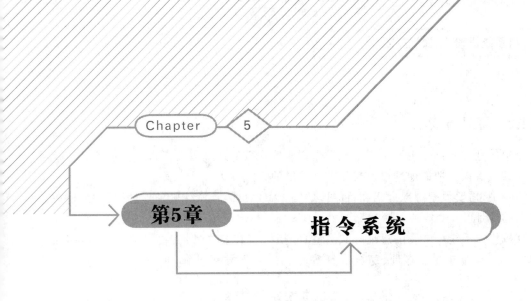

Chapter 5

第5章 指令系统

本章学习目标
- 了解指令系统的格式。
- 了解指令系统的编码。
- 掌握 8086 指令系统的格式及功能。
- 掌握 8086 汇编语言程序设计的方法及应用。

本章首先介绍计算机指令系统的格式、寻址方式、编码等基本概念,然后重点介绍 8086 指令系统的格式及功能,最后介绍 8086 汇编语言程序设计的方法及应用。

5.1 指令系统概述

指令系统是指计算机所具有的各种指令的集合,它是软件编程的出发点和硬件设计的依据,反映了计算机硬件具有的基本功能。

5.1.1 指令的格式

机器指令是计算机硬件能够识别并直接执行的操作命令。指令由操作码和地址码两部分组成。操作码用来说明指令操作的性质及功能。地址码用来描述该指令的操作对象,由它给出操作数或操作数的地址以及操作结果的存放地址。

根据指令中所含地址码的个数,指令分为零地址指令、单地址指令、双地址指令、三地址指令和多地址指令。

一般来说,地址码较少的指令占用空间小,执行速度快,所以在结构简单的计算机指令系统中,零地址、单地址和双地址指令较多采用。而在功能较强的计算机中多采用双地址、三地址及多地址指令。

5.1.2 寻址方式

指令中的地址码部分指明了指令的操作数或操作数的地址以及操作结果的地址。这种指定操作数或者操作数的地址以及操作结果地址的方式称为寻址方式。

在指令中,需要设定源地址码和目的地址码。源地址码是操作数的地址,目的地址码是运算结果的地址。

计算机指令系统中常用的寻址方式有立即寻址、寄存器寻址、直接寻址、寄存器间接寻址、相对寻址、基址或变址寻址、隐含寻址等方式。为了方便讲解,本节以 8086 指令系统为例。

在 8086 指令系统中,指令中地址码的个数有零地址、单地址和双地址 3 种。在双地址指令中,目的地址码在前,源地址码在后。首先介绍常用的 MOV 指令。MOV 指令的格式为

MOV   目的地址码,源地址码

MOV 指令的功能是将源地址码指定的操作数传送到目的地址码。MOV 指令能实现将立即数送寄存器或存储器,实现寄存器和寄存器间、寄存器和存储器间数据的传送。目的地址码和源地址码可以使用不同的寻址方式。MOV 指令操作数的类型由寄存器长度确定,或者由类型操作符指定。

1. 立即寻址方式

立即寻址方式是在指令中直接给出操作数本身。操作数作为指令的一部分,在读取指令的时候就把数据读取了出来,这个操作数又称为立即数。这种方式不需要再根据地址寻找操作数,所以指令的执行速度较快。

在 8086 指令系统中,立即数是常量,可以是各种进制的数据、字符、字符串,还可以是数值表达式或符号常量。

【例 5-1】 在 8086 指令系统中,写出指令 MOV AH,20H 的执行结果。

解:这条指令中的源地址码是一个立即数,使用的是立即寻址方式。指令功能是把 8 位立即数 20H 传送到 AH 寄存器中。指令执行结果为 AH=20H。

2. 寄存器寻址方式

指令的地址码指定操作数所在的寄存器,这种方式称为寄存器寻址方式。寄存器数量少,只需少量的编码就可以表示寄存器,所以可以减少整个指令的长度。另外,寄存器中的操作数已经在 CPU 中,因此指令的执行速度较快。

在 8086 指令系统中,寄存器寻址方式中的地址码为寄存器的名称。

【例 5-2】 在 8086 指令系统中,已知 AX=1234H,BX=5678H,写出指令 MOV AX,BX 的执行结果。

解:指令 MOV AX,BX 的源地址码是寄存器 BX,目的地址码是 AX,都采用寄存器寻址方式。指令功能是把 16 位寄存器 BX 中的数值传送到 AX 寄存器。指令的执行结果为

AX＝5678H。

3. 直接寻址方式

直接寻址方式是在指令的地址码指定操作数所在单元的实际地址(又称为有效地址)。根据指令中的有效地址只需访问内存一次便获得操作数。这种寻址方式简单、直观,便于硬件实现。但是随着存储空间的不断增大,地址码会越来越长,会增加指令的长度。

在8086指令系统中,直接寻址的地址码形式为[偏移地址],或者为表示单元地址的符号变量。指令中直接给出的是段内偏移地址,默认段地址在DS中。

【例5-3】 在8086指令系统中,若已知AX＝1234H,内存数据段单元(2000H)＝11H,(2001H)＝22H。写出指令MOV AX,[2000H]的执行结果。

解:MOV AX,[2000H]的源地址码是[2000H],是直接寻址方式;目的地址码是寄存器AX,是寄存器寻址方式。指令中AX是16位寄存器,所以操作数的类型是16位。指令的功能是从数据段2000H单元中取16位字传送到AX寄存器。源操作数的有效地址是2000H。指令的执行结果为AX＝2211H。

4. 寄存器间接寻址方式

寄存器间接寻址方式是在指令的地址码给出寄存器的名称,寄存器中存放操作数的有效地址。因为只需给出寄存器的名称,所以指令的长度较短;但是因为要根据寄存器中的有效地址访问内存才能得到操作数,指令的执行时间比寄存器寻址方式长。

在8086指令系统中,只有BX、BP、SI、DI这4个寄存器可以使用寄存器间接寻址方式。寄存器间接寻址方式的地址码形式为[BX]、[BP]、[SI]、[DI]。寄存器中为有效地址,一般根据默认原则确定段地址。如果段内偏移地址在BX、SI、DI中,则默认段地址在DS中;如果段内偏移地址在BP中,则默认段地址在SS中;在串处理指令中,如果段内偏移地址在DI中,则默认段地址在ES中。如果不采用默认的段地址,则可以在指令中指定段地址,这种指定段地址的指令称为段跨越指令。

【例5-4】 在8086指令系统中,若已知AX＝1234H,BX＝2000H,内存中数据段单元(2000H)＝11H,(2001H)＝22H。写出指令MOV AX,[BX]的执行结果。

解:指令MOV AX,[BX]的源地址码是[BX],是寄存器间接寻址方式。BX中的值为有效地址,由BX确定段地址在数据段段寄存器中,所以源操作数在内存数据段2000H单元。指令的功能是从内存数据段2000H单元中取16位字传送到AX寄存器。2000H单元的字数据是2211H。指令执行结果为AX＝2211H。

5. 存储器间接寻址方式

存储器间接寻址方式是在指令的地址码部分给出存放操作数地址的存储单元地址。存储器间接寻址方式至少要访问两次内存才能取出操作数,因此指令执行速度减慢。

在8086指令系统中没有存储器间接寻址方式。在欧姆龙的指令系统中,用@表示存储器间接寻址。指令MOV ♯10 D0表示将立即数10传送到D0存储区。MOV ♯FFFF @D0表示将立即数传送到D10存储区,指令中的D0不是最终目的,而是用D0区内的10表示目的地址。

6. 相对寻址方式

相对寻址方式是在指令的地址码中给定一个位移量,将程序计数器 PC(又称为指令指针 IP)中的值加上这个位移量的值,得到操作数的有效地址。在这种寻址方式下,被访问的操作数的地址是不固定的,但是该地址相对于程序的位置却是固定的,所以不管程序装入到内存的什么地方,都可以正确读取操作数。这样可以实现与地址无关的程序设计。

在 8086 指令系统中,相对寻址方式的地址码中含有一个相对位移量。这个位移量是目的指令和当前指令的地址差,是一个带符号的数。执行指令时,转移的目的指令地址是当前的 IP 值加上指令中的位移量。当位移量是 8 位带符号数时,位移量在 ± 127B 范围内,是段内直接短转移;当位移量是 16 位带符号数时,位移量在 ± 32KB 范围内,是段内直接近转移。

【例 5-5】 在 8086 指令系统中,若已知 IP=1234H。转移指令 JMP +5 的执行结果是什么?

解:JMP 指令表示程序跳转到新指令执行。新指令的地址由 IP 的值加位移量 5 计算得到,所以程序会跳转到 1239H 单元,执行程序段 1239H 单元的指令。

7. 基址或变址寻址方式

基址或变址寻址方式中,在指令地址码中给出基址或变址寄存器的名称和一个位移量,操作数的有效地址由寄存器中的值和位移量相加得到。采用基址寄存器时称为基址寻址,采用变址寄存器时称为变址寻址,同时采用基址寄存器和变址寄存器,称为基址变址寻址方式。

在 8086 指令系统中,基址或变址寻址方式的地址码形式为"[基址寄存器名] [变址寄存器名]+位移量"或者"位移量[基址寄存器名][变址寄存器名]"或者"[基址寄存器名 +变址寄存器名+位移量]",这些都是等价的书写形式。由基址寄存器或变址寄存器确定默认的段地址。

【例 5-6】 在 8086 指令系统中,若已知 AX=1234H,BP=2000H,SI=0001H,BX=2000H,内存数据段单元(2003H)=11H,(2004H)=22H,内存堆栈段单元(2003H)=33H,(2004H)=44H,写出指令 MOV AX,[BP][SI]+2 和 MOV AX,[BX][SI]+2 的执行结果。

解:指令 MOV AX,[BP][SI]+2 的源地址码有一个基址指针 BP、一个变址寄存器 SI以及一个位移量 2,是基址变址寻址方式。BP 中的 2000H 加 SI 中的 0001H 加位移量 2,得到有效地址 2003H。由 BP 确定段地址在堆栈段寄存器中。到堆栈段访问 2003H 单元,取得字数据 4433H,传送到 AX 中。指令执行结果为 AX=4433H。

指令 MOV AX,[BX][SI]+2 的源地址码有一个基址寄存器 BX、一个变址寄存器 SI以及一个位移量 2,是基址变址寻址方式。BX 中的 2000H 加 SI 中的 0001H 加位移量 2,得到有效地址 2003H。由 BX 确定段地址在数据段寄存器中。到数据段访问 2003H 单元,取得字数据 2211H,传送到 AX 中。指令执行结果为 AX=2211H。

8. 隐含寻址方式

隐含寻址方式是在指令中不指出操作数地址,而是在操作码中隐含着操作数的地址。

【例 5-7】 8086 指令系统中的 CBW 指令不需要指定操作数,系统默认操作数为 AL。该指令功能是将 AX 的低 8 位寄存器 AL 的值扩展到 AX 寄存器中。若已知 AX＝1234H,写出指令 CBW 的执行结果。

解：AX＝0034H,将低 8 位的最高位符号位扩展到整个 AX 寄存器中。

一台计算机的指令系统寻址方式多种多样,给程序员编程带来了方便,但也使得计算机控制器的实现具有一定的复杂性。对于一台计算机而言,可能采用上述的一些寻址方式、这些基本寻址方式的组合或稍加变化。

5.1.3 指令类型

指令系统的功能决定了一台计算机的基本功能。不同类型的计算机硬件功能不同,具有不同的指令集合,但是有些类型的指令是共同的。常见的指令类型有以下几种:

(1) 数据传送类指令。完成数据在主存和 CPU 寄存器之间的传输。

(2) 算术运算类指令。对数据进行算术运算,包括加法、减法、乘法、除法等算术运算。有些性能较强的计算机还具有浮点运算指令等。

(3) 逻辑运算类指令。对数据进行逻辑运算,包括逻辑与、或、非、异或等运算。这些逻辑运算对数据进行位运算,位和位之间没有进位传递关系。有些计算机还有位操作指令,如位测试、位清除等。

(4) 移位操作类指令。移位操作是对数据进行相邻数据位之间的传递操作,分为算术移位、逻辑移位和循环移位 3 种,每种移位操作又分为左移和右移。

(5) 程序控制类指令。用于控制程序执行的顺序和方向,主要包括条件转移指令、无条件转移指令、循环指令、子程序调用和返回指令、中断指令等。

(6) 输入输出操作指令。完成主机和外围设备之间的信息传送。有的计算机有专门的输入输出指令,有的则把外设接口看作特殊的存储器单元,用传送类指令实现访问。

(7) 串操作指令。针对主存中连续存放的一系列字或字节,完成串传送、串比较、串查找等功能。串可以由非数值数据(如字符串)构成,可以方便地完成字符串处理。

(8) 处理器控制指令。直接控制 CPU 以实现某种功能,如空操作指令、停机指令等。

以上的指令种类,在一台计算机指令系统中并不是全部具备。例如,有的计算机没有串处理指令。

5.2 8086 指令系统

8086 指令系统按功能可分为 8 类：处理器控制类指令、数据传送类指令、算术运算类指令、逻辑运算类指令、移位操作类指令、串操作类指令、控制转移类指令、中断指令。

8086 指令系统中的指令格式不同,有的指令还有特殊的约定。但是这些指令也有一些统一的规定：

- 指令中的两个操作数不能同时为存储单元。
- 指令中的两个操作数不能同时为段寄存器。
- 目的操作数不能是立即数。
- 指令中的操作数必须有明确的类型，即长度是字节还是字必须是明确的。立即数类型不明确，如数据 5，可以是 8 位的 05H，也可以是 16 位的 0005H。未定义过类型的存储单元类型也不明确，如 2000H 单元，可能表示 2000H 字单元，也可能表示 2000H 字节单元。
- 指令中的操作数类型必须一致。必须都为字节类型，或者都为字类型。
- 目的操作数要避免使用 CS 和 IP。CS、IP 用于指示程序中要执行的指令地址，如果直接修改 CS、IP 的值，可能会造成微处理器不能正常工作。

在汇编语言程序中，可以给一条指令所在的单元命名，称为标号。一个标号代表了一条指令的地址。标号写在指令的前面，用":"分界。在同一个程序中，标号名必须是唯一的。

在汇编语言程序中，";"后的部分作为注释，用于方便程序的阅读，计算机不会执行注释。

为了方便指令的讲解，下面的例题中，在指令后面用注释方式给出答案或者分析，并在必要的时候给指令加序号。注意，汇编语言程序中一行只能写一条指令且没有序号。

5.2.1 处理器控制类指令

处理器控制类指令完成对标志寄存器中标志位的处理以及对处理器的控制。这类指令都只有操作码。

1. 标志位处理指令

(1) CF 清 0 指令：CLC

(2) CF 置 1 指令：STC

(3) CF 取反指令：CMC

(4) DF 清 0 指令：CLD

(5) DF 置 1 指令：STD

(6) IF 清 0 指令：CLI

(7) IF 置 1 指令：STI

2. 处理器控制指令

(1) 空操作指令：NOP。

指令功能：不执行任何操作。调试程序时主要用于占据一定存储单元，以便在正式运行时用其他必要指令代替。另外，CPU 读取 NOP 指令、分析指令都需要时间，可以使用 NOP 指令达到让程序延时的功能。

(2) 停机指令：HLT。

指令功能：使 CPU 暂停工作，等待一次外部硬件中断的到来，让 CPU 退出暂停状态，可继续执行后面的程序指令。

（3）等待指令：WAIT。

指令功能：使 CPU 处于等待状态，直到 CPU 芯片的$\overline{\text{TEST}}$引脚信号有效。

5.2.2 数据传送类指令

数据传送类指令是汇编语言程序设计中最常用的指令。可以在寄存器和寄存器之间、寄存器和存储器之间、AL 或 AX 寄存器和端口之间进行数据传送。数据传送类指令只改变目的操作数的值，除了标志寄存器传送指令，其他传送类指令均不影响标志位。

1. 传送指令 MOV

指令格式：MOV   目的操作数，源操作数

指令功能：实现立即数到寄存器或主存、寄存器与主存之间、寄存器与段寄存器之间、主存与段寄存器之间的传送。使用 MOV 指令时要注意以下两点。

- 不能向 CS、IP 传送数据。
- 立即数不能送段寄存器。

【例 5-8】 判断表 5.1 中指令的正误。如果指令有错，给出错误原因。

解： 如表 5.1 所示。

表 5.1 指令正误判断

指　　令	正误判断	错　误　原　因
MOV AX，BH	错误	操作数类型不一致
MOV AL，[BX]	正确	
MOV AX，[DX]	错误	寄存器间接寻址不能使用 DX 寄存器
MOV IP，AX	错误	IP 不能作为目的操作数
MOV DS，0200H	错误	立即数不能送段寄存器
MOV DX，0200H	正确	
MOV [2000H]，5	错误	类型不明确
MOV [2000H]，[2003H]	错误	两个操作数都是存储单元
MOV DS，AX	正确	
MOV [BX]，5	错误	类型不明确

2. 数据交换指令 XCHG

指令格式：XCHG   操作数 1，操作数 2

指令功能：实现寄存器和寄存器、寄存器和存储单元之间的数据交换。不能对段寄存器进行操作。

【例 5-9】 已知 AX＝1234H，BX＝0000H，数据段单元（0000H）＝11H，（0001H）＝22H。指令 XCHG AX，[BX]的执行结果是什么？

解:

```
XCHG AX,[BX]        ;AX=2211H,数据段单元(0000H)=34H,(0001H)=12H
```

指令 XCHG AX,[BX]将 AX 中的数据和用 BX 间接寻址所表示的存储单元中的数据互换。源地址码[BX]的有效地址是 0000H,到数据段中的(0000H)单元访问字数据 2211H,与 AX 互换。指令执行结果:AX=2211H,数据段单元(0000H)=34H,(0001H)=12H。

3. 换码指令 XLAT

指令格式:XLAT

指令功能:用 BX＋AL 的和作为数据段中存储单元的偏移地址,从该单元取一字节数据传送到 AL 中。XLAT 指令常用于查表,BX 为表的首地址,AL 为要查的数据在表中的序号位置,查得的数据存放在 AL 中。该指令不能单独执行,执行前要准备好 BX 和 AL 的值。

【例 5-10】 在内存数据段的 2000H 单元开始,存放着 a～z 的字母表。查找表中第 5 个字母,放到 AL 中。

解:

```
MOV   BX,2000H      ;BX 为字母表首地址。BX=2000H
MOV   AL,5          ;AL 为要查找的数据在表中的序号。AL=05H
XLAT               ;将表中 2005H 单元的字节数据取出送 AL
                   ;AL=65H,为字符 f 的 ASCII 码
```

4. 入栈指令 PUSH

指令格式:PUSH   源操作数

指令功能:将源操作数传送到堆栈的栈顶。栈顶的位置由 SS、SP 指定。指令执行时,堆栈指针 SP 减 2,再将数据入栈。源操作数必须是字类型。SP 的值会自动减 2。

【例 5-11】 已知 AX=1234H,SS=0AF9H,SP=0FFEEH,PUSH AX 指令的执行结果是什么?

解:

```
PUSH AX        ;SP=0FFECH,(0AF9:FFEDH)=12H,(0AF9:FFECH)=34H
```

当前堆栈段栈顶地址为 0AF9:FFEEH 单元。执行 PUSH AX 指令,先将 SP 的值减 2,为 0FFECH,再将 AX 的字数据存入栈顶的两字节中。指令执行结果:SP=0FFECH,(0AF9:FFEDH)=12H,(0AF9:FFECH)=34H。PUSH AX 指令执行前后堆栈的变化如图 5.1 所示。

5. 出栈指令 POP

指令格式:POP   目的操作数

指令功能:将堆栈的栈顶数据传送给目的操作数,再将堆栈指针 SP 加 2。目的操作数必须是字类型。SP 的值会自动加 2。

【例 5-12】 已知 AX=1234H,CX=5678H,SS=0AF9H,SP=0FFEEH,执行下面指令的结果是什么?

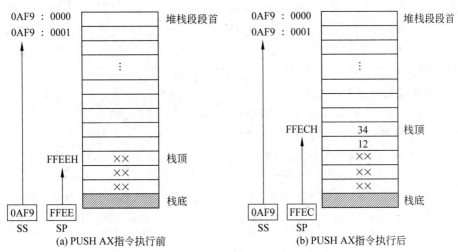

图 5.1　例 5-11 堆栈变化

```
PUSH    AX
POP     CX
```

解：

```
PUSH    AX      ;SP=0FFECH,(0AF9:FFEDH)=12H,(0AF9:FFECH)=34H
POP     CX      ;CX=1234H,SP=0FFEEH
```

当前堆栈段栈顶地址为 0AF9:FFEEH 单元。执行 PUSH AX 指令,先将 SP 的值减 2,为 0FFECH,再将 AX 的字数据存入栈顶的两字节中。指令执行结果:SP＝0FFECH,(0AF9:FFEDH)＝12H,(0AF9:FFECH)＝34H。执行 POP CX 指令,将栈顶数据 1234H 传送到 CX 中,CX＝1234H。然后 SP 加 2,为 0FFEEH。

6. 有效地址传送指令 LEA

指令格式:LEA　目的寄存器,存储单元

指令功能:取得存储单元的偏移地址传送到目的寄存器。源操作数必须是存储单元。

【例 5-13】 已知数据段中单元(1234H)＝11H,(1235H)＝22H。下面指令的执行结果是什么?

```
MOV AX,1234H
MOV BX,[1234H]
LEA CX,[1234H]
```

解：

```
MOV AX,1234H        ;AX=1234H
MOV BX,[1234H]      ;BX=2211H
LEA CX,[1234H]      ;CX=1234H
```

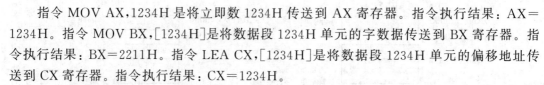

指令 MOV AX,1234H 是将立即数 1234H 传送到 AX 寄存器。指令执行结果：AX＝1234H。指令 MOV BX,[1234H]是将数据段 1234H 单元的字数据传送到 BX 寄存器。指令执行结果：BX＝2211H。指令 LEA CX,[1234H]是将数据段 1234H 单元的偏移地址传送到 CX 寄存器。指令执行结果：CX＝1234H。

7. 取逻辑地址指令 LDS/LES

指令格式：LDS　目的寄存器,存储单元

　　　　　LES　目的寄存器,存储单元

指令功能：对于存储单元内的 4 字节,将低 2 字节的内容传送到目的寄存器,将高 2 字节的内容传送到 DS(LDS 指令)或 ES(LES 指令)。

【例 5-14】 已知 DS＝0100H,AX＝1234H,BX＝2000H,数据段单元(2000H)＝11H,(2001H)＝22H,(2002H)＝33H,(2003H)＝44H。指令 LDS AX,[BX]的执行结果是什么？

解：

```
LDS   AX,[BX]              ;AX=2211H,DS=4433H
```

指令 LDS AX,[BX]由源地址码访问数据段(2000H)单元,将低 2 字节的数据 2211H 传送到 AX 寄存器,将高 2 字节的数据 4433H 传送到 DS 段寄存器。指令执行结果：AX＝2211H,DS＝4433H。

8. 标志寄存器传送指令

标志寄存器传送指令有 LAHF、SAHF、PUSHF、POPF。

LAHF 指令的功能：将标志寄存器的低 8 位传送到 AH 寄存器中。

SAHF 指令的功能：将 AH 寄存器的值传送到标志寄存器的低 8 位。

PUSHF 指令的功能：将标志寄存器入栈。

POPF 指令的功能：将栈顶数据字传送到标志寄存器。

9. 输入输出指令 IN/OUT

8086 微处理器与 I/O 端口进行数据交换时,需要用专用的输入输出(IN/OUT)指令。IN 指令的功能是将 I/O 端口中的数据输入到微处理器的累加器 AX 或 AL 中,OUT 指令的功能是将微处理器的累加器 AX 或 AL 中的数据输出到 I/O 端口中。

IN/OUT 指令的寻址方式有直接寻址和间接寻址两种。当端口地址≤0FFH 时,采用直接寻址方式,即在指令中直接写端口地址。当端口地址＞0FFH 时,采用间接寻址方式。在 DX 中存放 I/O 端口地址,指令中用 DX 或(DX)寻址端口。端口地址≤0FFH 时也可以采用间接寻址方式。在 IN/OUT 指令中,只能使用 AL 或 AX 与端口交换数据。选择 AL 还是 AX,取决于端口内数据的位数和数据总线的宽度。表 5.2 给出了 IN/OUT 指令格式的几种情况。

表 5.2 IN/OUT 指令的几种格式

IN/OUT 指令格式	含 义
IN AL,端口地址	端口地址≤0FFH 时,从端口输入字节数据到 AL
IN AX,端口地址	端口地址≤0FFH 时,从端口输入字数据到 AX
IN AL,DX	端口地址>0FFH 时,从端口输入字节数据到 AL,端口地址在 DX 中
IN AX,DX	端口地址>0FFH 时,从端口输入字数据到 AX,端口地址在 DX 中
OUT 端口地址,AL	端口地址≤0FFH 时,将 AL 中的字节数据输出到端口
OUT 端口地址,AX	端口地址≤0FFH 时,将 AX 中的字数据输出到端口
OUT DX,AL	当端口地址>0FFH 时,将 AL 中的字节数据输出到端口,端口地址在 DX 中
OUT DX,AX	当端口地址>0FFH 时,将 AX 中的字数据输出到端口,端口地址在 DX 中

【例 5-15】 写出完成下面功能的程序段:

(1) 读取 30H 号端口字节数据。

(2) 读取 208H 端口的字数据。

(3) 将 AL 中的数据输出到 30H 端口。

(4) 将 AX 中数据写到 203H 端口。

解:(1) 端口地址 30H≤0FFH,可以采用直接寻址或者间接寻址,传送字节数据用 AL 寄存器。读数据用 IN 指令。

```
IN  AL,30H
```

或者

```
MOV  DX,30H
IN   AL,DX
```

(2) 端口地址 208H>0FFH,必须采用间接寻址,字数据传送用 AX 寄存器。读数据用 IN 指令。

```
MOV  DX,208H
IN   AX,DX
```

(3) 端口地址 30H≤0FFH,可以采用直接寻址或者间接寻址,字节数据传送用 AL 寄存器。输出数据用 OUT 指令。

```
OUT  30H,AL
```

或者

```
MOV  DX,30H
OUT  DX,AL
```

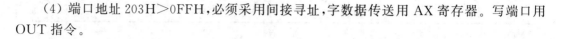

（4）端口地址 203H＞0FFH，必须采用间接寻址，字数据传送用 AX 寄存器。写端口用 OUT 指令。

```
MOV   DX,203H
OUT   DX,AX
```

5.2.3　算术运算类指令

算术运算类指令执行数据的加、减、乘、除运算。执行算术运算类指令除了将运算结果保存到目的操作数以外，通常还会涉及或影响状态标志位。

1. 算术加法指令 ADD

指令格式：ADD　目的操作数，源操作数

指令功能：源操作数加目的操作数，和放入目的操作数中，同时根据运算情况改变标志寄存器中的状态标志位。带符号数运行可能产生溢出，要考虑根据 OF 标志位进行溢出处理。

2. 带进位加法指令 ADC

指令格式：ADC　目的操作数，源操作数

指令功能：源操作数加目的操作数加当前标志寄存器中 CF 的值，将运算的和放入目的操作数中，同时根据运算情况改变标志寄存器中的状态标志位。运算时的 CF 是指令执行前的 CF 状态值。带符号数运行可能产生溢出，要考虑根据 OF 标志位进行溢出处理。

【例 5-16】　分析下列程序段的执行结果。

```
MOV  AX,1234H
MOV  CX,1234H
ADD  AX,0F000H
ADC  CX,0F000H
```

解：

```
MOV  AX,1234H       ;AX=1234H
MOV  CX,1234H       ;CX=1234H
ADD  AX,0F000H      ;AX=0234H,CF=1,AF=0,SF=0,ZF=0,PF=0,OF=0
ADC  CX,0F000H      ;CX=0235H,CF=1,AF=0,SF=0,ZF=0,PF=1,OF=0
```

前两条指令执行后，AX＝1234H，CX＝1234H。第 3 条指令执行时，将 1234H＋0F000H 的结果送入 AX，则 AX＝0234H，并且影响标志位，使得 CF＝1，AF＝0，SF＝0，ZF＝0，PF＝0，OF＝0。第 4 条指令执行时，因为当前的 CF＝1，所以做 1234H＋0F000H＋1 的运算，结果送入 CX，则 CX＝0235H，并且影响标志位，使得 CF＝1，AF＝0，SF＝0，ZF＝0，PF＝1，OF＝0。

【例 5-17】　编程求 12345678H＋19ABCDEFH 的和。

解：因为 8086 CPU 的寄存器是 16 位的，不能一次计算两个 32 位数的和。将运算分为两次进行,先求低 16 位的和,再求高 16 位的和。高 16 位求和时,要考虑低 16 位产生的进位。

```
MOV  AX,5678H        ;AX=5678H,放第一个加数的低 16 位
ADD  AX,0CDEFH       ;AX=5678H+0CDEFH,两个数的低 16 位相加
                     ;AX=2467H,CF=1,AF=1,SF=0,ZF=0,PF=0,OF=0
MOV  BX,1234H        ;BX=1234H,放第一个加数的高 16 位
ADC  BX,19ABH        ;BX=1234H+19ABH+CF,两个数高 16 位相加,考虑低 16 位的进位
                     ;BX=2BE0H,CF=0,AF=1,SF=0,ZF=0,PF=0,OF=0
```

3. 加 1 指令 INC

指令格式:INC　目的操作数

指令功能:对目的操作数加 1 后将结果放入目的操作数,影响除 CF 外的其他状态标志位。

【例 5-18】　分析下列程序段的执行结果。

```
MOV  AX,0FFFFH
INC  AX
MOV  BX,0FFFFH
ADD  BX,1
```

解:

```
MOV  AX,0FFFFH        ;AX=0FFFFH
INC  AX              ;AX=0000H,CF 无变化,AF=1,SF=0,ZF=1,PF=1,OF=0
MOV  BX,0FFFFH        ;BX=0FFFFH
ADD  BX,1            ;BX=0000H,CF=1,AF=1,SF=0,ZF=1,PF=1,OF=0
```

AX 为 0FFFFH,INC 指令执行 0FFFFH+1 的操作,结果为 AX=0000H,同时标志寄存器中各位情况为:CF 无变化,AF=1,SF=0,ZF=1,PF=1,OF=0。向 BX 送入 0FFFFH 后,ADD 指令执行 0FFFFH+1 的操作,结果为 BX=0000H,同时 CF=1,AF=1,SF=0,ZF=1,PF=1,OF=0。

4. 压缩 BCD 码加法运算结果修正指令 DAA

指令格式:DAA

指令功能:按照 BCD 码运算的修正规则,将 AL 中的数调整为压缩 BCD 码形式。本指令执行前先要做压缩 BCD 码的加法运算,结果必须放在 AL 中。

【例 5-19】　分析下列程序段的执行结果。

```
MOV  AL,85H
ADD  AL,96H
DAA
```

解：

```
MOV  AL,85H          ;AL=85H
ADD  AL,96H          ;AL=1BH,CF=1,AF=0,SF=0,ZF=0,PF=1,OF=0
DAA                  ;AL=81H,CF=1,AF=1,SF=1,ZF=0,PF=1,OF=0
```

前两条指令将 85H＋96H 的二进制加法结果放到 AL 中，则 AL＝1BH，同时标志寄存器中，CF＝1，AF＝0，SF＝0，ZF＝0，PF＝1，OF＝0。执行 DAA 指令后，AL＝81H，同时 CF＝1，AF＝1，SF＝1，ZF＝0，PF＝1，OF＝0。

5. 非压缩 BCD 码加法运算结果修正指令 AAA

指令格式：AAA

指令功能：按照 BCD 码运算的修正规则，将 AL 中的数调整为非压缩 BCD 码形式，最后结果放在 AH、AL 中。本指令执行前先要做非压缩 BCD 码的加法运算，结果必须放在 AL 中。调整时会使用 AH，应先将 AH 清零。AH、AL 调整后为非压缩 BCD 码，所以高 4 位都是 0。

【例 5-20】 分析下列程序段的执行结果。

```
MOV  AX,0005H
ADD  AL,08H
AAA
```

解：

```
MOV  AX,0005H        ;AX=0005H
ADD  AL,08H          ;AL=0DH,CF=0,AF=0,SF=0,ZF=0,PF=0,OF=0
AAA                  ;AL=03H,AH=01,CF=1,AF=1,SF=0,ZF=0,PF=0,OF=0
```

指令 MOV AX,0005H 将 AH 清零，并且 AL 中为非压缩 BCD 码 05H。做二进制加法运算后，AL＝0DH，CF＝0，AF＝0，SF＝0，ZF＝0，PF＝0，OF＝0。AL 中不是非压缩 BCD 码数。指令 AAA 对 AL 中的结果进行修正，AL＝03H，AH＝01，CF＝1，AF＝1，SF＝0，ZF＝0，PF＝0，OF＝0。

6. 算术减法指令 SUB

指令格式：SUB 目的操作数,源操作数

指令功能：目的操作数减源操作数，差放入目的操作数，同时根据运算结果情况改变标志寄存器中的状态标志位。减法操作中产生的借位信息放在 CF 中。带符号数减法运算可能产生溢出，要考虑根据 OF 标志位进行溢出处理。

7. 带借位的减法指令 SBB

指令格式：SBB 目的操作数,源操作数

指令功能：目的操作数减源操作数减当前标志寄存器中 CF 的值，差放入目的操作数，同时根据运算结果情况改变标志寄存器中的状态标志位。运算时的 CF 是指令执行前的 CF

状态值。带符号数减法运算可能产生溢出,要考虑根据 OF 标志位进行溢出处理。

8. 减 1 指令 DEC

指令格式:DEC   目的操作数

指令功能:目的操作数减 1 的结果放入目的操作数,影响除 CF 外的其他状态标志位。

9. 比较指令 CMP

指令格式:CMP   目的操作数,源操作数

指令功能:目的操作数减去源操作数,结果不放入目的操作数,但是影响状态标志位。

【例 5-21】 分析下列程序段的执行结果。

```
MOV  AX,1234H
MOV  CX,AX
MOV  BX,0001H
CMP  AX,BX
STC
SUB  AX,BX
STC
SBB  CX,BX
```

解:

```
MOV  AX,1234H          ;AX=1234H
MOV  CX,AX             ;CX=1234H
MOV  BX,0001H          ;BX=0001H
CMP  AX,BX             ;AX=1234H,BX=0001H,CF=0,AF=0,SF=0
                       ;ZF=0,PF=1,OF=0
STC                    ;CF=1
SUB  AX,BX             ;AX=1233H,BX=0001H,CF=0,AF=0,SF=0
                       ;ZF=0,PF=1,OF=0
STC                    ;CF=1
SBB  CX,BX             ;CX=1232H,BX=0001H,CF=0,AF=0,SF=0
                       ;ZF=0,PF=0,OF=0
```

前 3 条传送指令执行后,AX=1234H,CX=1234H,BX=0001H。CMP AX,BX 指令执行,运算器做 AX−BX 的操作,差为 1233H,但是不保存差,即 AX、BX 的数不变,该运算会影响标志寄存器中的状态标志位,所以 CF=0,AF=0,SF=0,ZF=0,PF=1,OF=0。STC指令将 CF 置为 1。SUB AX,BX 指令做 AX−BX 的操作,差放在 AX 中,AX=1233H,该运算影响所有状态标志位,CF=0,AF=0,SF=0,ZF=0,PF=1,OF=0。STC 指令将 CF 置为 1。SBB CX,BX 指令做 CX−BX−1 的操作,差放在 CX 中,CX=1232H,该运算影响所有状态标志位,CF=0,AF=0,SF=0,ZF=0,PF=0,OF=0。

10. 取补指令 NEG

指令格式:NEG   目的操作数

指令功能：0 减去目的操作数的结果放入目的操作数，影响所有状态标志位。

【例 5-22】 分析下列程序段的执行结果。

```
MOV  AX,0
DEC  AX
NEG  AX
```

解：

```
MOV  AX,0          ;AX=0
DEC  AX            ;AX=0FFFFH,AF=1,SF=1,ZF=0,PF=1,OF=0
NEG  AX            ;AX=0001H,CF=1,AF=1,SF=0,ZF=0,PF=0,OF=0
```

MOV AX,0 指令执行后，AX=0。DEC AX 指令执行 0－1 操作，执行结果为 AX＝0FFFFH，即－1 的补码形式。DEC 指令不影响状态标志位 CF，其他标志位为 AF＝1，SF＝1，ZF＝0，PF＝1，OF＝0。NEG AX 指令执行 0－FFFFH 操作，执行结果为 AX＝0001，状态标志位受到影响，CF＝1，AF＝1，SF＝0，ZF＝0，PF＝0，OF＝0。

11. 压缩 BCD 码减法运算结果修正指令 DAS

指令格式：DAS

指令功能：按照 BCD 码运算的修正规则，将 AL 中的数调整为压缩 BCD 码形式。本指令执行前先要做压缩 BCD 码的减法运算，结果必须放在 AL 中。

12. 非压缩 BCD 码减法运算结果修正指令 AAS

指令格式：AAS

指令功能：按照 BCD 码运算的修正规则，将 AL 中的数调整为非压缩 BCD 码形式，最后结果放在 AH、AL 中。本指令执行前先要做非压缩 BCD 码的减法运算，结果必须放在 AL 中。调整时会使用 AH，应先将 AH 清零。AH、AL 调整后为非压缩 BCD 码，所以高 4 位是 0。

13. 无符号数乘法指令 MUL

指令格式：MUL 源操作数

指令功能：如果源操作数是字节类型，则该指令执行 AL×源操作数运算，将乘积放入 AX 中；如果源操作数是字类型，则该指令执行 AX×源操作数运算，将乘积放入 DX 和 AX 中。源操作数不允许为立即数。做乘法运算时，两个乘数是无符号数，即最高位不是符号位，而是有权值的二进制数据位。MUL 指令仅影响 CF 标志位，用于标示乘积中高一半是否含有有效数值。

14. 带符号数乘法指令 IMUL

指令格式：IMUL 源操作数

指令功能：如果源操作数是字节类型，则该指令执行 AL×源操作数运算，将乘积放入 AX 中；如果源操作数是字类型，则该指令执行 AX×源操作数运算，将乘积放入 DX 和 AX 中。源操作数不允许为立即数。做乘法运算时，两个乘数按带符号数补码运算，最高位是符号位,得到的乘积也是补码形式。IMUL 指令仅影响 CF 标志位,用于标示乘积中高一半是否含有有效数值。

【例 5-23】 分析下列程序段的执行结果。

```
MOV    AL,11H
MOV    BL,0B2H
MUL    BL
MOV    AL,11H
MOV    CL,05H
IMUL   BL
```

解:

```
MOV    AL,11H              ;AL=11H
MOV    BL,0B2H             ;BL=0B2H
MUL    BL                  ;AX=0BD2H,CF=1
MOV    AL,11H              ;AL=11H
MOV    CL,05H              ;CL=05H
IMUL   BL                  ;AX=0FAD2H,CF=1
```

前两条指令执行后,AL=11H,BL=0B2H。执行 MUL BL 指令时,因为 BL 是字节类型,所以做 AL×BL 运算。MUL 指令是做无符号数乘法,所以 11H 表示的无符号数是十进制 17,0B2H 表示的无符号数是十进制 178。17×178 的乘积 3026 以二进制形式放入 AX,所以 AX=0BD2H。由于 AX 中乘积的高一半有有效数据,所以 CF=1。接着执行 MOV 指令,AL=11H,CL=05H。执行 IMUL BL 指令时,因为 BL 是字节类型,所以做 AL×BL 运算。注意,并不是 CL×BL,因为乘法指令隐含的另一个乘数在 AL 或 AX 中。IMUL 指令是做带符号数乘法,所以 11H 表示的带符号数是十进制数+17,0B2H 表示的带符号数是十进制数−78 的补码。(+17)×(−78)的乘积−1326 以补码形式放入 AX,所以 AX=0FAD2H。由于 AX 中乘积的高一半有有效数据,所以 CF=1。

15. 无符号数除法指令 DIV

指令格式: DIV　源操作数

指令功能:如果源操作数是字节类型,则指令执行 AX÷源操作数运算,将商放入 AL 中,将余数放入 AH 中;如果源操作数是字类型,则 DX 和 AX 组成 32 位的被除数,再除以源操作数,将商放入 AX 中,将余数放入 DX 中。源操作数不允许为立即数。被除数和除数都是无符号数,最高位不是符号位,而是有权值的二进制数据位。DIV 指令不影响标志位。DIV 指令的商放在被除数的低一半中,如果商的数值超过低一半的数据表示范围,会产生除法溢出错误。

16. 带符号数除法指令 IDIV

指令格式: IDIV　源操作数

指令功能:如果源操作数是字节类型,则指令执行 AX÷源操作数运算,将商放入 AL

中,将余数放入 AH 中;如果源操作数是字类型,则 DX 和 AX 组成 32 位的被除数,再除以源操作数,将商放入 AX 中,将余数放入 DX 中。源操作数不允许为立即数。被除数和除数都是带符号数的补码,最高位是符号位,得到的商也是补码形式。IDIV 指令不影响标志位。IDIV 指令的商放在被除数的低一半中,如果商的数值超过低一半的数据表示范围,会产生除法溢出错误。

【例 5-24】 分析下列程序段的执行结果。

```
MOV   AX,0400H
MOV   CX,5678H
MOV   BL,0B4H
DIV   BL
MOV   AX,0400H
IDIV  BL
```

解:

```
MOV   AX,0400H          ;AX=0400H
MOV   CX,5678H          ;CX=5678H
MOV   BL,0B4H           ;BL=0B4H
DIV   BL               ;AX=7C05H
MOV   AX,0400H          ;AX=0400H
IDIV  BL               ;AX=24F3H
```

前 3 条 MOV 指令使得 AX=0400H,CX=5678H,BL=0B4H。执行 DIV BL 指令时,因为除数 BL 是字节类型,所以被除数在 AX 中,执行 0400H÷0B4H 的操作。0400H 作为无符号数是十进制的 1024,0B4H 作为无符号数是十进制的 180。1024÷180 的商 5 放入 AL,所以 AL=05H;余数 124 放入 AH,所以 AH=7CH。DIV BL 指令执行后,AX=7C05H。接着执行 MOV 指令,AX=0400H。执行 IDIV BL 指令时,因为除数 BL 是字节类型,所以被除数在 AX 中,执行 0400H÷0B4H 的操作。0400H 作为带符号数是十进制数的+1024。0B4H 作为带符号数是十进制数-76 的补码。(+1024)÷(-76)的商-13 的补码放入 AL,所以 AL=0F3H;余数 36 放入 AH,所以 AH=24H。IDIV BL 指令执行后,AX=24F3H。

【例 5-25】 分析下列程序段的执行结果。

```
MOV   AX,1234H
MOV   BL,2
DIV   BL
```

解:

```
MOV   AX,1234H          ;AX=1234H
MOV   BL,2             ;BL=2
```

```
DIV  BL                    ;除法溢出
```

因为 1234H÷2 的商是 91AH,超出了存放商的 AL 的数据表示范围,发生了溢出。要完成这个除法,可以做字除法。被除数 32 位,除数 16 位,这样将商放在 16 位 AX 中就可以了。也可以采用将 AX 中的数算术右移的方法求商。

17. 带符号数的字节扩展指令 CBW

指令格式:CBW

指令功能:将 AL 中的 8 位数据扩展为 AX 中的 16 位数据。扩展方法是将 AL 的符号位扩展到 AH。

18. 带符号数的字扩展指令 CWD

指令格式:CWD

指令功能:将 AX 中的 16 位数据扩展为 DX、AX 组合的 32 位数据。扩展方法是将 AX 的符号位扩展到 DX。

【例 5-26】 分析下列程序段的执行结果。

```
MOV  AX,1234H
CWD
MOV  BX,2
DIV  BX
```

解

```
MOV  AX,1234H              ;AX=1234H
CWD                        ;DX=0000H
MOV  BX,2                  ;BX=2
DIV  BX                    ;AX=091AH,DX=0000H
```

指令 MOV AX,1234H 的执行结果为 AX=1234H。指令 CWD 将 AX 的符号位扩展到 DX,DX=0000H。指令 MOV BX,2 执行后,BX=2。指令 DIV BX 执行时,因为除数 BX 是字类型,所以用 DX、AX 中的 32 位数作为被除数,商放入 AX,余数放入 DX,执行结果为 AX=091AH,DX=0000H,避免了例 5-25 中的溢出问题。

程序段中的 CWD 指令非常重要,如果没有这条指令,执行 DIV 指令时,DX 中的数据是不确定的,则执行的操作就是×××1234H÷2 了。

5.2.4 逻辑运算类指令

1. 逻辑与运算指令 AND

指令格式:AND 目的操作数,源操作数

指令功能:目的操作数和源操作数按位做逻辑与运算,结果放入目的操作数中。该指令使 CF=OF=0,并根据结果设置 SF、ZF 和 PF 标志位。与运算规则是:两位同时为 1,与的结果才为 1,否则结果为 0。

2. 逻辑或运算指令 OR

指令格式：OR　目的操作数,源操作数

指令功能：目的操作数和源操作数按位做逻辑或运算,结果放入目的操作数中。该指令使 CF＝OF＝0,并根据结果设置 SF、ZF 和 PF 标志位。或运算的规则是：两位中只要有一个为 1,或的结果就为 1,否则结果为 0。

3. 逻辑非运算指令 NOT

指令格式：NOT　目的操作数

指令功能：对目的操作数按位做逻辑非运算,结果放入目的操作数中。该指令不影响状态标志位。非运算规则是：0 非为 1,1 非为 0。

4. 逻辑异或运算指令 XOR

指令格式：XOR　目的操作数,源操作数

指令功能：目的操作数和源操作数按位做逻辑异或运算,结果放入目的操作数中。该指令使 CF＝OF＝0,并根据结果设置 SF、ZF 和 PF 标志位。异或运算规则是：两位不同,异或结果为 1;两位相同,异或结果为 0。

【例 5-27】　分析下列程序段的执行结果。

```
MOV  AL,0D5H
MOV  BL,AL
MOV  CL,AL
AND  AL,2AH
OR   BL,2AH
XOR  CL,2AH
```

解：

```
MOV  AL,0D5H              ;AL=0D5H
MOV  BL,AL               ;BL=0D5H
MOV  CL,AL               ;CL=0D5H
AND  AL,2AH              ;AL=00H,CF=0,SF=0,ZF=1,PF=1,OF=0
OR   BL,2AH              ;BL=0FFH,CF=0,SF=1,ZF=0,PF=1,OF=0
XOR  CL,2AH              ;CL=0FFH,CF=0,SF=1,ZF=0,PF=1,OF=0
```

程序段中的数据是十六进制表示,做逻辑运算时,要对二进制数按位进行运算。所以前 3 条 MOV 指令执行后,AL＝BL＝CL＝0D5H＝11010101B。指令 AND AL,2AH 将 11010101 和 00101010B 做与运算,AL＝00H,CF＝0,SF＝0,ZF＝1,PF＝1,OF＝0。指令 OR BL,2AH 将 11010101 和 00101010B 做或运算,BL＝0FFH,CF＝0,SF＝1,ZF＝0,PF＝1,OF＝0。指令 XOR CL,2AH 将 11010101 和 00101010B 做异或运算,CL＝0FFH,CF＝0,SF＝1,ZF＝0,PF＝1,OF＝0。

5. 测试指令 TEST

指令格式：TEST　目的操作数,源操作数指令功能：目的操作数和源操作数按位做逻辑与运算，不将运算结果放入目的操作数。该指令使 CF＝OF＝0，并根据结果设置 SF、ZF 和 PF 标志位。该指令和 AND 指令的区别就是与的结果是否存入目的操作数。

【例 5-28】 分析下列程序段的执行结果。

```
MOV     AL,0D5H
MOV     BL,AL
AND     AL,2AH
TEST    BL,2AH
```

解：

```
MOV     AL,0D5H          ;AL=0D5H
MOV     BL,AL            ;BL=0D5H
AND     AL,2AH           ;AL=00H,CF=0,SF=0,ZF=1,PF=1,OF=0
TEST    BL,2AH           ;BL=0D5H,CF=0,SF=0,ZF=1,PF=1,OF=0
```

AND 指令和 TEST 指令都是做与运算，都影响标志位，两者的区别是 TEST 指令不影响目的操作数。程序执行后，AL＝00H，BL＝0D5H，CF＝0，SF＝0，ZF＝1，PF＝1，OF＝0。

逻辑运算类指令除了用于数据的逻辑运算外，也常用于对数据的某些位进行清零、置 1 或求反的操作。常用的操作如下：

(1) AND 指令可以对数据中某位或某几个位清零（相应的位和 0 与），而其他位不变（相应的位和 1 与）。

(2) OR 指令可以对数据中某位或某几个位置 1（相应的位和 1 或），而其他位不变（相应的位和 0 或）。

(3) XOR 指令可以对数据中某位或某几个位求反（相应的位和 1 异或），而其他位不变（相应的位和 0 异或）。

【例 5-29】 编写程序段，实现以下操作：对 AL 的第 5 位和第 0 位清零，其他位不变；对 BL 的低 4 位全置 1，其他位不变；对 CL 的低 4 位求反，高 4 位不变。

解：

```
AND   AL,11011110B      ;AL第5位和第0位清零,其余位不变
OR    BL,00001111B      ;BL的低4位置1,高4位不变
XOR   CL,00001111B      ;CL的低4位求反,高4位不变
```

5.2.5　移位操作类指令

移位操作类指令中，移位次数为 1 时，直接写在指令源操作数位置；移位次数大于 1 时，要将移位次数放在 CL 中。

1. 逻辑左移指令 SHL

指令格式：SHL　目的操作数，1

```
SHL    目的操作数,CL
```

指令功能:将目的操作数左移,低位的空位用 0 填充,最后移出的高位在 CF 标志位中。根据结果设置 SF、ZF、PF 状态标志位。

2. 算术左移指令 SAL

指令格式:SAL   目的操作数,1

SAL   目的操作数,CL

指令功能:将目的操作数左移,低位的空位用 0 填充,最后移出的高位在 CF 标志位中。根据结果设置 SF、ZF、PF 状态标志位。

数据左移 n 位,可以实现乘以 2^n 的运算。逻辑左移指令和算术左移指令功能相同。左移指令要考虑结果溢出的情况。

【例 5-30】 分析下列程序段的执行结果。

```
MOV  CL,2
MOV  BL,0F1H
SHL  BL,CL
```

解:

```
MOV  CL,2          ;CL=2
MOV  BL,0F1H       ;BL=0F1H
SHL  BL,CL         ;BL=0C4H,CF=1,SF=1,ZF=0,PF=0
```

程序段指令对 BL 的数逻辑左移 2 位,BL=0C4H。同时影响状态标志位,CF=1,SF=1,ZF=0,PF=0。BL 中的原有数据 0F1H 表示带符号数-15D,左移 2 位,完成(-15D)×4 运算,结果 0C4H 是-60D 的补码。BL 中的原有数据 0F1H 表示无符号数 241D,左移 2 位,完成 241D×4 运算,结果 964D 超过 BL 的表示范围,则发生溢出,BL 中的 0C4H 不是正确结果。

3. 逻辑右移指令 SHR

指令格式:SHR   目的操作数,1

SHR   目的操作数,CL

指令功能:将目的操作数右移,高位的空位用 0 填充,最后移出的低位在 CF 标志位中。根据结果设置 SF、ZF、PF 状态标志位。数据逻辑右移 n 位,完成无符号数除以 2^n 的运算。

4. 算术右移指令 SAR

指令格式:SAR   目的操作数,1

SAR   目的操作数,CL

指令功能:将目的操作数右移,高位的空位用符号位填充,最后移出的低位在 CF 标志位中。根据结果设置 SF、ZF、PF 状态标志位。数据算术右移 n 位,完成带符号数除以 2^n 的运算。

【例 5-31】 分析下列程序段的执行结果。

```
MOV  AL,0F1H
SHR  AL,1
MOV  BL,0F1H
SAR  BL,1
```

解:

```
MOV  AL,0F1H          ;AL=0F1H
SHR  AL,1             ;AL=78H,CF=1,SF=0,PF=1,ZF=0
MOV  BL,0F1H          ;BL=0F1H
SAR  BL,1             ;BL=0F8H,CF=1,SF=1,PF=0,ZF=0
```

前两条指令将 AL 中的 0F1H 逻辑右移 1 位,AL=78H,CF=1,SF=0,PF=1,ZF=0。AL 中的原有数据 0F1H 是无符号数 241D。逻辑右移 1 位,完成 241D÷2 运算,AL 中的商 78H 是无符号数 120。后两条指令将 BL 中的 0F1H 算术右移 1 位,BL=0F8H,CF=1,SF=1,PF=0,ZF=0。BL 中的原有数据 0F1H 是带符号数−15D。逻辑右移 1 位,完成 −15D÷2 运算,BL 中的商 0F8H 是带符号数−8。

5. 循环左移指令 ROL

指令格式: ROL 目的操作数,1

  ROL 目的操作数,CL

指令功能:将目的操作数左移,高位移出送入低位空位,最后移出的高位同时存入 CF 标志位中。除了 CF 和 OF,不影响其他状态标志位。

6. 循环右移指令 ROR

指令格式: ROR 目的操作数,1

  ROR 目的操作数,CL

指令功能:将目的操作数右移,低位移出送入高位空位,最后移出的低位同时存入 CF 标志位中。除了 CF 和 OF,不影响其他状态标志位。

7. 带进位循环左移指令 RCL

指令格式: RCL 目的操作数,1

  RCL 目的操作数,CL

指令功能:将目的操作数和 CF 一起左移,CF 送入低位空位,目的操作数高位送入 CF。除了 CF 和 OF,不影响其他状态标志位。

8. 带进位循环右移指令 RCR

指令格式: RCR 目的操作数,1

  RCR 目的操作数,CL

指令功能:将目的操作数和 CF 一起右移,CF 送入高位空位,目的操作数低位送入 CF。除了 CF 和 OF,不影响其他状态标志位。

【例 5-32】 分析下列程序段的执行结果。

```
MOV   AL,80H
ROL   AL,1
MOV   BL,80H
RCR   BL,1
```

解：

```
MOV   AL,80H                ;AL=80H
ROL   AL,1                  ;AL=01H,CF=1,OF=1
MOV   BL,80H                ;BL=80H
RCR   BL,1                  ;BL=0C0H,CF=0,OF=0
```

AL 中放入 80H 后,做 ROL 循环左移操作,最高位的 1 移入最低位和 CF 中,所以 AL＝01H,CF＝1。AL 中的符号位发生变化,所以产生了溢出,OF＝1。

BL 中放入 80H 后,做 RCR 带进位循环右移操作。执行指令前 CF＝1。循环右移时,数据右移,CF 中的 1 移入 BL 最高位,最低位 0 移入 CF。执行结果为 BL＝0C0H,CF＝0。BL 的符号位没有发生变化,所以 OF＝0。

【例 5-33】 编写程序,完成 32 位数 1234FABCH×2 的运算。

解： 左移 1 位有乘 2 的功能。但是 8086 CPU 寄存器是 16 位的,所以需要分两次移位。低 16 位左移,移出的最高位在 CF 中,通过带进位的循环左移可以将 CF 移入高 16 位数据的最低位。程序如下:

```
MOV   DX,1234H             ;DX=1234H
MOV   AX,0FABCH            ;AX=0FABCH
SHL   AX,1                 ;AX=0F578H,CF=1,OF=0
RCL   DX,1                 ;DX=2469H,CF=0,OF=0
```

5.2.6 串操作类指令

串操作类指令主要用于对主存中一个连续的数据串进行处理。串操作类指令都是隐含寻址,没有地址码。规定源操作数用 DS:[SI]寻址,允许加段超越前缀;目的操作数用 ES:[DI]寻址,不允许加段超越前缀。对数据串中的数据可以按字节操作,也可以按字操作。执行一次串操作,源地址指针 SI 和目的地址指针 DI 将根据 DF 标志位自动修改。DF＝0,地址指针自动增加;DF＝1,地址指针自动减少。如果是按字节操作,则 SI 和 DI 自动增减 1;如果是按字操作,则 SI 和 DI 自动增减 2。

1. 串传送指令 MOVSB 和 MOVSW

指令功能:将 DS:[SI]单元的数据传送到 ES:[DI]单元。MOVSB 指令执行时,根据 DF 标志位的设置,SI、DI 的值增减 1。MOVSW 执行时,根据 DF 标志位的设置,SI、DI 的值增减 2。

2. 串存储指令 STOSB 和 STOSW

指令功能:将 AL/AX 的值存入 ES:[DI]单元中。STOSB 指令执行时,根据 DF 标志

位的设置,DI 的值增减 1。STOSW 执行时,根据 DF 标志位的设置,DI 的值增减 2。

3. 串装入指令 LODSB 和 LODSW

指令功能:将 DS:[SI] 单元的值送入 AL/AX 中。LODSB 指令执行时,根据 DF 标志位的设置,SI 的值增减 1。LODSW 执行时,根据 DF 标志位的设置,SI 的值增减 2。

4. 串比较指令 CMPSB 和 CMPSW

指令功能:将 DS:[SI]单元的数据与 ES:[DI]单元的数据做比较(即减法运算),不保存差,仅影响状态标志位。CMPSB 指令执行时,根据 DF 标志位的设置,SI、DI 的值增减 1。CMPSW 指令执行时,根据 DF 标志位的设置,SI、DI 的值增减 2。

5. 串搜索指令 SCASB 和 SCASW

指令功能:将 AL/AX 中的数与 ES:[DI]单元的数据做比较(即减法运算),不保存差,仅影响状态标志位。SCASB 指令执行时,根据 DF 标志位的设置,DI 的值增减 1。SCASW 指令执行时,根据 DF 标志位的设置,DI 的值增减 2。

6. 重复前缀

串操作类指令执行一次只对数据串中一个数据操作,指针修改一次。除了 LODSB/LODSW 指令不能加重复前缀外,其他串操作类指令都可以加重复前缀以重复执行,重复的次数由 CX 设定。

可与串操作类指令配合使用的重复前缀有以下几个。

1) REP

功能:重复执行其后的串操作类指令。重复的次数在 CX 中。执行串操作指令时,每重复执行一次,CX 自动减 1,直至 CX=0。一般与 MOVSB、MOVSW、STOSB、STOSW 指令配合使用。

2) REPE/REPZ

功能:重复执行其后的串操作类指令。重复的次数在 CX 中。执行串操作指令时,每重复执行一次,CX 自动减 1,直至 CX=0 或者 ZF=0。一般与 CMPSB、CMPSW 指令配合使用。

3) REPNE/REPNZ

功能:重复执行其后的串操作类指令。重复的次数在 CX 中。执行串操作指令时,每重复执行一次,CX 自动减 1,直至 CX=0 或者 ZF=1。一般与 SCASB、SCASW 指令配合使用。

【例 5-34】 分析下列程序段的执行结果。

```
MOV  AX,0A00H
MOV  DS,AX
MOV  ES,AX
MOV  SI,0100H
MOV  DI,0110H
MOV  CX,7
```

```
CLD
REP  MOVSB
```

解：

```
MOV  AX,0A00H              ;AX=0A00H
MOV  DS,AX                 ;DS=0A00H
MOV  ES,AX                 ;ES=0A00H
MOV  SI,0100H              ;SI=0100H
MOV  DI,0110H              ;DI=0110H
MOV  CX,7                  ;CX=0007
CLD                        ;DF=0
REP  MOVSB                 ;0A00H:0100H数据区7字节数据被传送到0A00H:0110H区
                          ;SI=0107H,DI=0117H,CX=0
```

数据段 0A00H:0100H 开始的数据区作为源数据区,附加段 0A00H:0110H 开始的数据区作为目的数据区。设定 CX＝7,则 REP 后的 MOVSB 指令会执行 7 次,每次将 DS:[SI]指示的单元中的字节传送到 ES:[DI]指示的单元,同时根据 DF＝0,将 SI、DI 都增 1,指向下一个单元。本程序段执行后,0A00H:0100H 数据区的 7 字节数据被传送到 0A00H:0110H 区。SI＝0107H,DI＝0117H,CX＝0。

5.2.7 控制转移类指令

程序中的分支、循环和子程序等结构都需要与控制转移类指令配合才能实现,所以这一类指令都很重要。控制转移类指令分为无条件转移指令、条件转移指令、循环控制指令、子程序调用指令、中断指令。不同指令对转移距离有不同的限制。控制转移类指令的地址码都是要执行的下一条指令的地址码。根据跳转的范围,寻址方式有段内相对寻址、段内间接寻址、段间直接寻址、段间间接寻址 4 种情况。这 4 种情况可以分别采用不同的 PTR 运算符加以说明。关于 PTR 运算符,将在 5.6.3 节介绍。

1. 无条件转移指令 JMP

指令格式：JMP   目的地址

指令功能：根据指令中目的地址的寻址方式,确定新的 CS、IP 的值,转去执行目的地址的指令。

2. 条件转移指令

条件转移指令中指定要判断的标志位,根据标志位当前的状态值,决定程序是否发生转移。条件转移指令中的转移地址都采用相对寻址方式,即要转去的指令地址与当前转移指令在同一段,并且距离为－128～＋127B。掌握条件转移指令的助记符、判断的标志位、转移的条件及含义,是正确运用这些指令的关键。为了便于查阅,表 5.3 给出了所有条件转移指令。某些指令有两个或三个助记符,它们功能等同。

表 5.3　条件转移指令列表

助　记　符	标志位及转移条件	说　　明
JZ 或 JE	ZF＝1	等于零/相等
JNZ 或 JNE	ZF＝0	不等于零/不相等
JS	SF＝1	符号为负
JNS	SF＝0	符号为正
JP 或 JPE	PF＝1	1 的个数为偶数
JNP 或 JPO	PF＝0	1 的个数为奇数
JO	OF＝1	溢出
JNO	OF＝0	无溢出
JC 或 JB 或 JNAE	CF＝1	进位/无符号数比较低于/不高于或等于
JNC 或 JNB 或 JAE	CF＝0	无进位/无符号数不低于/高于或等于
JBE 或 JNA	CF＝1 或 ZF＝1	无符号数低于或等于/不高于
JNBE 或 JA	CF＝0 且 ZF＝0	无符号数不低于或等于/高于
JL 或 JNGE	SF≠OF	带符号数比较小于/不大于或等于
JNL 或 JGE	SF＝OF	带符号数比较不小于/大于或等于
JLE 或 JNG	ZF≠OF 或 ZF＝1	带符号数比较小于或等于/不大于
JNLE 或 JG	SF＝OF 且 ZF＝0	带符号数比较不小于或等于/大于

无符号数和带符号数比较时,需要用不同的标志位判断结果,所以各有相应的条件转移指令。为了区别两者,在助记符号中,无符号数的大小用 A(高)/B(低)表示,带符号数的大小用 G(大)/L(小)表示。

【例 5-35】　分析下列程序段的执行结果。

```
    MOV  AL,0FFH
    MOV  BL,00H
    CMP  AL,BL
    JA   L1
    MOV  AL,1
    JMP  EXIT
L1: MOV  AL,0
EXIT:
```

解:

```
    MOV  AL,0FFH          ;AL=0FFH
```

```
        MOV   BL,00H              ;BL=00H
        CMP   AL,BL               ;CF=0,ZF=0,PF=1,SF=1,OF=0,AF=0
        JA    L1                  ;转移
        MOV   AL,1                ;不执行
        JMP   EXIT                ;不执行
L1:     MOV   AL,0                ;AL=0
EXIT:
```

前两条传送指令执行后，AL＝0FFH，BL＝00H。CMP 指令做 AL－BL 运算，AL 和 BL 不变，设置状态标志位，CF＝0，ZF＝0，PF＝1，SF＝1，OF＝0，AF＝0。接着 JA 指令判断转移条件，ZF＝0 且 CF＝0，转移条件成立，则跳转到指令中指定的标号 L1，执行 L1 处的指令。所以 AL＝0。程序段结束。本程序段实现对 0FFH 和 00H 这两个无符号数的比较，0FFH 表示无符号数 255，所以 0FFH＞00H，JA 指令的"高于"条件成立，跳转执行。

【例 5-36】 分析下列程序段的执行结果。

```
        MOV   AL,0FFH
        MOV   BL,00H
        CMP   AL,BL
        JG    L1
        MOV   AL,1
        JMP   EXIT
L1:     MOV   AL,0
EXIT:
```

解：

```
        MOV   AL,0FFH            ;AL=0FFH
        MOV   BL,00H             ;BL=00H
        CMP   AL,BL              ;CF=0,ZF=0,PF=1,SF=1,OF=0,AF=0
        JG    L1                 ;不转移
        MOV   AL,1               ;AL=1
        JMP   EXIT               ;跳转到 EXIT
L1:     MOV   AL,0
EXIT:
```

本程序段和例 5-35 的程序段只有条件转移指令不同。转移的判断条件是 SF＝OF 且 ZF＝0，执行的功能就成了带符号数比较。AL 中的 0FFH 是带符号数－1，所以 AL＜BL，JG 指令转移的条件不成立，不会跳转，而是顺序执行 JG 指令后面的指令，所以 AL＝1。

在设计程序的时候要注意，多分支的最后要用 JMP 指令区分。在本例中，如果没有 JMP 指令，在 AL＝1 后，又会顺序执行后面的指令，使 AL＝0，则最终的结果就不正确了。

3. 循环控制指令

在循环程序结构中，需要设置循环次数。循环控制指令都是利用 CX 寄存器作为计数

器,实现循环次数控制。循环控制指令只能实现-128～+127B范围内的短转移。

1) 测试 CX 指令 JCXZ

指令格式：JCXZ　目的地址

指令功能：测试 CX 是否等于 0,若 CX＝0,则转移到目的地址。

2) 循环指令 LOOP

指令格式：LOOP　目的地址

指令功能：执行 CX-1 操作后,若 CX≠0,则转移到目的地址。

3) 为零循环指令 LOOPZ/LOOPE

指令格式：LOOPZ　目的地址

　　　　　LOOPE　目的地址

指令功能：执行 CX-1 操作后,若 CX≠0 且 ZF＝1,则转移到目的地址。

4) 不为零循环指令 LOOPNZ/LOOPNE

指令格式：LOOPNZ　目的地址

　　　　　LOOPNE　目的地址

指令功能：执行 CX-1 操作后,若 CX≠0 且 ZF＝0,则转移到目的地址。

【例 5-37】 分析下列程序段的执行结果。

```
    MOV   AL,1
    MOV   CX,5
L1: INC   AL
    LOOP  L1
```

解：

```
    MOV   AL,1      ;AL=1
    MOV   CX,5      ;CX=5
L1: INC   AL        ;AL=AL+1
    LOOP  L1        ;CX=CX-1≠0,转移到 L1 重复执行;CX-1=0,结束循环
                    ;5 次重复后,CX=0,AL=6
```

LOOP 指令对 CX 做减 1 操作并不影响标志位,循环结束后 CX＝0,而 ZF＝0。

4. 子程序调用指令和返回指令

将某些具有独立功能的部分写成独立的模块,以便在程序中多次使用,或被其他程序使用,这种模块称为子程序。使用子程序的程序称为主程序。主程序使用子程序,称为调用子程序。子程序执行完后,回到主程序继续主程序的执行,称为子程序返回。主程序中调用子程序指令的下一条指令的地址称为断点地址。

1) 子程序调用指令 CALL

指令格式：CALL　目的地址

指令功能：转移到目的地址处执行指令。CALL 指令执行时,自动将 CALL 指令的下

一条指令的地址入栈保护,即断点地址入栈。如果目的地址是段内转移,则将 IP 入栈,然后将指令中的目的地址置入 IP;如果目的地址是段间转移,则将 CS、IP 入栈,然后将 CS、IP 设置为指令中的目的地址。目的地址的寻址方式有直接寻址和间接寻址两种。目的地址通常用子程序名、标号表示,也可以由寄存器或存储单元给出。

2) 子程序返回指令 RET

指令格式: RET

指令功能: 在子程序结束后,返回主程序 CALL 指令的下一条指令执行,即断点出栈。RET 指令与 CALL 指令对应。如果 CALL 指令是段内调用,RET 指令执行时,从栈顶弹出一个字到 IP 中;如果 CALL 指令是段间调用,RET 指令执行时,从栈顶弹出两个字到 CS、IP 中。

3) 加参数返回指令 RET n

指令格式: RET n

指令功能: n 可以是 $0000\sim0FFFFH$ 的任何一个偶数。RET n 指令执行时,先根据 CALL 调用类型从栈顶弹出断点地址到 CS、IP 中,再执行 SP+n。

【例 5-38】 设内存中有两个程序段,一个在 $0100\sim0104H$ 单元区域,另一个在 $0110\sim0112H$ 单元区域。0100H 单元指令标号为 L1,0110H 单元指令标号为 L2。从 L1 处指令开始执行程序,分析程序执行结果。

```
L1: MOV   AL,1
    CALL  L2
    ⋮
L2: MOV   AL,0
    RET
```

解:

```
内存地址      程序段
0100    L1: MOV   AL,1      ;AL=1
0102        CALL  L2        ;断点 0105H 入栈,SP-2,IP=0110H
0105
  ⋮         ⋮
0110    L2: MOV   AL,0      ;AL=0
0112        RET             ;断点出栈,SP+2,IP=0105H
0113
```

执行 CALL 指令前 AL=1。执行 CALL 指令时,将断点地址 0105H 入栈保存,IP 为 L2 的目的地址,IP=0110H,转移执行 L2 处的指令,使 AL=0。子程序最后一条为 RET 指令,从栈顶弹出 0105H 到 IP 中,即 IP=0105H,返回主程序 CALL 指令的下一条指令。

在执行 CALL 指令时,SP 指针减 2,在堆栈栈顶存放了主程序的断点地址;而执行 RET 指令时,SP 指针加 2,从栈顶弹出断点,所以子程序调用结束后,能够正确回到断点处继续执行主程序。

5.2.8 中断指令和系统功能调用

在 PC 的系统软件(Windows 操作系统、DOS 操作系统、基本输入输出系统)中有一组专门的例行程序。在系统运行期间遇到某些特殊情况时,计算机暂停当前程序的执行,转而执行这组例行程序来处理这些特殊情况。这些特殊情况称为中断,而处理中断的例行程序称为中断服务子程序。中断服务子程序有很多,利用中断类型号进行区分。利用中断指令可以使用一部分中断服务子程序。

要注意的是,如果一个微机系统中的系统软件没有提供中断服务子程序,则不能实现中断调用。

1. 中断指令 INT n

指令格式:INT n

指令功能:n 是 0～255 的整数。INT n 指令使程序转入中断类型号 n 所对应的中断服务子程序执行。INT n 执行时,自动将断点地址入栈。

2. 中断返回指令 IRET

指令格式:IRET

指令功能:中断服务子程序结束后,将断点出栈,返回主程序断点处继续执行主程序。

3. DOS 系统功能调用

DOS 系统中有许多常用的子程序可供用户调用。这些子程序主要完成基本输入输出管理、磁盘管理、控制管理等功能。对这些子程序进行中断调用,称为 DOS 系统功能调用。中断子程序有不同的编号,称为 DOS 功能调用号。

DOS 系统功能调用时的基本方法如下:

- 将 DOS 功能调用号送入 AH 中。
- 如果子程序要求输入参数,则设置输入参数。
- 执行中断调用指令 INT 21H。
- 如果子程序有输出参数,到子程序指定的地方获得输出参数进行处理。

下面介绍几个常用的与输入输出有关的 DOS 功能调用。

1) 字符输入(系统 1 号调用)

功能:执行键盘输入字符的子程序,等待键盘输入,直到从键盘输入一个字符。

输入参数:无。

输出参数:AL=按键的 ASCII 码。

2) 字符输出(系统 2 号调用)

功能:在屏幕上输出一个字符。

输入参数:DL=要输出的字符的 ASCII 码。

输出参数:无。

【例 5-39】 从键盘接收一个字符,然后输出显示到屏幕上。

解:

```
MOV  AH,1              ;AH=1
INT  21H              ;AH=1,DOS 系统 1 号调用。键盘输入字符的 ASCII 码在 AL 中
MOV  DL,AL            ;将 AL 中的字符 ASCII 码送 DL
MOV  AH,2             ;AH=2
INT  21H             ;AH=2,DOS 系统 2 号调用。将 DL 中的字符在屏幕上输出
```

3) 字符串输入(系统 10 号调用)

功能:从键盘接收多个字符输入到内存缓冲区。输入字符串以回车结束。

输入参数:DS:DX=输入缓冲区的首地址,第一个字节为缓冲区预定的单元个数,最多为 255。

输出参数:DS:DX 区域第一个字节是预定的单元个数,第二个字节是实际输入的字符个数,从第三个字节开始为输入字符串的 ASCII 码,最后一个字节为回车符(不计入实际个数)。

4) 字符串输出(系统 9 号调用)

功能:将内存缓冲区的字符串输出到屏幕上,遇到 $ 时输出结束。

输入参数:DS:DX=输出字符串的首地址,输出字符串必须以 $ 结尾。

输出参数:无。

【例 5-40】 从键盘输入一个字符串,放到数据段 0200～020FH 的区域。该字符串以 $ 符号结尾。然后将该字符串显示在屏幕上。

解:

```
MOV  AH,0AH           ;AH=0AH
MOV  DX,0200H         ;DX=0200H
INT  21H             ;DOS 系统功能调用,AH=10,执行输入字符串子程序
                     ;输出参数在 DS:0200H 缓冲区中
                     ;在第二个字节中能获得实际输入字符数 (回车前的字符数)
                     ;从第三个字节开始存放输入字符串每个字符的 ASCII 码
MOV  AH,9            ;AH=9
MOV  DX,0202H        ;DX=0202H
INT  21H            ;DOS 系统功能调用,AH=9,执行输出字符串子程序
                   ;输出 DS:0202H 缓冲区中的字符串
```

本例中要注意,输入字符串时,缓冲区前两个字节是有特定含义的。输入时的回车键也会存放到缓冲区,但是不计入输入字符数。要输出字符串时,DX 应该是第一个字符的单元地址,并且保证从该单元开始显示输出,还要保证能够遇到 $ 结束,否则会出现乱码或死机等情况。

5) 过程结束(系统 4CH 号调用)

功能:结束当前程序,返回调用它的系统。

输入参数：无。

输出参数：无。

一般在汇编语言程序结束处加上过程结束调用，以便程序执行完毕时返回操作系统。

5.3　指令编码

由指令组成的程序以二进制形式存放在计算机的存储器中。一条指令的二进制编码中，根据指令格式，包括操作码、寻址方式、寄存器名称、指令类型等信息。不同的指令含有的信息不同，指令的长度也可能不同。一条指令中包含的二进制编码的位数称为指令字长。

【例5-41】　8086指令系统格式及编码如下。操作码的编码表省略，已知ADD指令的操作码OP代码为000000。

操作码部分：

OP(6)	D/S(1)	W(1)

寻址方式部分：

Mod(2)	Reg(3)	R/m(3)

其中W＝1表示字操作，W＝0表示字节操作。D在双操作数指令中，D＝1表示指定的寄存器是目的操作数，D＝0表示指定的寄存器是源操作数。立即寻址方式中，S＝1表示8位立即数会扩展为16位。如果有段前缀，则按下面的格式编码：

001	SEG	110

其中SEG对应为00：ES，01：CS，10：SS，11：DS。

寄存器编码和寻址方式编码如表5.4和表5.5所示。

表5.4　寄存器编码

Reg	W＝1	W＝0
000	AX	AL
001	CX	CL
010	DX	DL
011	BX	BL
100	SP	AH
101	BP	CH
110	SI	DH
111	DI	BH

表 5.5　寻址方式编码表

R/m	Mod				
	00	01	10	11	
				W=0	W=1
000	(BX)+(SI)	(BX)+(SI)+D8	(BX)+(SI)+D16	AL	AX
001	(BX)+(DI)	(BX)+(DI)+D8	(BX)+(DI)+D16	CL	CX
010	(BP)+(SI)	(BP)+(SI)+D8	(BP)+(SI)+D16	DL	DX
011	(BP)+(DI)	(BP)+(DI)+D8	(BP)+(DI)+D16	BL	BX
100	(SI)	(SI)+D8	(SI)+D16	AH	SP
101	(DI)	(DI)+D8	(DI)+D16	CH	BP
110	D16	(BP)+D8	(BP)+D16	DH	SI
111	(BX)	(BX)+D8	(BX)+D16	BH	DI

写出下列指令的二进制代码。

(1) ADD AX,BX。

(2) ADD AX,[BX]。

(3) ADD [BX],CX。

解：根据格式进行编码转换。

(1) ADD AX,BX 指令操作码编码为 000000。用 Reg 字段表示源操作数 BX,则 D/S=0,Reg=011。用 R/m 字段表示目的操作数 AX,采用寄存器寻址方式,得 Mod=11,R/m=000。指令为字操作类型,所以 W=1。这样,指令的编码为 000000 01 11 011 000=01D8H。在 x86 计算机中用 DEBUG 可验证,如图 5.2 所示。

```
E:\>DEBUG
-A
073F:0100 ADD AX,BX
073F:0102
-U 0100
073F:0100 01D8          ADD      AX,BX
```

图 5.2　ADD AX,BX 指令编码一

对于这条指令,因为两个操作数都是寄存器寻址方式,所以,也可以交换源操作数和目的操作数的编码位置。用 Reg 字段表示目的操作数 AX,则 D/S=1,Reg=000。用 R/m 字段表示源操作数 BX,采用寄存器寻址方式,得 Mod=11,R/m=011。指令的编码为 000000 11 11 000 011=03c3H。在 x86 计算机中用 DEBUG 可验证,如图 5.3 所示。

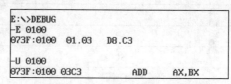

```
E:\>DEBUG
-E 0100
073F:0100  01.03   D8.C3

-U 0100
073F:0100 03C3          ADD      AX,BX
```

图 5.3　ADD AX,BX 指令编码二

（2）ADD AX,[BX]指令的操作码 OP 编码为 000000。用 Reg 表示目的操作数 AX,则 D/S=1,Reg=000。用 R/m 字段表示源操作数,采用 BX 间接寻址方式,得 Mod=00,R/m=111。指令操作类型是字类型,W=1。指令的编码为 000000 1 1 00 000 111＝0307H。在 x86 计算机中用 DEBUG 可验证,如图 5.4 所示。

```
E:\>DEBUG
-A
073F:0100 ADD AX,[BX]
073F:0102
-U 0100
073F:0100 0307        ADD     AX,[BX]
```

图 5.4　ADD AX,[BX]指令编码

（3）ADD [BX],CX 指令的操作码 OP 编码为 000000。用 Reg 表示源操作数 CX,则 D/S=0,Reg=001。用 R/m 字段表示目的操作数,采用 BX 间接寻址方式,得 Mod=00,R/m=111。指令操作类型是字类型,W=1。指令的编码为 000000 01 00 001 111＝010FH。在 x86 计算机中用 DEBUG 可验证,如图 5.5 所示。

```
E:\>DEBUG
-A
073F:0100 ADD [BX],CX
073F:0102
-U 0100
073F:0100 010F        ADD     [BX],CX
```

图 5.5　ADD [BX],CX 指令编码

【例 5-42】　某机指令格式为

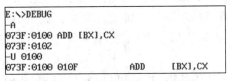

OP(6)	X(2)	D(8)

其中,X 为寻址特征位,X=0 表示直接寻址,X=1 表示用变址寄存器 X1 变址,X=2 表示用变址寄存器 X2 变址,X=3 表示相对寻址;D 是位移量。设当前 IP=1234H,X1=0037H,X2=1122H,确定下列指令的有效地址:4420H,2244H,1322H,3521H。

解:（1）指令 4420H=0100 0100 0010 0000B,按指令格式划分为 OP=010001,X=00,说明操作数为不变址,即直接寻址,D=00100000=20H,所以有效地址为 20H。

（2）指令 2244H=0010 0010 0100 0100B,按指令格式划分为 OP=001000,X=10,采用 X2 寄存器变址,D=01000100=44H,所以有效地址为 X2+44H=1122H+44H=1166H。

（3）指令 1322H=0001 0011 0010 0010B,按指令格式划分为 OP=000100,X=11,为相对寻址,即用 IP 加位移量寻址,D=00100010=22H,所以有效地址为 IP+22H=1234H+22H=1256H。

（4）指令 3521H=0011 0101 0010 0001B,按指令格式划分为 OP=001101,X=01,采用 X1 寄存器变址,D=00100001=21H,所以有效地址为 X1+21H=0037H+21H=0058H。

5.4 指令格式设计

1. 指令格式设计因素

设计指令系统时,必须考虑到指令系统中需要包含的因素,如操作码种类、寻址方式种类、可寻址的范围、寄存器数目、地址码种类等,在设计时要综合考虑这些因素。

操作码的位数决定了指令系统的规模。也就是说,操作码字段的位数越长,可以设计的指令种类就越多。操作码可以是固定长度的代码,也可以是可变长度的代码。指令采用固定长度的操作码时,操作码部分长度相同,编码简单,只需对不同的指令确定一个不同的二进制编码就可以了。长度为 n 位的操作码可代表 2^n 种不同的指令。这种方式不利于指令系统增加新的指令。可变长度的操作码是指每条指令可以有不同长度的操作码。为了区分不同指令,可以根据操作码的前缀进行判断。例如,一条指令的操作码是 1100,则其他指令的操作码前 4 位就不能是 1100,否则译码器进行译码时不能区别两条指令的操作码。采用可变长度的操作码便于增加新的指令,提高了指令系统的可扩展性。

地址码的位数决定了访问操作数的寻址范围,即可访问的内存的规模。地址码部分如果包含寻址方式,那么地址码位数越长,可以提供的寻址方式越多,给程序设计者的选择就越多。

指令长度为操作码和地址码长度之和,可以是可变长度和固定长度。为了充分利用存储空间并便于访问内存,设计指令系统时,指令长度通常为字节的整数倍。指令越长,占用的内存空间越大。在满足操作种类、寻址范围和寻址方式的前提下,指令应尽可能短。

【例 5-43】 某机主存容量为 64K×16b,寄存器长度为 16。变址寄存器 1 个。要求设计指令系统,每条指令都为单字长、单地址形式,采用固定操作码,共有指令 60 种,有直接寻址、存储器间接寻址、变址寻址、相对寻址 4 种寻址方式。计算每种寻址方式的寻址范围。

解: CPU 字长 16 位,所以指令长度为 16 位。指令 60 种,则固定操作码需要 6 位编码。4 种寻址方式,寻址方式字段编码要 2 位。剩余为地址码部分,为 $16-6-2=8$ 位。

计算每种寻址方式的寻址范围:

(1) 直接寻址:地址码长度 8 位,可寻址 $2^8=256B$。

(2) 存储器间接寻址:地址码代表一个单元,单元中可以放 16 位地址,$2^{16}=64KB$。

(3) 变址寻址:变址寄存器中地址+指令地址码的值=$2^{16}+2^8-1B$。

(4) 相对寻址:PC 寄存器中地址+指令地址码的值=$2^{16}+2^8-1B$。

【例 5-44】 某台计算机有 100 条指令。

(1) 当采用固定长度操作码编码时,操作码的长度是多少?

(2) 假如这 100 条指令中有 10 条指令的使用概率为 90%,其余 90 条指令的使用概率为 10%。设计一种可变长度的操作码编码方案,求出操作码的平均长度。

解:(1) 采用固定长度操作码时,100 条指令需要采用 7 位操作码。

（2）采用可变长度的操作码编码方案时，为 10 条使用概率为 90% 的指令分配 4 位编码 0000～1001。用 1010～1111 作为代码前缀，再扩展 4 位得到 10100000～11111110 的 8 位操作码，用于其余 90 条指令。指令操作码的平均长度为 $4 \times 90\% + 8 \times 10\% = 4.4$（位）。

【例 5-45】 某机字长 16 位，16 个寄存器都可以作为变址寄存器。采用扩展操作码方式设计指令系统格式及操作码编码，要求可以直接寻址 128B，变址的位移量可以是 $-64 \sim 63$，并且具有直接寻址的双地址指令 3 种、变址寻址的单地址指令 6 种、寄存器寻址的双地址指令 8 种、直接寻址的单地址指令 12 种、零地址指令 32 种。

解：（1）直接寻址的双地址指令。指令格式包含操作码、地址码 1、地址码 2。要求寻址空间为 128B，则地址码长度为 7，所以操作码位数为 $16 - 2 \times 7 = 2$（位）。用 00、01、10 作为 3 种指令的编码。

（2）变址寻址的单地址指令。指令格式包含操作码、地址码 1 和变址位移量。变址位移量为 $-64 \sim 63$，所以位移量字段需要 7 位。地址码 1 为变址寄存器编码字段，16 个寄存器要 4 位。所以操作码位数为 $16 - 7 - 4 = 5$（位）。用 11 作为这类指令操作码的前缀，扩展 3 位编码得到 6 种指令。操作码编码为 11000～11101。

（3）寄存器寻址的双地址指令。指令格式包含操作码、寄存器地址 1、寄存器地址 2。寄存器有 16 个，需 4 位编码，所以操作码是 $16 - 4 - 4 = 8$（位）。用 11110 作为前缀，扩展 3 位编码，得到 8 条指令。操作码编码为 11110000～11110111。

（4）直接寻址的单地址指令。指令格式包含操作码、地址码 1。直接寻址 128B，则地址码为 7 位，操作码部分 $16 - 7 - 9$（位）。用 11111 作为前缀，扩展 4 位编码，得到 12 条指令。操作码编码为 111110000～111111011。

（5）零地址指令。指令格式中只有操作码部分，所以 16 位都是操作码。用 111111100 作为前缀，扩展 7 位编码，得到 32 条指令。操作码编码为 1111111000000000～1111111000011111。

2. CISC 和 RISC

按照指令设计和实现的风格，可以将计算机分成复杂指令系统计算机（Complex Instruction Set Computer，CISC）和精简指令系统计算机（Reduced Instruction Set Computer，RISC）。

计算机系统为了提供更强的功能和保持兼容性，不断增加指令类型和数量，使得指令系统越来越复杂。许多计算机的指令数达到 200 条以上，有些指令的功能非常复杂，有多种不同寻址方式、指令格式和指令长度。这种计算机被称为 CISC。CISC 可以简化编程，兼容性好，大多数台式计算机的 CPU 方案采用 CISC 方案，如 Intel 和 Motorola 芯片。

RISC 通过减少指令种类、规范指令格式和简化寻址方式，方便了处理器内部的并行处理，提高了处理器的性能。RISC 存在的问题是指令功能简单，使得程序代码较长，但是 CPU 效率高，通常比 CISC 快。当前和将来的处理器方案似乎更倾向于 RISC，如工作站处理器 IBM RS 系列芯片采用了 RISC 体系结构。

5.5　指令的执行

指令所组成的机器语言程序在执行前一般存放在主存。执行时,CPU 内的指令部件硬件从程序入口地址开始,逐条取出指令,分析指令并执行指令。(动画演示文件名:原理 5-1 指令执行过程.swf)

5.5.1　指令部件

指令部件完成计算机取指令的功能,属于控制器的一部分。

指令部件包括程序计数器、指令寄存器、指令译码器。

(1) 程序计数器(Program Counter,PC),又称指令指针(Instruction Pointer,IP),用来提供读取指令的地址。有些计算机中 PC 存储当前正在执行的指令的地址,而有些计算机中 PC 用来存放即将执行的下一条指令的地址。PC 具有置数和增量计数功能。运行程序时,PC 根据指令的执行情况自动发生变化。

(2) 指令寄存器(Instruction Register,IR),用于存放当前正在执行的指令代码。

(3) 指令译码器(Instruction Decoder,ID),对指令的操作码部分进行分析解释,产生相应的控制电位,发送给控制逻辑电路。

5.5.2　指令的执行方式

1. 指令顺序执行

程序中的指令一条接一条地顺序执行,每条指令执行时,内部的操作也是顺序执行的。一条指令的执行一般分为取指令、分析指令和执行指令 3 个基本步骤。

2. 指令流水

每条指令执行时不同阶段的操作涉及的硬件不一样,所以多条指令可以同时运行。例如第 i 条指令在分析指令阶段,第 $i+1$ 条指令可以进入取指令阶段,这两个阶段是同时进行的,从而使一串指令的完成时间缩短。将指令执行的每一步对应相应的流水线段来完成,就构成一条指令流水线。

【例 5-46】　设一条指令流水线由 5 段组成,每段涉及的硬件不相同。s1 段:由 cache 和主存取指令。s2 段:由指令译码器对指令进行译码。s3 段:由寻址部件进行地址计算,读取操作数。s4 段:由执行机构完成指定运算或操作。s5 段:运算结果写入目的操作数。设每段执行时间为 1 个时钟周期。若有 4 条指令要执行,比较非流水线执行和流水线执行的执行周期。

解:(1) 非流水线执行时,每条指令的 5 段顺序执行,需要 5 个时钟周期,如图 5.6 所示。4 条指令顺序执行,则总共需要 20 个时钟周期。

(2) 流水线执行时,将指令间的不同段重叠执行,总共只需要 8 个时钟周期,如图 5.7 所示。

图 5.6 一条 5 段指令顺序执行

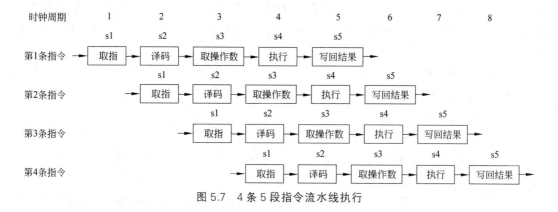

图 5.7 4 条 5 段指令流水线执行

3. 指令发射

指令发射是指启动指令进入执行的过程。指令发射策略对于充分利用指令级的并行度,提高处理器性能十分重要。

按程序指令的次序发射指令称为按序发射。为改善流水线性能,可以将有的指令推后发射,将有的指令提前发射。不按程序原次序发射指令称为乱序发射或无序发射。

Pentium 处理器采用的是按序发射、按序完成策略。Pentium Ⅱ/Ⅲ采用的是按序发射、无序完成策略。

5.6 8086 汇编语言程序设计

汇编语言程序设计的基本步骤如下。
- 分析问题,确定解决问题的算法。
- 绘制程序流程图,将算法逐步具体化。
- 设计数据结构,分配内存空间,根据流程图编写程序。
- 上机调试程序。

汇编语言不同于高级语言,设计时需要立足于硬件实现设计的要求,要注意指令的选择、指令的格式和功能以及对标志位的影响、程序的结构、存储空间的合理分配等问题。

汇编语言程序的基本结构有顺序结构、分支结构、循环结构和子程序。

汇编语言程序中有两种语句。一种是程序运行时由 CPU 执行的语句,是指令性语句;另一种是由汇编程序在将源程序汇编为机器代码的时候执行的语句,是指示性语句,又称为伪指令。

5.6.1　结构类伪指令

8086 系统按照逻辑段组织程序,有代码段、数据段、附加段和堆栈段。因此,汇编语言源程序也由段组成。一个汇编语言源程序可以包含若干个代码段、数据段、附加段和堆栈段,段与段之间的顺序可随意排列。需独立运行的程序必须包含一个代码段,并指示程序执行的起始点,一个程序只有一个起始点。所有的指令性语句必须位于某一个代码段内。指示性语句可根据需要位于任一段内。

1. 段定义伪指令

格式:段名　SEGMENT［定位类型］［组合类型］［类别］

　　　　…

　　　　段名　ENDS

功能:说明一个段的开始和结束。定位类型、组合类型和类别项都是可选项,可以省略。

(1) 段名可以是包括下画线在内的字母、数字的组合。在程序中直接使用段名表示取用段名对应的段地址。

(2) 定位类型表示此段在内存中存放的起始边界要求,可以设置为 PAGE、PARA、WORD、BYTE,也可以省略,默认定位类型为 PARA。

PAGE(页)要求该段的十六进制段地址最后两位为 0。PARA(节)要求该段的十六进制段地址最后一位为 0。WORD(字)要求该段的二进制段地址最后一位为 0。BYTE(字节)表示此段可以在内存任何地址开始。

(3) 组合类型用来指明本段与其他段的关系,是提供给连接程序的信息。组合类型可以设置为 NONE、PUBLIC、COMMON、STACK、MEMORY、AT 表达式,也可以省略,默认组合类型是 NONE。

NONE 表示本段与其他段没有逻辑关系。PUBLIC 表示连接时将本段与其他模块中同名、同类别的段相邻地连接在一起,指定共同的段地址,连接成一个物理段。COMMON 表示为本段与其他模块中同名、同类别的段指定一个相同的段地址,段间可以互相覆盖。STACK 表示将具有 STACK 属性的堆栈段相邻地连接在一起。MEMORY 表示把本段定位为几个互连段中地址最高的段。AT 表达式表示将表达式计算出来的 16 位地址作为段地址。

(4) 类别是给段取的别称,用单引号引起来,用于连接程序根据类别进行定位。

2. 段假设伪指令

格式:ASSUME 段寄存器:段名,段寄存器:段名,…

功能:ASSUME 语句用于汇编时指明段名和各段寄存器(CS、DS、SS、ES)之间的对应关系。虽然指定了段名和段寄存器之间的关系,但并没有把段地址装入段寄存器中,还必须在代码段中用指令将段地址装入相应的段寄存器(除 CS 以外)中。

3. 程序结束伪指令

格式：END 标号

功能：在汇编程序的结束处写一条 END 伪指令，告知汇编程序到此汇编结束。汇编程序在汇编可执行程序时，会将最后一条带标号的伪指令中标号指示的地址送 CS、IP，所以 END 伪指令中的标号应该是程序要执行的第一条指令的地址，这样可以确定程序执行的起始地址。

4. 过程定义伪指令

格式：过程名 PROC　［类型］

　　　　　…

　　　　　RET

　　　过程名 ENDP

功能：将程序中某些具有独立功能的模块定义成过程，可以作为子程序多次调用。其中，过程名是子程序的标识符，代表了子程序第一条指令的地址；类型可以为 NEAR 或 FAR，表示子程序和调用的主程序之间的关系，NEAR 是段内调用，FAR 是段间调用。一般子程序的最后一条指令是 RET，以便返回主程序的 CALL(调用)指令之后继续执行。

5. ORG 伪指令

格式：ORG 表达式

功能：指定后面的指令或数据存放的起始单元偏移地址。例如，ORG 100H 表示后面的指令或数据从 0100H 单元开始存放。

6. PUBLIC 和 EXTRN 伪指令

格式：PUBLIC 名字

　　　　　EXTRN 名字：类型，名字：类型，…

功能：PUBLIC 伪指令指明连接时本模块中能够提供给其他模块访问的标号或变量。EXTRN 伪指令指明连接时本模块中用到的其他模块中定义的标号或变量。

5.6.2　数据定义伪指令

1. 常量定义伪指令

常量定义伪指令包括等值定义伪指令和等号定义伪指令。常量定义中的表达式有多种形式，经汇编程序汇编后，都是一个确定的值。常量定义不分配内存存储空间。

1) 等值定义伪指令

格式：符号名 EQU 表达式

功能：给表达式赋予一个名字，称为表达式的符号名，在程序中需要用到该表达式的地方，可以用其符号名代替。等值定义伪指令中的符号名只允许在定义时赋值一次。

表达式主要有以下几种形式：

(1) 十进制、十六进制、二进制和八进制形式的常数，分别用后缀字母 D、H、B 和 Q 标示。以字母开头的十六进制常数需要在前面加一个 0。

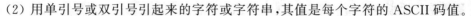
（2）用单引号或双引号引起来的字符或字符串，其值是每个字符的 ASCII 码值。

（3）用＋（加）、－（减）、*（乘）、/（除）等运算符连接起来的数值表达式。

（4）有效的操作数寻址方式。

（5）有效的助记符。

例如，定义符号 X，值为算术表达式 2×3 的结果：

X EQU 2 * 3

2）等号定义伪指令

格式：符号名＝表达式

功能：给表达式赋予一个名字，称为表达式的符号名，在程序中需要用到该表达式的地方，可以用其符号名代替。等号定义伪指令中的符号名可以被多次赋值。

例如，定义符号 X，值为算术表达式 2×3 的结果。

X＝2 * 3

2. 变量定义伪指令

变量是存储器中的存储空间，该存储空间具有所在地址、大小类型、存放的数据值等属性。该存储空间还可以取一个名字，称为变量名。

格式：〔变量名〕　变量类型 变量值

功能：在存储器中按指定的变量类型定义和分配存储空间，将变量值存入该存储空间内，用变量名指示该存储空间，在程序中用变量名可以访问该存储空间。

1）变量名

变量名是可选项。变量名以字母、数字、下画线的组合命名。在程序指令中直接使用变量名表示存取存储单元的内容。在表达式中使用变量名，表示存取变量名对应单元的偏移地址做运算。

例如，MOV AX,X 指令表示将 X 变量名对应的存储单元中的字数据传送给 AX；MOV AX,X＋1 指令表示将 X 变量名对应的存储单元的偏移地址加 1，得到新的单元地址，再从新的单元中取出字数据传送给 AX。

2）变量类型

变量类型可以设置为 DB、DW、DD、DQ、DT。汇编程序根据指定的变量类型给变量分配相应大小的存储空间。DB 是字节类型（8 位）；DW 是字类型（16 位）；DD 是双字类型，即 4 字节（32 位）；DQ 是 8 字节类型（64 位）；DT 是 10 字节类型（80 位）。由于变量中的数据需要通过指令进行存取操作，而 8086 CPU 的数据线只有 16 条，所以常用的变量类型是 DB（字节类型）、DW（字类型）。其他变量类型的存储空间需要多次按字节、字类型进行存取。

3）变量值

变量值是存放在变量存储空间内的数据。变量值可以是常数、常量、表达式、字符、字符串、?、符号名、DUP 等。多个值之间用逗号分隔。

（1）常数：十进制、十六进制、二进制和八进制形式的常数，分别用后缀字母 D、H、B 和 Q 标示。以字母开头的十六进制常数需要在前面加一个 0。

（2）常量：用 EQU 或者＝定义的常量。将常量的值存入变量存储空间。

（3）表达式：汇编程序计算出表达式的值,存入变量存储空间。

（4）字符：用单引号引起来的字符,将字符的 ASCII 码值存入变量存储空间。

（5）字符串：用单引号引起来的字符串,将字符串中每个字符的 ASCII 码值按规定顺序存入变量存储空间。如果字符串中字符个数少于或等于两个,则变量类型可以为 DB（字节类型）,也可以为 DW（字类型）;如果字符串中字符个数多于两个,则变量类型必须为 DB（字节类型）。存放字符串的变量存储空间如果为 DB 类型,则字符串中各字符的 ASCII 码按顺序存放;如果为 DW 类型,则第 1 个字符的 ASCII 码存入高地址存储单元,第 2 个字符的 ASCII 码存入低地址存储单元。

（6）?：预留存储单元,初始值由机器随机确定,一般为 0。

（7）符号名：可以是标号、变量名或子程序名。将符号名指示的单元地址存放到变量存储空间中。如果变量类型是 DW,则取偏移地址;如果变量类型是 DD,则取段地址和偏移地址。

（8）DUP：重复操作符。使用格式是"重复次数 DUP（值）",将括号内的值按照重复次数和变量类型重复存入存储空间。括号内的值可以是上述变量值的各种表达形式。

【例 5-47】 下面的 DATA 段是数据段,内存中段地址为 0B4CH,段中定义了一些变量数据,画出这些变量的存储空间分配示意图。

```
DATA  SEGMENT    ;数据段定义
   DB 10,10H,2*3,-5,'AB',?,2 DUP(1,2)
                 ;变量定义,分配存储空间
   X  EQU  3      ;EQU 语句不分配存储空间
   Y  DW  'AB'    ;字类型字符串存放有高低字节规定
   Z  DD  Y       ;用已有变量名定义,存放变量的地址
DATA  ENDS        ;数据段定义结束
```

解：从数据段第一个单元开始根据变量定义伪指令分配变量空间,存入变量值。注意 EQU 伪指令不分配存储空间。存储空间分配示意如图 5.8 所示。

数据段的第一个单元偏移地址默认是 0000,除非用 ORG 伪指令指定。第一行的变量定义没有命名变量名,按照字节类型存放后面的数据。第 1 个变量值是十进制数 10,存放到内存中为二进制数据,所以单元（0000H）＝0AH。第 2 个变量值是 10H,所以单元（0001H）＝10H。第 3 个变量值是表达式 2 * 3,汇编后将表达式的运算结果存放到单元中,所以单元（0002H）＝06H。第 4 个变量值是−5,机器中带符号数是以补码的编码

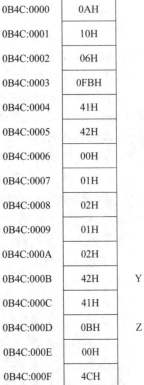

0B4C:0000	0AH	
0B4C:0001	10H	
0B4C:0002	06H	
0B4C:0003	0FBH	
0B4C:0004	41H	
0B4C:0005	42H	
0B4C:0006	00H	
0B4C:0007	01H	
0B4C:0008	02H	
0B4C:0009	01H	
0B4C:000A	02H	
0B4C:000B	42H	Y
0B4C:000C	41H	
0B4C:000D	0BH	Z
0B4C:000E	00H	
0B4C:000F	4CH	
0B4C:0010	0BH	

图 5.8 例 5-47 存储空间分配

方式表示，−5 的补码是 0FBH，所以单元(0003H)＝0FBH。第 5 个变量值是字符串'AB'，存放时将每个字符的 ASCII 码依次存放，所以单元(0004H)＝41H，(0005H)＝42H。第 6 个变量值是"?"，预留字节，初始值为 00H。第 7 个变量值为 2 DUP(1,2)，是用重复方式定义的变量值，重复两次，将括号内的数据 01H 和 02H 存入存储单元，数据类型是字节，所以分配 4 字节，地址是 0007H～000AH。

接下来用 EQU 定义的 X 符号常量不分配存储空间。

Y 变量从 000BH 单元开始存入字类型的字符串'AB'。将字符'A'的 ASCII 码存入高地址 000CH 单元，将字符'B'的 ASCII 码存入低地址 000BH 单元。

Z 变量是 4 字节类型，用 Y 变量名定义，存入 Y 变量的段地址和偏移地址。段地址 0B4CH 放在高地址 000FH 单元，偏移地址 000BH 放入低地址 000DH 单元。

5.6.3　运算符和操作符

在指令和伪指令中，可以使用表达式来表示一个值。表达式通过运算符和操作符连接起来。表达式的计算由汇编程序在将源程序汇编为机器代码的时候完成，此时程序并没有运行，表达式的结果就已经计算出来了。

1. 运算符

算术运算符包括＋(加)、−(减)、*(乘)、/(除)、MOD(求余)，用于对数字操作数或者存储器地址进行运算。

逻辑运算符包括 AND、OR、XOR、NOT，用于对数字操作数进行逻辑运算。

关系运算符包括 EQ(相等)、NE(不等)、LT(小于)、GT(大于)、LE(小于或等于)、GE(大于或等于)。关系运算为真，则结果为全 1，否则为全 0。

2. 属性操作符

名字是伪指令的第一部分，有变量名、段名、过程名、标号等多种形式。这些名字具有逻辑地址和类型属性。数值型的名字，如变量名，具有 BYTE(字节)、WORD(字)或 DWORD(双字)等类型；地址型的名字，如段名、过程名和标号，具有 NEAR(段内)、FAR(段间)两种调用类型。

可以通过属性操作符获得名字的属性。

1) 求段地址操作符 SEG

格式：SEG　名字

功能：求名字对应的存储单元在内存中的段地址。

2) 求偏移地址操作符 OFFSET

格式：OFFSET　名字

功能：求名字对应的存储单元在内存中的偏移地址。这个运算符的结果和 LEA 指令的结果相同。例如，有 BUFF 单元，用 MOV　AX,OFFSET BUFF 可以求得 BUFF 单元的偏移地址并送入 AX。而 LEA AX,BUFF 指令执行也是求得 BUFF 单元的偏移地址并送入 AX。只不过 OFFSET 是汇编程序在汇编时求得偏移地址，在执行 MOV 指令的时候传送到 AX;而 LEA 是在执行指令的时候求得结果,完成地址传送。

3）求类型操作符 TYPE

格式：TYPE　名字

功能：求名字表示的变量或标号的类型。类型用数字表示。对于变量,字节类型是 1,字类型是 2,双字型是 4。对于标号和过程名,段内(NEAR)是 −1,段间(FAR)是 −2。

4）求长度操作符 LENGTH

格式：LENGTH　名字

功能：对使用 DUP 定义的变量计算元素个数,即重复次数。对其他方式定义的变量求长度的结果为 1。

5）求大小操作符 SIZE

格式：SIZE　名字

功能：对使用 DUP 定义的变量计算所有元素分配的字节数,它等于变量类型值与变量长度的乘积。

6）重定义类型操作符 PTR

格式：WORD　PTR　操作数

　　　BYTE　PTR　操作数

功能：重新定义操作数的类型。变量在定义时就具有相应的类型,可以利用 PTR 操作符在使用时暂时改变变量类型。对于类型不明确的存储单元,也可以通过 PTR 操作符说明其类型。

【例 5-48】 已知数据段用伪指令 X DB 2 定义了变量 X。判断下面指令的正误。

```
MOV  AL,X                ;正确
MOV  AX,X                ;错误。类型不一致。AX 是 16 位,X 是字节类型
MOV  [BX],5              ;错误。类型不明确
MOV  BYTE PTR [BX],5     ;正确
MOV  AX,WORD PTR X       ;正确
```

7）指示操作符 THIS

格式：THIS　类型

功能：建立一个指定类型的指示,段地址和偏移地址与下一存储单元相同,但是具有不同类型。例如：

```
F EQU  THIS BYTE
X DW   1234H
```

F 具有和 X 相同的地址。用 X 访问数据时是字类型,用 F 访问数据时是字节类型。

8）地址计数器 $

汇编程序在汇编时会有一个隐含的地址计数器,记录当前所使用的存储单元的偏移地址。$ 代表的是地址计数器的值。

【例 5-49】 下面的数据段中定义了一些变量数据,画出这些变量的存储空间分配示意图。

```
DATA  SEGMENT                 ;数据段定义,存储空间分配如图 5.9 所示
    ORG  0100H                ;指定从数据段 0100H 单元开始分配
    X  DB  1,2                ;X 变量在 0100 单元,(0100H)=01H,(0101H)=02H
    Y  DW  3                  ;Y 变量是字类型,(0102H)=0003H
    Z  DW  $                  ;$是当前地址 0104H,放入 Z 变量,即(0104H)=0104H
DATA  ENDS                    ;数据段结束
```

DS:0100	01H	X
DS:0101	02H	
DS:0102	03H	Y
DS:0103	00H	
DS:0104	04H	Z
DS:0105	01H	

图 5.9 例 5-49 的存储空间分配

5.6.4 汇编语言程序设计示例

1. 汇编语言源程序格式

汇编语言源程序主要有两种格式,即完整段定义格式和简化段定义格式。完整段定义格式是 MASM 5.0 以前版本具有的,而从 MASM 5.0 开始支持简化段定义格式。

【例 5-50】 下面是一个完整段定义源程序结构。

```
STACK  SEGMENT                ;名为 STACK 的段开始
    ...                       ;段内具体内容
STACK  ENDS                   ;名为 STACK 的段结束
DATA  SEGMENT                 ;名为 DATA 的段开始
    ...                       ;段内具体内容
DATA  ENDS                    ;名为 DATA 的段结束
CODE  SEGMENT                 ;名为 CODE 的段开始
    ASSUME CS:CODE,DS:DATA,SS:STACK      ;指明 STACK 段作堆栈段
                              ;DATA 段作数据段
                              ;CODE 段作代码段,确定各个逻辑段的类型
START:                        ;程序段第一条指令命名标号
    MOV  AX,DATA              ;将 DATA 段的段地址传送到 AX
    MOV  DS,AX                ;设置 DS 中的段地址为 DATA 段对应的段地址
    MOV  AX,STACK             ;将 STACK 段的段地址传送到 AX
```

```
    MOV  SS,AX          ;设置 SS 中的段地址为 STACK 段对应的段地址
    …                  ;代码段内具体内容
    MOV  AH,4CH         ;4CH 号 DOS 系统功能调用
    INT  21H            ;程序执行结束,返回操作系统
CODE ENDS               ;名为 CODE 的段结束
    END  START          ;汇编结束,指明程序第一条指令标号
```

本例可以作为模板文件,这样在以后的程序设计中,可以根据需要修改数据段和堆栈段定义,增加段内具体内容设计,减少重复输入。

另外,汇编程序 MASM 5.0 及以后版本还支持一种简化段定义的格式。在简化段定义格式中,以圆点开始的伪指令说明程序的结构。其中,.DATA、.CODE 和.STACK 依次说明数据段、代码段和堆栈段,段名不能随意取。

2. 汇编语言顺序程序设计

顺序程序,是指没有控制转移类指令的程序,它将按照源程序指令书写的前后顺序依次执行。顺序程序设计是所有程序设计的基础。

【**例 5-51**】　编写程序,实现求 $Y=10\times X$,X 为 0~255。

解:

方案一:采用乘法指令实现。X 是 0~255 的无符号数,所以 X 可以定义为字节类型变量。Y 是乘积,要定义为字类型。

```
DATA SEGMENT               ;数据段定义
    X  DB ?                ;X 预留单元
    Y  DW ?                ;Y 预留单元
DATA ENDS                  ;数据段定义结束
CODE SEGMENT               ;程序段定义
    ASSUME CS: CODE,DS: DATA  ;指明段名和段寄存器的关系
START:
    MOV  AX,DATA           ;取数据段的段地址送 AX
    MOV  DS,AX             ;数据段的段地址送 DS
    MOV  AL,X              ;取被乘数 X
    MOV  BL,10             ;BL 中为乘数 10
    MUL  BL                ;无符号数乘法运算,AL×BL
    MOV  Y,AX              ;乘积 AX 送 Y 单元
    MOV  AH,4CH            ;4CH 号 DOS 系统功能调用
    INT  21H               ;程序结束,返回操作系统
CODE ENDS                  ;程序段定义结束
    END  START             ;汇编结束,指明第一条指令标号
```

方案二:$Y=10\times X=2^3X+2X$,采用将乘法转换为移位指令实现。X 定义为字节类型,左移可能发生溢出,所以要定义为字类型。

```
DATA   SEGMENT                    ;数据段定义
    X  DW  ?                       ;X 预留单元
    Y  DW  ?                       ;Y 预留单元
DATA   ENDS                       ;数据段定义结束
CODE   SEGMENT                    ;程序段定义
    ASSUME  CS: CODE,DS: DATA     ;指明段名和段寄存器的关系
START:
    MOV  AX,DATA                   ;取数据段的段地址送 AX
    MOV  DS,AX                     ;数据段的段地址送 DS
    MOV  AX,X                      ;取被乘数 X
    MOV  BX,AX                     ;BX 中保存 X
    MOV  CL,3                      ;移位次数初值为 3
    SHL  AX,CL                     ;左移 3 位,实现 2³×X
    SHL  BX,1                      ;左移 1 位,实现 2×X
    ADD  AX,BX                     ;累加
    MOV  Y,AX                      ;结果 AX 送入 Y 单元
    MOV  AH,4CH                    ;4CH 号 DOS 系统功能调用
    INT  21H                       ;程序结束,返回操作系统
CODE   ENDS                       ;程序段定义结束
    END    START                  ;汇编结束,指明第一条指令标号
```

两种方案的流程图如图 5.10 所示。

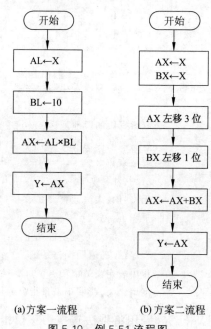

(a)方案一流程　　　　(b)方案二流程

图 5.10　例 5-51 流程图

同样的问题采用不同的算法,程序的实现不同。方案一程序段长度是 18B,方案二程序段长度是 24B,执行时间也会有差异。

3. 汇编语言循环程序设计

程序中某些操作需要重复执行一定的次数,可以写成循环结构。循环程序由以下 3 部分组成:

- 循环初值。设置循环参数,如循环次数、数据初值等。
- 循环体。重复执行的程序段,包括要重复的操作和循环条件的改变。
- 循环控制。判断循环条件,确定是否继续循环。

【例 5-52】 编写程序,将数据区 X 单元开始的字节数据传送到 Y 单元开始的区域。源数据区数据个数不确定。

解:定义数据段中的 X 和 Y 单元。由于数据个数不确定,可以用地址计数器 $ 动态计算。数据重复传送,可以使用循环结构,也可以用字符串传送类指令。程序流程图如图 5.11 所示。

```
DATA   SEGMENT              ;数据段定义
   X   DB   ?               ;定义 X 单元,运行前可改为具体数据
   COUNT   EQU   $-X         ;用地址计数器$动态计算 X 单元数据个数
   Y   DB   COUNT DUP(?)     ;定义 Y 单元,长度和 X 单元数据个数一样
DATA   ENDS
CODE   SEGMENT              ;代码段定义
   ASSUME  CS:CODE,DS:DATA  ;指明段名和段寄存器的关系
START:
      MOV   AX,DATA         ;将 DATA 段地址送 DS
      MOV   DS,AX
      LEA   BX,X            ;BX 中为 X 单元偏移地址
      LEA   SI,Y            ;SI 中为 Y 单元偏移地址
      MOV   CX,COUNT        ;CX 为数据个数
L1:   MOV   AL,[BX]         ;将[BX]单元内容送 AL
      MOV   [SI],AL         ;将 AL 的值送[SI]单元
      INC   SI              ;SI 加 1,为目的数据区下一个单元地址
      INC   BX              ;BX 加 1,为源数据区下一个单元地址
      LOOP  L1              ;CX= CX-1,CX≠0 则转 L1,CX=0 则执行下一条指令
      MOV   AX,4C00H        ;4CH 号 DOS 系统功能调用
      INT   21H             ;程序结束,返回操作系统
CODE   ENDS
   END   START
```

4. 汇编语言分支程序设计

分支程序是指程序根据不同的条件进行判断后,选择下一步要执行的指令,而不是顺序执行。分支主要有单分支、双分支、多分支 3 种结构,如图 5.12 所示。

(1) 单分支结构：在条件成立时执行分支体，否则跳过分支体。

(2) 双分支结构：条件成立则执行分支体1，否则执行分支体2。对于双分支结构的汇编语言程序，要注意在分支体1的语句后面加上JMP指令以跳过分支体2。

(3) 多分支结构：多个条件对应各自的分支体，哪个条件成立就转入哪个分支体执行。多分支可以化解为单分支或双分支结构的组合，也可以用地址分支表等方法实现。

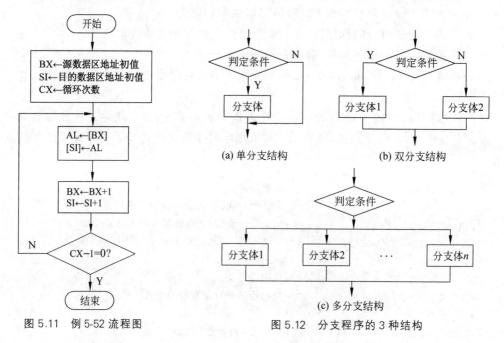

图 5.11　例 5-52 流程图

图 5.12　分支程序的 3 种结构

在汇编语言程序中，为实现分支，一般先采用运算类指令，使相关标志位得到改变，再用条件转移指令实现转移。

【例 5-53】　编写程序，将输入字符串中的小写字母转换为大写字母并输出。字符串长度最大为9。

解：输入字符串需要用 DOS 系统功能调用中的 10 号调用。数据区的格式要按照 10 号调用的规定定义。从数据区中依次取出一个字符，判断是否是小写字母。若一个字符的 ASCII 码在'a'和'z'的 ASCII 码之间，则是小写字母。小写字母的 ASCII 码减 20H 后，便是对应大写字母的 ASCII 码。输出字符要用 2 号 DOS 系统功能调用。程序流程图如图 5.13 所示。

```
DATA  SEGMENT                      ;定义数据段
    KBUFFER  DB  9,?,9 DUP(?)       ;定义输入字符串调用时的缓冲区格式
                                    ;第一个字节为缓冲区长度
                                    ;第二个字节为实际输入的字符数
                                    ;第三个字节开始为输入的字符串每个字符
```

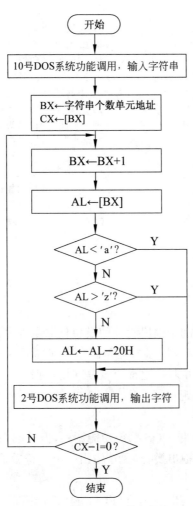

图 5.13 例 5-53 程序流程图

```
DATA  ENDS
CODE  SEGMENT
ASSUME  CS:CODE,DS:DATA
START:
    MOV  AX,DATA
    MOV  DS,AX
    MOV  DX,OFFSET KBUFFER          ;DX 为 KBUFFER 单元偏移地址
    MOV  AH,0AH
    INT  21H                        ;键盘输入字符串调用
    MOV  BX,OFFSET KBUFFER+ 1        ;BX 指向 KBUFFER 区的第二个字节
                                     ;即保存实际输入字符个数的字节单元
    MOV  CL,[BX]                     ;CL 为实际输入的字符数
    MOV  CH,0                        ;字符数存放在 CX 中,CL 为有效值,CH 置 0
```

```
L1:
    INC  BX                    ;BX 为第三个字节单元地址
    MOV  AL,[BX]               ;将 BX 中地址所指单元中的字符送 AL
    CMP  AL,'a'                ;AL 中的字符和'a'比较
    JB   L2                    ;小于'a'转 L2,即不是小写字母
    CMP  AL,'z'                ;AL 中的字符和'z'比较
    JA   L2                    ;大于'z'转 L2,即不是小写字母
    SUB  AL,20H                ;对于不转 L2 的情况,AL 中的值减 20H
                              ;即是小写字母,转换为大写字母
L2:
    MOV  DL,AL                 ;AL 中的字符放 DL 中
    MOV  AH,02H                ;AH 为 DOS 系统功能调用号 2
    INT  21H                   ;调用显示功能输出字符
    LOOP L1                    ;CX 中的字符个数减 1,以判断是否处理完所有字符
    MOV  AH,4CH
    INT  21H
CODE  ENDS
  END  START
```

5. 汇编语言子程序设计

采用子程序结构设计,有利于程序设计的模块化。主程序调用子程序,进入子程序执行后,可能会影响主程序放在寄存器、标志寄存器和内存单元的数据,所以在子程序中应该对这些现场数据进行保护,返回主程序之前应恢复现场数据。

【例 5-54】 编写程序,实现在屏幕上显示'X8Z'这 3 个字符,每个字符一行。分别用顺序程序和子程序方法实现。

解: 输出字符串可以用 9 号 DOS 系统功能调用,但是它只能将字符串中的字符按顺序输出,不能换行。为实现屏幕输出换行,要在输出一个字符后输出回车、换行符,再输出下一个字符。

采用顺序结构,需要重复输出回车、换行符。将输出回车、换行符的程序段定义为子程序,然后在主程序中要用到的地方调用这个子程序,程序结构比顺序结构的程序简洁。表 5.6 是本例分别采用顺序结构和子程序结构的程序对比。可以看出子程序结构的程序占用的存储空间小。

6. 宏汇编程序设计

在汇编语言源程序中,有的程序部分需要重复使用。若定义成子程序,只需书写一次,即可多次调用。但是子程序执行时会有调用时的入栈、现场保护等操作,返回时有现场恢复、出栈等操作,程序执行的速度会受到影响。

宏汇编是一种类似于子程序但又与之有本质区别的一种技术。将汇编语言程序中的一段代码定义为宏,在程序书写时用宏名代替。对源程序进行汇编时,汇编程序将定义的宏展开为宏所代表的那段代码。这是在汇编阶段实现的一种简化程序设计的方法,所以被称为宏汇编。

表 5.6 顺序结构程序和子程序结构程序对比

顺序结构程序		子程序结构程序 1		子程序结构程序 2	
MOV	AH,2	MOV	AH,2	MOV	DL,'X'
MOV	DL,'X'	MOV	DL,'X'	CALL	P2
INT	21H	INT	21H	MOV	DL,'8'
MOV	DL,0DH	CALL	P1	CALL	P2
MOV	AH,2	MOV	AH,2	MOV	DL,'Z'
INT	21H	MOV	DL,'8'	CALL	P2
MOV	AH,2	INT	21H	MOV	AH,4CH
MOV	DL,0AH	CALL	P1	INT	21H
INT	21H	MOV	AH,2	P2 PROC	NEAR
MOV	AH,2	MOV	DL,'Z'	MOV	AH,2
MOV	DL,'8'	INT	21H	INT	21H
INT	21H	CALL	P1	MOV	DL,0DH
MOV	DL,0DH	MOV	AH,4CH	MOV	AH,2
MOV	AH,2	INT	21H	INT	21H
INT	21H	P1 PROC	NEAR	MOV	AH,2
MOV	AH,2	MOV	DL,0DH	MOV	DL,0AH
MOV	DL,0AH	MOV	AH,2	INT	21H
INT	21H	INT	21H	RET	
MOV	AH,2	MOV	AH,2	P2 ENDP	
MOV	DL,'Z'	MOV	DL,0AH		
INT	21H	INT	21H		
MOV	DL,0DH	RET			
MOV	AH,2	P1 ENDP			
INT	21H				
MOV	AH,2				
MOV	DL,0AH				
INT	21H				
MOV	AH,4CH				
INT	21H				

宏定义的格式如下:

宏名 MACRO [形参表]
…   ;宏定义体
宏名 ENDM

宏调用的格式:

宏名[实参表]

形参表和实参表中的项目用逗号分隔。

5.7 实验设计

本节的实验目的是了解 PC 和 AEDK 虚拟机的指令系统功能,掌握汇编语言程序的设计、调试方法。

5.7.1 PC 的指令系统

1. 用 DEBUG 调试汇编语言程序

用 DEBUG 调试汇编语言程序时,常用命令有汇编命令 a、反汇编命令 u、运行命令 g、单步跟踪命令 t 和继续命令 p。

1)汇编命令 a

汇编命令 a 有两种格式。

格式 1:a

功能:将输入的一条或多条汇编语言指令汇编成机器代码,存放在内存中。若以前没有使用过 a 命令,则从当前 CS:IP 所指存储区开始存放;若以前使用过 a 命令,则接着上一个 a 命令的最后一个单元开始存放。

格式 2:a 地址

功能:将输入的一条或多条汇编语言指令汇编成机器代码,存放在内存指定地址开始的存储区中。使用时,指令中不能出现变量和标号。段跨越指令要在相应指令前以单独的一行输入指定的段地址。段间调用的返回指令的助记符要使用 RETF。a 命令支持伪指令 DB 和 DW。

【例 5-55】 输入图 5.14 中的程序段,存放到内存 0100:0100H 开始的存储区。

如图 5.14 所示,在输入过程中,会自动分配内存单元以存放指令的机器代码。在输入指令的过程中如果出错,会出现错误指示,并且不会分配内存单元,这时只要重新输入即可。但是,在已经输入了几条指令之后,要对前面的指令进行修改,就可能因为指令长度变化的原因,使指令之间出现覆盖或有存储单元为空,这样的程序段在执行时会出现问题。这时,只能将程序段重新输入。

```
-a 0100:0100
0100:0100 mov ax,1234
0100:0103 mov bx,ax
0100:0105 mov [0000],ax
0100:0108
```

图 5.14 DEBUG 的 a 命令执行过程

2)反汇编命令 u

反汇编命令 u 有 4 种格式。

格式 1:u

功能:将存储区中 32 字节的二进制数据(即机器代码)反汇编为汇编指令。如果以前使用过 u 命令,从上一次 u 命令最后一条指令的下一个单元开始反汇编;如果以前没有使用过 u 命令,则从当前 CS:IP 所指存储区开始反汇编。

格式 2:u 起始地址

功能：将从指定起始地址开始的存储区中 32 字节的二进制数据反汇编为汇编语言指令。

格式 3：u 起始地址 结束地址

功能：将从指定的起始地址到结束地址的存储区中的二进制数据反汇编为汇编语言指令。

格式 4：u 起始地址 L 单元个数

功能：将从指定的起始地址开始的指定个数的存储单元中的二进制数据反汇编为汇编语言指令。

【例 5-56】 用 u 命令将从指定地址 0100:0100H 单元开始的 8B 的二进制数据反汇编为汇编语言指令。

u 命令及其执行结果如图 5.15 所示。

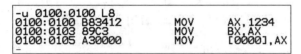

图 5.15 DEBUG 的 u 命令及其执行结果

由图 5.15 可以看到，0100H～0102H 这 3 个单元的数据 0B83412H 反汇编为指令 MOV AX,1234；0103H～0104H 单元的数据 89C3H 反汇编为指令 MOV BX,AX；0105H～0107H 单元的数据 0A30000H 反汇编为指令 MOV [0000],AX。

3）运行命令 g

格式：g[＝地址][断点地址 1[，断点地址 2[，…[，断点地址 10]]]]

功能：连续执行多条指令。等号后的地址指定程序段中第一条指令的偏移地址。如不指定偏移地址，则从当前 CS:IP 所指的指令开始运行。断点地址指示 g 命令执行时停下来的指令地址，断点可以没有，最多只能有 10 个。程序会停在第一个断点处，如果要继续执行后面的指令，仍要使用 g 命令设置新断点。设置多个断点主要是为了在分支结构中能够在分支点停止程序执行。输入 g 命令后，从指定地址处开始运行程序，直到遇到设置的断点指令，停止执行并显示当前所有寄存器和标志位的内容以及下一条将要执行的指令，以便观察程序运行到此的情况。程序遇到结束指令正常结束，如果是 EXE 文件或 COM 文件在 DEBUG 中执行，将显示 Program terminated normally。倘若存储区内没有结束指令，则可能会死机。

运行程序时，除了指令执行时改变目的操作数和标志寄存器外，指令部件中的指令指针（IP）也会发生变化。

【例 5-57】 执行从 0100:0100H 单元开始的指令，断点设在 0100:0108H 单元（0108H 单元的指令不执行，停在 0108H 单元指令处）。g 命令执行结果如图 5.16 所示。

4）单步跟踪命令 t

单步跟踪命令 t 有 3 种格式。

```
-g=0100 0108
AX=1234  BX=1234  CX=0000  DX=0000  SP=FFEE  BP=0000  SI=0000  DI=0000
DS=13AC  ES=13AC  SS=13AC  CS=13AC  IP=0108    NV UP EI PL NZ NA PO NC
13AC:0108 0000            ADD     [BX+SI],AL                      DS:1234=00
```

图 5.16　DEBUG 的 g 命令及其执行结果

格式 1：t

功能：执行当前的 CS:IP 所指存储单元中的一条指令。执行时会进入子程序或中断服务程序中。

格式 2：t=地址

功能：从指定地址起执行一条指令。执行时会进入子程序或中断服务程序中。

格式 3：t=地址 指令条数

功能：从指定地址起执行指定条数的指令。执行时会进入子程序或中断服务程序中。

【例 5-58】　用 a 命令输入下面程序段，然后用 t 命令查看每条指令执行后的情况。

```
MOV  AX,1234H        ;AX=1234H
MOV  BX,AX           ;BX=1234H
MOV  [0000H],AX      ;(0000H)=1234H
```

执行结果如图 5.17 所示。

```
-a
13AC:0100 mov ax,1234
13AC:0103 mov bx,ax
13AC:0105 mov [0000],ax
13AC:0108
-t
AX=1234  BX=0000  CX=0000  DX=0000  SP=FFEE  BP=0000  SI=0000  DI=0000
DS=13AC  ES=13AC  SS=13AC  CS=13AC  IP=0103    NV UP EI PL NZ NA PO NC
13AC:0103 89C3            MOV     BX,AX
-t
AX=1234  BX=1234  CX=0000  DX=0000  SP=FFEE  BP=0000  SI=0000  DI=0000
DS=13AC  ES=13AC  SS=13AC  CS=13AC  IP=0105    NV UP EI PL NZ NA PO NC
13AC:0105 A30000          MOV     [0000],AX                       DS:0000=20CD
-t
AX=1234  BX=1234  CX=0000  DX=0000  SP=FFEE  BP=0000  SI=0000  DI=0000
DS=13AC  ES=13AC  SS=13AC  CS=13AC  IP=0108    NV UP EI PL NZ NA PO NC
13AC:0108 0000            ADD     [BX+SI],AL                      DS:1234=00
```

图 5.17　DEBUG 的 a 命令和 t 命令及其执行结果

由图 5.17 可知，t 命令执行时会显示每一条指令执行后的寄存器结果。但是如果指令的结果在存储单元中，则必须用 d 命令才能查看到。本例中第 3 条指令将 AX 中的数据 1234 送入内存数据段 0000 单元，指令执行时只显示寄存器的值。要查看 0000 单元的数据，必须用 d 命令指定地址查看。t 命令执行一条指令后，IP(指令指针)的值会改变为下一条指令的地址。

5）继续命令 p

继续命令 p 有 3 种格式。

格式 1：p

功能：执行当前的 CS:IP 所指存储单元中的一条指令。执行时不会进入子程序或中断服务程序中。

格式 2：p=地址

功能：从指定地址起执行一条指令。执行时不会进入子程序或中断服务程序中。

格式 3：p=地址　指令条数

功能：从指定地址起执行指定条数的指令。执行时不会进入子程序或中断服务程序中。

【例 5-59】 首先用 a 命令输入下面的程序段,然后用 t 命令跟踪该程序段的执行。

```
MOV   AH,2          ;AH=02H
MOV   DL,30H        ;DL=30H
INT   21H           ;2号 DOS 系统功能调用,输出字符
MOV   AX,1234H      ;AX=1234H
```

执行结果如图 5.18 所示。

```
-a
13AC:0100 mov ah,2
13AC:0102 mov dl,30
13AC:0104 int 21
13AC:0106 mov ax,1234
13AC:0109
-t=0100

AX=0200  BX=0000  CX=0000  DX=0000  SP=FFEE  BP=0000  SI=0000  DI=0000
DS=13AC  ES=13AC  SS=13AC  CS=13AC  IP=0102   NV UP EI PL NZ NA PO NC
13AC:0102 B230          MOV     DL,30
-t

AX=0200  BX=0000  CX=0000  DX=0030  SP=FFEE  BP=0000  SI=0000  DI=0000
DS=13AC  ES=13AC  SS=13AC  CS=13AC  IP=0104   NV UP EI PL NZ NA PO NC
13AC:0104 CD21          INT     21
-t

AX=0200  BX=0000  CX=0000  DX=0030  SP=FFE8  BP=0000  SI=0000  DI=0000
DS=13AC  ES=13AC  SS=13AC  CS=00A7  IP=107C   NV UP DI PL NZ NA PO NC
00A7:107C 90            NOP
```

图 5.18　DEBUG 的 a 命令和 t 命令及其执行结果

从图 5.18 中可以看到,0AF9:0104H 单元的 INT 21H 指令执行后,CS:IP 的值变成了 00A7:107CH,这说明进入了中断服务子程序。只有等中断服务子程序结束,才能返回到 0AF9:0106 单元的指令执行。一般情况下,在调用系统子程序时不需要跟踪执行结果,所以,可以用 p 命令执行一条系统子程序调用指令,但是不进入系统子程序内部跟踪执行结果。p 命令执行结果如图 5.19 所示。

用 p 命令查看 0AF9:0104H 单元的指令执行结果后(屏幕显示字符 0),可以看到 CS:IP 为 0AF9:0106H,再用 p 命令就能够看到执行的是 MOV AX,1234H 指令。

对用户自编的子程序,要想检查程序是否正确执行,还是需要用 t 命令跟踪到子程序内部指令的。

p 命令执行一条指令后,IP(指令指针)的值会改变为下一条指令的地址。

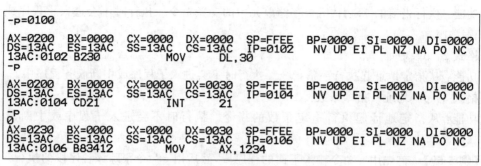

```
-p=0100

AX=0200  BX=0000  CX=0000  DX=0000  SP=FFEE  BP=0000  SI=0000  DI=0000
DS=13AC  ES=13AC  SS=13AC  CS=13AC  IP=0102    NV UP EI PL NZ NA PO NC
13AC:0102 B230            MOV      DL,30
-p

AX=0200  BX=0000  CX=0000  DX=0030  SP=FFEE  BP=0000  SI=0000  DI=0000
DS=13AC  ES=13AC  SS=13AC  CS=13AC  IP=0104    NV UP EI PL NZ NA PO NC
13AC:0104 CD21            INT      21
-p
0
AX=0230  BX=0000  CX=0000  DX=0030  SP=FFEE  BP=0000  SI=0000  DI=0000
DS=13AC  ES=13AC  SS=13AC  CS=13AC  IP=0106    NV UP EI PL NZ NA PO NC
13AC:0106 B83412          MOV      AX,1234
```

图 5.19　DEBUG 的 p 命令执行结果

2. 汇编语言程序开发过程

用汇编语言编写的源程序需要汇编为二进制机器代码,再连接为可执行文件才能运行。完成汇编操作的程序称为汇编程序,完成连接操作的程序称为连接程序。汇编语言源程序的开发过程包括编辑源程序、汇编、连接等步骤,才能生成可执行文件。

在 PC 上有很多汇编开发环境,本节介绍使用微软公司的汇编程序 MASM.EXE 和连接程序 LINK.EXE 进行汇编语言程序开发的过程。

1) 编辑源程序

采用纯文本编辑软件(如记事本软件)输入和编辑汇编语言源程序。在保存程序时,文件的扩展名必须是 ASM。

2) 汇编

格式:MASM 文件名.ASM

功能:汇编操作能够将源程序转换为二进制目标程序,并在转换过程中检查源程序的错误。

汇编操作可以生成 3 种文件,即以 OBJ 为扩展名的目标文件(目标程序),以 LST 为扩展名的列表文件和以 CRF 为扩展名的交叉参照文件。在汇编操作中,可以在冒号后面输入指定的新文件名,也可以直接按回车键采用冒号前[ ]内的默认文件名。

汇编时会给出源程序中的出错信息,包括错误行号和错误原因。错误有两种,即 Warning 类文件结构错误和 Severe 类语法错误。如果两类错误的个数不是 0,则需要回到编辑源程序步骤,用编辑软件改正源程序中错误的内容,重新汇编,直至没有错误,才能进入下一步。

3) 连接

格式:LINK 文件名.OBJ

功能:连接操作是将目标程序连接为可执行程序。在连接过程中如果出错,则需要回到编辑源程序步骤,用编辑软件改正源程序中错误的内容,重新汇编,直至没有错误,再重新连接,才能得到正确的可执行程序。

连接操作会生成两种文件:一种是扩展名为.exe 的可执行文件,另一种是扩展名为.map

的连接映像文件。连接过程中需要一个输入文件,即程序中用到的库文件,其扩展名为 LIB。在连接操作中,可以在冒号提示后面根据需要输入文件名,也可以直接按回车键采用默认文件名。

4)运行可执行文件

格式:文件名 或 文件名.exe

功能:扩展名为 EXE 的文件是可执行文件。在 Windows 环境下直接双击可执行文件图标就可执行相应的程序,也可以在 DOS 命令提示符下直接输入可执行文件名后按回车键执行,文件的扩展名.exe 可写可不写。也可以在 DEBUG 中装入可执行文件,用 g 命令执行。

【例 5-60】 下面是一个将 X 单元中的一位数字显示在屏幕上的源程序。

```
DATA   SEGMENT          ;定义数据段 DATA,其中有一个变量 X,为字节型,初值为 1
    X   DB   1
DATA   ENDS
CODE   SEGMENT          ;定义程序段 CODE,将数字转换为 ASCII 码,在屏幕上输出
    ASSUME   CS:CODE,DS:DATA
START:
    MOV   AX,DATA
    MOV   DS,AX
    MOV   DL,X          ;取 X 单元的数送入 DL
    ADD   DL,30H        ;0~9 的数字加 30H,可以得到数字字符的 ASCII 码
    MOV   AH,2          ;输出字符的 DOS 系统功能调用
    INT   21H
    MOV   AH,4CH
    INT   21H
CODE   ENDS
    END   START
```

以该程序为例,讲解汇编语言程序的开发过程如下。

(1)编辑源程序。采用纯文本编辑软件输入源程序。将文件命名为 A.ASM。

(2)汇编。进入 DOS 命令窗口,在命令提示符后输入汇编命令。

```
>MASM A.ASM
```

执行结果如图 5.20 所示。

(3)连接。在命令提示符后输入连接命令。

```
>LINK A.OBJ
```

执行结果如图 5.21 所示。

(4)运行。在命令提示符后输入文件名运行程序,结果如图 5.22 所示。

```
D:\chengxu>masm a.asm
Microsoft (R) Macro Assembler Version 5.00
Copyright (C) Microsoft Corp 1981-1985, 1987.  All rights reserved.

Object filename [a.OBJ]:
Source listing  [NUL.LST]:
Cross-reference [NUL.CRF]:

  50568 + 415080 Bytes symbol space free

      0 Warning Errors
      0 Severe  Errors
```

图 5.20 汇编操作结果

```
D:\chengxu>link a.obj

Microsoft (R) Overlay Linker  Version 3.60
Copyright (C) Microsoft Corp 1983-1987.  All rights reserved.

Run File [A.EXE]:
List File [NUL.MAP]:
Libraries [.LIB]:
LINK : warning L4021: no stack segment
```

图 5.21 连接操作结果

3. 在 DEBUG 中调试可执行文件的过程

DEBUG 工具可以对扩展名为.exe 的可执行文件进行调试,以了解程序执行情况,例如程序在内存中的存放情况等,采用 t 命令还可以知道程序中每条指令的执行结果。一般在逆向工程、计算机安全等领域会用到这样的方法。

```
D:\chengxu>a
1
D:\chengxu>a.exe
1
```

图 5.22 程序运行结果

在前面已经正确生成可执行文件的基础上,用 DEBUG 调试该程序,具体步骤如下。

(1) 在 DEBUG 中装入要调试的可执行文件。

在启动 DEBUG 时带上要调试的可执行文件名。在 DOS 的命令提示符后输入以下命令:

```
>DEBUG  A.EXE
```

(2) 用 u 命令查看 EXE 文件的程序段情况。

DEBUG 将可执行文件装入内存后,会给程序中各段分别分配内存空间,而这些内存空间的情况可以通过 u 命令获得。

用 u 命令查看 A.EXE 中程序段在内存中的情况以及反汇编的情况,如图 5.23 所示。

从 u 命令的执行结果中可以获得很多信息。在 DEBUG 中看到的是汇编后的程序装入内存后的确定值,所以和源程序有些不同,主要表现在源程序中的段名、变量、标志符、转移地址等都以实际的地址出现。

可以看到,程序装入内存后,程序段的存储空间为 0B4F:0000H~0B4F:0013H 单元。

(3) 用 d 命令查看 EXE 文件的数据段情况。

源程序的第一条指令是 MOV AX,DATA,反汇编指令中第一条指令变成了 MOV

```
-u
0B4F:0000 B84E0B        MOV     AX,0B4E
0B4F:0003 8ED8          MOV     DS,AX
0B4F:0005 8A160000      MOV     DL,[0000]
0B4F:0009 80C230        ADD     DL,30
0B4F:000C B402          MOV     AH,02
0B4F:000E CD21          INT     21
0B4F:0010 B44C          MOV     AH,4C
0B4F:0012 CD21          INT     21
0B4F:0014 FE737D        PUSH    [BP+DI+7D]
0B4F:0017 8B9EFEFE      MOV     BX,[BP+FEFE]
0B4F:001B D1E3          SHL     BX,1
0B4F:001D D1E3          SHL     BX,1
0B4F:001F 8B87BE22      MOV     AX,[BX+22BE]
-
```

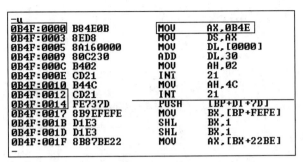

图 5.23　u 命令的执行结果

AX,0B4EH。这就指明了 A.EXE 的数据段地址在内存中的实际值是 0B4EH。

可以用 d 命令查看 A.EXE 装入内存后数据段中数据(变量)的存放情况。在源程序中,数据段中只有一个变量 X,所以,数据段的长度是 1 字节,用 d 命令可查看该字节数据。要注意的是,虽然 A.EXE 的数据段已经装入内存,但并不是当前数据段,所以要在 d 命令后指定地址。查看数据段的结果如图 5.24 所示。

(4) 用 g/t 命令运行可执行文件。

用 g 命令可以一次运行完整个程序。初学者最好带上起止地址运行。先用 u 命令获得程序的起始地址和断点地址,再输入 g 命令运行程序。运行结果如图 5.25 所示。

```
>G=0000 14
```

```
-d 0b4e:0000 0000
0B4E:0000  01
```

图 5.24　查看数据段

```
-g=0000 14
1
Program terminated normally
```

图 5.25　可执行程序运行结果

如果程序指令的结果在数据段对应的内存单元中,还可以在执行 g 或 t 命令后,再用 d 命令查看数据段对应的内存单元的变化情况。这个方法在后面的调试中会经常使用。

5.7.2　AEDK 虚拟机的指令系统

1. AEDK 虚拟机指令部件的构成

AEDK 虚拟机指令部件包括以下模块:1 片 74LS374 作为指令数据寄存器 IR_1,输出端与指令代码 LED 灯 I_0～I_7 相连接并送至控制器模块;1 片 74LS374 作为指令地址锁存器 IR_2,输出端连接在程序计数器(PC)的输入总线上;2 片 74LS161 作为程序计数器,1 片 74LS245 作为当前程序计数器地址的输出驱动,PC-O 作为地址输出控制信号,直接连接到地址总线;1 片 74LS153 用于产生多种条件跳转指令(JZ、JC 等跳转指令)的跳转控制信号。AEDK 虚拟机指令部件的逻辑图如图 5.26 所示。(动画演示文件名:虚拟机实验 6 指令部件模块.swf)

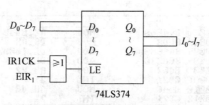

(a) 指令数据寄存器IR₁逻辑电路

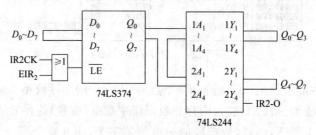

(b) 指令地址锁存器IR₂逻辑电路

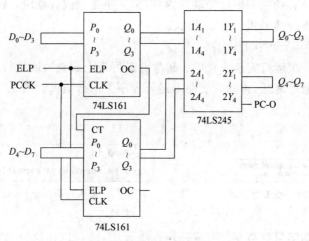

(c) 程序代数器PC逻辑电路

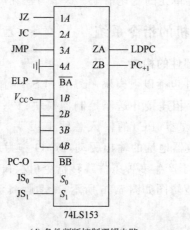

(d) 条件判断控制逻辑电路

图 5.26　AEDK 虚拟机指令部件逻辑图

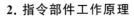

2. 指令部件工作原理

当指令数据寄存器 IR_1 的 EIR_1 为低电平并且 IR1CK 为上升沿时,把来自数据总线 $D_0 \sim D_7$ 的数据送入 IR_1,IR_1 的输出 $Q_0 \sim Q_7$ 就作为本系统内的 8 位指令 $I_0 \sim I_7$ 代码。在本系统内由这 8 位指令代码最多可对 256 条不同的指令进行译码。

当指令地址锁存器 IR_2 的 EIR_2 为低电平并且 IR2CK 为上升沿时,把来自数据总线 $D_0 \sim D_7$ 的数据送入 IR_2。当 IR2-O=0 时,把 IR_2 的值输出到 PC 的输入端。

2 片 74LS161 组成了程序计数器,它由信号 ELP、信号 PC-O,脉冲 PCCK 来控制 PC 加 1 和 PC 置数等操作。当 ELP=0 并且 PCCK 为上升沿时,可重置 PC 值;当 ELP=1 并且 PCCK 为上升沿时,把 PC 的值加 1。当 PC-O=0 时,把 PC 的值作为地址输出到地址总线上。

74LS153 是 4 选 1 的芯片,可通过 JS_0、JS_1 来选择是 JC 还是 JZ 以实现条件跳转的指令。JS_0、JS_1 的功能如表 5.7 所示。

表 5.7　JS_0、JS_1 的功能

JS_0	JS_1	功　　能
0	0	选择 JZ。当通用寄存器为 0 时跳转
1	0	选择 JC。当进位寄存器为 0 时跳转
0	1	当前 PC 值加 1
1	1	重置当前 PC 值,实现 JMP 指令

指令部件控制信号如表 5.8 所示。

表 5.8　指令部件控制信号

信号名称	作　用	有效电平
EIR_1	IR_1 选通信号	低电平
EIR_2	IR_2 选通信号	低电平
IR1CK	IR_1 写入脉冲	上升沿
IR2CK	IR_2 写入脉冲	上升沿
IR2-O	IR_2 输出允许	低电平
ELP	PC 置数/加 1	低电平/高电平
PCCK	PC 操作脉冲	上升沿
PC-O	PC 输出允许	低电平

3. AEDK 虚拟机的指令系统

在 AEDK 虚拟机指令系统中,有零地址指令、单地址指令、双地址指令。双地址指令格式为:
操作码 目的操作数,源操作数

其中,操作数可以为立即数、寄存器和存储单元。立即数用"♯"开头,默认采用两位十六进制数表示,不带 H 后缀字母。存储单元直接用地址编号表示,默认采用两位十六进制数表示,不带 H 后缀字母。

在取指令周期,每次读取一个字节的指令代码,PC 自动加 1。对于双字节指令,先读取指令编码的字节,译码后,再去内存读取数据或地址的字节。

AEDK 虚拟机指令系统如表 5.9 所示。

表 5.9　AEDK 虚拟机指令系统

指令助记符	指令功能	指令编码	微周期	微操作
取指微指令			T0	PC→地址总线→RAM
				RAM→数据总线→IR1
ADD A,R0	(A)+(Ri)→A	0C	T0	A→数据总线→DR1
ADD A,R1	置 CY	0D	T1	Ri→数据总线→DR2
ADD A,R2		0E	T2	ALU→数据总线→A,置 CY
ADD A,R3		0F	T3	取指微指令
SUB A,R0	(A)-(Ri)→A	1C	T0	A→数据总线→DR1
SUB A,R1	置 CY	1D	T1	Ri→数据总线→DR2
SUB A,R2		1E	T2	ALU→数据总线→A,置 CY
SUB A,R3		1F	T3	取指微指令
MOV A,@R0	((Ri))→A	2C	T0	Ri→数据总线→IR2
MOV A,@R1		2D	T1	IR2→地址总线→RAM→A
MOV A,@R2		2E	T2	取指微指令
MOV A,@R3		2F		
MOV A,R0	(Ri)→A	3C	T0	Ri→数据总线→A
MOV A,R1		3D	T1	取指微指令
MOV A,R2		3E		
MOV A,R3		3F		
MOV R0,A	(A)→Ri	4C	T0	A→数据总线→Ri
MOV R1,A		4D	T1	取指微指令
MOV R2,A		4E		
MOV R3,A		4F		
MOV A,♯data	♯data→A	5F data	T0	RAM→数据总线→A
			T1	取指微指令
MOV R0,♯data	♯data→Ri	6C data	T0	RAM→数据总线→Ri
MOV R1,♯data		6D data	T1	取指微指令
MOV R2,♯data		6E data		
MOV R3,♯data		6F data		
LDA addr	(addr)→A	7F addr	T0	RAM→数据总线→IR2
			T1	IR2→地址总线,RAM→A
			T2	取指微指令

续表

指令助记符	指令功能	指令编码	微周期	微 操 作
STA addr	(A)→(addr)	8F addr	T0	RAM→数据总线→IR2
			T1	IR2→地址总线,A→RAM
			T2	取指微指令
RLC A	A 左移一位,置 CY	9F	T0	A<<1,置 CY
			T1	取指微指令
RRC A	A 右移一位,置 CY	AF	T0	A>>1,置 CY
			T1	取指微指令
JZ addr	A=0,(addr)→PC	B3 addr	T0	条件成立:RAM→PC
			T1	取指微指令
JC addr	Cy=0,(addr)→PC	B7 addr	T0	条件成立:RAM→PC
			T1	取指微指令
JMP addr	(addr)→PC	BF addr	T0	RAM→PC
			T1	取指微指令
ORL A,#data	(A)或#data→A	CF data	T0	A→数据总线→DR1
			T1	RAM→数据总线→DR2
			T2	ALU→数据总线→A
			T3	取指微指令
ANL A,#data	(A)与#data→A	DF data	T0	A→数据总线→DR1
			T1	RAM→数据总线→DR2
			T2	ALU→数据总线→A
			T3	取指微指令
HALT	停机	FF	T0	停机

4. 实验内容及步骤

1) PC 置数操作

操作示例:将数据 05H 置入 PC,表示 CPU 下一条要执行的指令的地址是 05H。

操作步骤如下:

(1) 把数据总线与数据开关相连。把地址总线与 PC 输出总线相连。把 EIR₁、EIR₂、PC-O、IR2-O、ELP、JS₀、JS₁ 用信号线连接到对应的控制信号开关上。把 IR1CK、IR2CK、PCCK 分别与脉冲单元的 3 个脉冲按键相接。

(2) 设置二进制开关。

数据二进制开关为 05H,各位如下。

D_7	D_6	D_5	D_4	D_3	D_2	D_1	D_0
0	0	0	0	0	1	0	1

控制信号开关设置如下。

EIR$_1$	EIR$_2$	PC-O	IR2-O	ELP	JS$_0$	JS$_1$
1	0	1	1	0	1	1

(3) 按下 IR2CK 所连的脉冲按键,产生一个上升沿,把数据总线上的 05H 送入 IR$_2$ 寄存器。

(4) 置 PC-O=0,读出 PC 中的数值,送到地址总线上,可以看到地址总线上的指示灯显示 00000101。

2) PC 加 1 操作

操作示例:将 PC 中现有的 05H 值加 1,使其指向下一条指令。

操作步骤如下。

(1) 在 PC 置入数据的基础上,对控制信号开关设置如下。

EIR$_1$	EIR$_2$	PC-O	IR2-O	ELP	JS$_0$	JS$_1$
1	1	0	1	1	1	1

(2) 按下 PCCK 所连的脉冲按键,产生一个上升沿,PC 加 1。因为 PC-O 为 0,所以 PC 的值会输出到地址总线上,地址总线上的指示灯显示 00000110。

3) 置指令数据寄存器 IR$_1$

操作示例:将指令 MOV R0,A(二进制机器代码为 4CH)放入指令寄存器 IR$_1$ 中。

操作步骤如下:

(1) 设置二进制开关为指令代码。

数据二进制开关为 4CH,各位如下。

D$_7$	D$_6$	D$_5$	D$_4$	D$_3$	D$_2$	D$_1$	D$_0$
0	1	0	0	1	1	0	0

控制信号开关设置如下。

EIR$_1$	EIR$_2$	PC-O	IR2-O	ELP	JS$_0$	JS$_1$
0	1	1	1	1	0	0

(2) 按下 IR1CK 所连的脉冲按键,产生一个上升沿,把数据总线上的数据 4CH 送入 IR$_1$。在指令数据寄存器指示灯 $I_0 \sim I_7$ 上显示 4CH。

4) AEDK 虚拟机程序设计

运用虚拟机的指令编写程序,实现数据 1 和数据 2 相加,将和存入内存储器的 5 单元中。(动画演示文件名:虚拟机实验 7 模型机实验.swf 和 textw.txt)

(1) 根据表 5.9 中的虚拟机指令系统,编写实现任务的源程序。

```
MOV A,#01
MOV R0,#02
ADD A,R0
STA 05
```

（2）根据表 5.9 中的虚拟机指令系统的指令编码，将源程序转换为二进制代码，如表 5.10 所示。

表 5.10 源程序转换为二进制代码

源程序代码	二进制代码
MOV A,#01	5F 01
MOV R0,#02	6C 02
ADD A,R0	0C
STA 05	8F 05

（3）二进制代码存入内存中，如表 5.11 所示。

表 5.11 内存中程序的地址和代码

地址	代码
00	5F
01	01
02	6C
03	02
04	0C
05	8F
06	05

（4）运行程序。

按下【全速运行】按钮，程序运行结束后，在内存储器 5 单元中可以查看到和为 3。

5.8 本章小结

指令系统是指计算机所具有的各种指令的集合，它是软件编程的出发点和硬件设计的依据，反映了计算机硬件具有的基本功能。本章介绍了计算机指令系统的格式、寻址方式、编码等基本内容。

不同计算机有不同的指令系统。本章重点介绍了 8086 的指令系统格式和功能。在学习时，要注意每条指令的特殊规定、隐含寻址的操作数以及对标志寄存器的影响等。全面、准确地理解和掌握每条指令的功能、用法是编写汇编语言程序的关键。

汇编语言程序中有指令和伪指令。指令是在程序运行时由 CPU 执行的,伪指令是程序在汇编时由汇编程序执行的。本章重点介绍了汇编语言程序的开发和调试方法。熟练掌握汇编语言程序的开发和调试方法,才能完成微机系统的设计。

习题 5

1. 某计算机字长为 8 位。指令中只有一个源操作数,隐含目的操作数为累加器 X。Y 是基址寄存器,Z 是变址寄存器。Y=1,Z=2。主存 10H～17H 单元的内容为 00H、11H、22H、33H、44H、55H、66H、77H。LOAD 是传送指令,将源操作数传送到目的操作数。写出下面指令的执行结果。

(1) LOAD 10H   ;立即寻址

(2) LOAD (10H)   ;直接寻址

(3) LOAD 10H+Y   ;基址寻址

(4) LOAD 10H+Z   ;变址寻址

2. 某计算机指令长度为 16 位,指令格式为

OP	R	M	D

其中,D 占第 0～5 位,M 占第 6～7 位,R 占第 8～10 位,OP 占第 11～15 位。OP 为操作码。R 为目的操作数的寄存器,取值为 000～111,分别表示目的操作数的寄存器为 R0～R7。M 为操作方式和 D 一起决定源操作数。M=00 为立即寻址,D 为立即数;M=01 为相对寻址,D 为位移量;M=10 为变址寻址,D 为位移量。寄存器 X 为变址寄存器。假设现在执行 001000 单元的加法指令,指令执行前内存的内容如表 5.12 所示,寄存器值如下: R0=000015,变址寄存器 X 值为 001002。

(1) 若指令中 M=00,则指令执行的结果是什么?

(2) 若指令中 M=10,则指令执行的结果是什么?

(3) 若指令中 M=01,则指令执行的结果是什么?

表 5.12　题 2 内存的内容

地址	内容
001000	ADD 000,M,01
001001	001050
001002	001150
001003	001250

续表

地址	内容
⋮	⋮
002001	002006
002002	002016

3. 某计算机指令格式为

OP	X1	X2	X3

OP 占 2 位。为 00 表示加法指令 ADD,为 01 表示传送指令 MOV。

X1 占 2 位。表明目的操作数的寄存器,分别是 R0～R3 的寄存器编号。寄存器为 8 位。

X2 占 2 位。00 表示直接寻址,X3 中为直接寻址的地址;01 表示寄存器寻址,X3 中为寄存器编号;10 表示相对寻址,X3 中为相对于 IP 寄存器的位移量;11 表示寄存器间接寻址,X3 中为寄存器编号。

X3 占 2 位,其内容含义由 X2 定义。

指令执行前 R0～R3 中都是 00000100B。内存的内容如表 5.13 所示。若 IP＝0100,执行一条指令的结果是什么?

表 5.13　题 3 内存的内容

地址	内容
0100	00111000
0101	00000001
0110	00000010
0111	00000011
1000	00000100

4. 某计算机字长为 24 位,CPU 中有 16 个 32 位的寄存器。

(1)设计一种指令系统格式,能够具有 200 种操作,操作数为双地址指令,每个操作数可以有 10 种寻址方式。

(2) 在上面设计的指令系统中,当采用直接寻址方式时,可以寻址的范围是什么? 当采用寄存器间接寻址方式时,可以寻址的范围是什么?

5. 某计算机指令系统采用定字长指令格式,指令字长为 16 位。每个操作数的地址编码长为 6 位,指令分双地址、单地址和零地址 3 类。若双地址指令有 m 条,单地址指令有 n 条,则零地址指令最多有多少条?

6. 在 8086 系统中,已知 BX＝0100H,SI＝0002H,内存中各单元内容如下:(0100H)＝

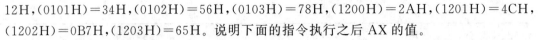

12H,(0101H)=34H,(0102H)=56H,(0103H)=78H,(1200H)=2AH,(1201H)=4CH,(1202H)=0B7H,(1203H)=65H。说明下面的指令执行之后 AX 的值。

(1) MOV AX,[BX][SI]

(2) MOV AX,[BX]

(3) MOV AX,BX

(4) MOV AX,1200H

(5) MOV AX,[1200H]

7. 数据段定义如下,画出变量的内存分配示意图。

```
DATA  SEGMENT
  X  DB  20,25H,1001B
  Y  DB  2  DUP(2  DUP(4),10),?,20H
  Z  DB  3*6,'AB'
  W  DW  'AB',-5,?
  M  DD  5,-2
DATA  ENDS
```

8.下面程序的功能是将 X 和 Y 单元的字节数据相加并显示在屏幕上,但该程序存在一些错误。借助 MASM 开发环境找出错误,完成该程序的编辑、汇编、连接、执行过程。在 DEBUG 下调试该程序的可执行文件。

```
STACK  SEGMENT                         ;(1)
    DB  100DUP(0)                       ;(2)
STACK  END                             ;(3)
DATA  SEGMENT                          ;(4)
    X  DB  1,Y  DW  2                   ;(5)
DATA  ENDS                             ;(6)
CODE  SEGMENT                          ;(7)
    ASSVME  CS; CODE,DS; DATA,SS: STCAK ;(8)
START:
    MOV  DS,DATA                        ;(9)
    MOVE AL,X                           ;(10)
    MOV  BL  Y                          ;(11)
    ADD  AL,BL                          ;(12)
    ADD  AL,30H                         ;(13)
    MOV  DL,AL                          ;(14)
    MOV  AH,2                           ;(15)
    INT  21H                            ;(16)
    MOV  AH,4CH                         ;(17)
    INT  21H                            ;(18)
END  BEGIN                             ;(19)
```

```
ENDS  CODE                              ;(20)
```

9. 编写程序,将从 X 单元开始的数据区中 100 字节的数的平均值放入 Y 单元。

10. 编写程序,将 X 数据区的数据后移两个单元,前两个单元清零。

11. 在以 BUFFER 单元为首地址的数据区中有若干个数据。编写程序,将奇数加 1,偶数不变。

12. 在 X 单元和 Y 单元分别放两个整数,编写程序实现以下功能:

(1) 当 X、Y 中有一个是奇数时,将奇数放在 X 中,将偶数放在 Y 中。

(2) 当 X、Y 均为奇数时,原存储单元内容不变。

(3) 当 X、Y 均为偶数时,将 X、Y 都加 1 后放回原存储单元。

13. 内存中连续存放了 N 个整数,将其中为 0 的数全部抹掉,只保留不为 0 的数在原数据区中连续存放。

14. 编写程序,将寄存器 AX 中的数据按相反顺序存入 BX 中。

15. 编写程序,将 BUFF 区的带符号字节数据按正负分开,将正数存入 BUFF1 区,将负数存入 BUFF2 区。

16. 编写程序,将数据区中带符号数据从大到小排序。

17. 读程序,写出每条指令的执行结果。

(1) 程序 1。

```
MOV AX, 4 ;_____
MOV CX, 0FFFFH;_____
MOV SI, 200H; _____
MOV BYTE PTR [SI] , 0AH;_____
MOV WORD PTR [SI + 2] , 0BH;
```

(2) 程序 2。已知 AX=1234H,CX=5604H。

```
STC             ;_____
RCL AX,CL       ;_____
AND AH,CH       ;_____
MOV AL,12H      ;_____
MOV BL,0B2H     ;_____
MUL BL          ;_____
MOV AL,12H      ;_____
IMUL BL         ;_____
```

18. 已知内存中 X 单元数据为−1,给出下面程序段执行后的结果。

```
MOV CX,16
MOV BX,0
MOV AX,X
REPE:SHL AX,1
 JNC EXIT
```

```
INC BX
EXIT:LOOP REPE
```

（1）程序执行后，X 单元的值是（　　　　）。

（2）程序执行后，BX 的值是（　　　）。

（3）程序执行后，CX 的值是（　　　）。

（4）程序执行后，AX 的值是（　　　）。

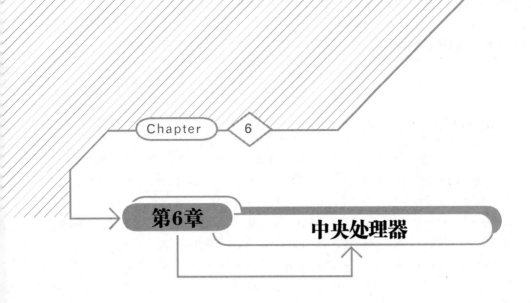

第6章　中央处理器

本章学习目标

- 了解中央处理器的结构和功能。
- 掌握指令执行的控制序列。
- 掌握控制器的设计方法。
- 掌握 8086 微处理器的内部结构和外部引脚。

本章首先介绍中央处理器的结构和功能；然后研究指令执行时的操作序列和控制信号序列，介绍 3 种控制器的设计方法；最后介绍 8086 微处理器的内部结构、外部引脚以及系统总线的构成。

6.1　中央处理器的结构与功能

在计算机系统中，中央处理器(Central Processing Unit，CPU)是计算机工作的指挥和控制中心。中央处理器是由控制器和运算器两大部分组成的。控制器的主要功能是从内存取出指令，对指令进行译码，产生相应的操作控制信号，控制计算机的各个部件协调工作。运算器接受控制器的命令进行操作，完成所有的算术运算和逻辑运算。控制器是整个系统的操控中心。在控制器的控制之下，运算器、存储器和输入输出设备等部件构成一个有机的整体。

在早期的计算机中，由于器件集成度低，运算器和控制器是两个相对独立的部分。随着大规模集成电路和超大规模集成电路技术的发展，在微型计算机中，运算器和控制器已经集成在一块芯片上，称为微处理器(Micro Processor Unit，MPU)。而在中型机、大型机和巨型机中，运算器和控制器仍保持相对独立的地位。

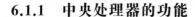

6.1.1　中央处理器的功能

冯·诺依曼计算机的特征是存储程序并自动运行。指令和数据存储在主存储器(也称内存储器,简称内存)中,由计算机自动完成取出指令和执行指令的任务。概括起来,中央处理器的功能有以下几方面:

(1) 指令控制。程序由一个指令序列构成,这些指令必须按照程序规定的顺序执行。CPU 必须对指令执行进行控制,保证指令序列执行结果的正确性。

(2) 操作控制。一条指令的功能一般需要分为几个操作步骤完成,每个步骤产生若干个控制信号送往相应的部件。控制器必须控制这些操作步骤的实施,包括对各控制信号产生时间的控制。

(3) 数据处理。根据指令功能对数据进行算术运算或逻辑运算等操作。这个功能由运算器完成。

(4) 中断和异常处理。对 CPU 内部出现的意外等情况进行处理,如运算中的溢出处理以及外部设备中断请求处理等。

6.1.2　中央处理器的基本结构

按冯·诺依曼计算机结构,计算机由运算器、控制器、内存、输入设备和输出设备五大功能部件组成。运算器和控制器构成了 CPU。CPU 和内存构成主机。图 6.1 给出了一个由简化的单总线 CPU 和内存构成的主机的框架图。(动画演示文件名:虚拟机 16-手动操作指令执行过程.swf)

在这个主机框架图中,虚线左侧是内存 M,虚线右侧是 CPU。CPU 内部有寄存器组、运算器和控制器等。CPU 内部各模块通过一条公共总线相连,称为内部总线。CPU 内部采用单总线结构,实现成本低,但是会因为总线使用冲突影响系统性能。内存外部有地址总线 AB 和数据总线 DB,分别经由存储器地址寄存器 MAR 和存储器数据寄存器 MDR 连到 CPU 内部总线。

1. 寄存器组

每一个 CPU 内部都会设置一些寄存器,用于保存运算数据或运算结果。在图 6.1 所示的计算机中,n 个寄存器名称为 $R_0 \sim R_{n-1}$。这些寄存器有数据输入输出的控制信号。数据输入寄存器的控制信号定义为 R_{in},数据输出寄存器的控制信号定义为 R_{out}。

2. 运算器

运算器包括算术逻辑单元 ALU 和暂存器。ALU 完成各种算术运算和逻辑运算。暂存器用于暂存 ALU 运算的数据和结果。在图 6.1 所示的计算机中,Y 是 ALU 的输入暂存器,存放一个需要 ALU 运算的数据;Z 是 ALU 的输出暂存器,存放 ALU 运算后的结果。暂存器 Y 有两个控制信号,数据输入 Y 的控制信号定义为 Y_{in},数据输出 Y 的控制信号定义为 Y_{out}。暂存器 Z 有两个控制信号,数据输入 Z 的控制信号定义为 Z_{in},数据输出 Z 的控制信号

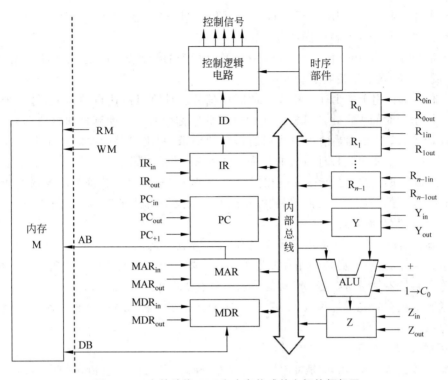

图 6.1　一个单总线 CPU 和内存构成的主机的框架图

定义为 Z_{out}。ALU 有多种运算,控制信号比较多,在图 6.1 所示的主机中简化了这些控制信号,其中＋表示 ALU 加法控制信号,－表示 ALU 减法控制信号,$1 \to C_0$ 表示 ALU 低位进位置 1 的控制信号。

3. 控制器

控制器是 CPU 中的重要部件。在图 6.1 所示的计算机中,控制器由程序计数器 PC、指令寄存器 IR、指令译码器 ID、时序产生电路和控制逻辑电路等组成。

(1) 程序计数器(Program Counter,PC),又称指令指针(Instruction Pointer,IP),用来提供读取指令的地址。在有些计算机中,PC 存储当前正在执行的指令的地址,而在有些计算机中,PC 用来存放即将执行的下一条指令的地址。PC 具有置数和增量计数功能。在程序执行前,必须将程序的起始地址送入 PC。当指令执行的时候,PC 自动增量计数,以指向后继指令的地址。如果遇到改变顺序执行程序的情况,则由转移类指令将转移地址送往PC,作为下一条指令的地址。PC 的操作控制信号有 PC_{out}、PC_{+1}、PC_{in}。PC_{out} 信号用于控制PC 送出存放的指令地址到内存的地址总线,以便读取指令。PC_{+1} 信号用于控制 PC 实现地址增量操作。PC_{in} 信号用于向 PC 中置入新的指令地址。

(2) 指令寄存器(Instruction Register,IR),用于存放当前正在执行的指令代码。目前大多数计算机都将指令寄存器扩充为指令队列,允许预取若干条指令。指令寄存器的操作控制信号有 IR$_{in}$ 和 IR$_{out}$。IR$_{in}$用于完成将指令写入 IR 寄存器的操作。IR$_{out}$用于完成从 IR 读出指令并送往指令译码器的操作。

(3) 指令译码器(Instruction Decoder,ID)对指令的操作码部分进行分析和解释,产生相应的控制电位,发送给控制逻辑电路。

(4) 时序部件用于产生计算机需要的时序信号。计算机高速自动运行,每一个操作都必须遵循严格的时间规定。计算机操作的时间顺序称为时序。计算机加电启动后,在时钟脉冲的作用下,CPU 根据当前正在执行的指令的要求,利用定时脉冲的顺序和不同的脉冲间隔,有条理、有节奏地指挥计算机的各个部件进行相应的操作。

(5) 控制逻辑电路根据指令功能在指定的时间及状态条件下正确给出控制各功能部件正常运行所需要的全部命令,并根据被控功能部件的反馈信号调整时序控制信号。

4. 存储器地址寄存器

存储器地址寄存器 MAR 用来保存当前 CPU 所访问的内存单元地址。由于 CPU 和内存之间有速度差异,所以必须使用存储器地址寄存器 MAR 来保存地址信息,直到内存完成读写操作。存储器地址寄存器 MAR 的控制信号有 MARin 和 MARout。MARin 用于将内部总线送来的内存单元地址写入 MAR 中。MARout 用于将 MAR 中的内存单元地址输出到地址总线 AB。

5. 存储器数据寄存器

存储器数据寄存器 MDR 是 CPU 和内存及外部设备之间信息传送的中转站。当通过数据总线 DB 向内存或外部设备存取数据时,数据暂时存放在 MDR 中,因此 MDR 也称为数据缓冲器。存储器数据寄存器 MDR 的控制信号有 MDRin 和 MDRout。MDRin 用于将数据写入 MDR 中。MDRout 用于读出 MDR 中的数据。MDRin 和 MDRout 信号需要配合数据读写方向控制信号使用。

6. 内存

内存 M 中存放数据和指令。CPU 要从内存 M 中读取数据,则必须将该数据的内存单元地址送到 MAR 中,并向内存发送读操作信号,然后数据从内存读出并通过内存的数据总线写入 MDR 中。CPU 读内存时发出的读信号定义为 RM。CPU 要向内存写入数据,则必须将内存单元地址送到 MAR 中,然后通过内存的地址总线选中要访问的内存单元,同时把数据送到 MDR 中,再送到内存的数据总线,最后向内存发送写操作信号,然后等待数据写入内存单元中。CPU 写内存时发出的写信号定义为 WM。

6.1.3　中央处理器的控制流程

程序是完成某个确定功能的指令序列。计算机通过不断地取指令、分析指令和执行指令的过程实现程序要求的功能。中央处理器的控制流程包括以下 4 个环节。

1. 取指令

程序指令存放在内存 M 中。程序计数器 PC 中的指令地址传送到存储器地址寄存器 MAR,再发送到内存的地址总线 AB,控制器发送读操作信号 RM,从内存中读出指令到内

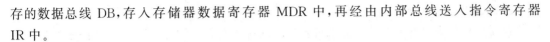

存的数据总线 DB,存入存储器数据寄存器 MDR 中,再经由内部总线送入指令寄存器 IR 中。

2. 分析指令

指令寄存器 IR 中的指令送入指令译码器 ID。在指令译码器 ID 中,按照指令格式进行分析、解释,识别指令要进行的操作,并根据寻址方式形成操作数地址等,然后产生相应的操作命令。

3. 执行指令

根据指令分析阶段得到的操作命令和操作数地址,形成相应的操作信号序列。这些操作信号序列被送到需要操作的运算器、内存以及外部设备,使相应的部件工作以完成指令的功能。

4. 异常和中断处理

如果计算机出现某些异常情况(如算术运算溢出等),或者某些外部设备发出中断请求信号,那么在执行完当前指令后,CPU 要停止当前的程序,转去处理这些异常和中断,当处理完毕后,再返回原程序继续运行。

在计算机中,控制器就这样周而复始地取指令、分析指令、执行指令,再取指令、分析指令、执行指令……直到程序结束或出现外来的干预为止。

6.1.4 中央处理器的时序控制方式

CPU 执行一条指令时,实质上是由控制器依据指令的功能送出一系列的控制信号,完成指令的功能。指令功能不同,控制器发送的控制信号和发出的时间也不同。这就必须考虑用怎样的时序方式进行控制的问题。一般而言,有 3 种时序控制方式:同步、异步和联合控制方式。

1. 同步控制方式

系统有一个统一的时钟,所有控制信号均由这个统一的时钟产生。同步方式的时序信号通常由周期、节拍、脉冲组成。这种方式下,各种类型的指令都规定其机器周期数和每个周期的节拍数。控制器发送的控制信号具有固定的频率和宽度,以时钟脉冲为基准。

同步控制方式的优点是时序关系比较简单,控制部件在结构上易于集中,设计简单,时序电路易于共用,因而成本低。在 CPU 内部及其他设备内部广泛采用同步控制方式。但是由于各项操作所需时间不同,却只能安排在统一而固定的时钟周期内完成,就要根据最长的操作时间来设计时钟周期,这就存在时间上的浪费。

2. 异步控制方式

异步控制方式根据各操作的具体需要来安排时间,不受统一时钟的控制。一条指令需要多少节拍,就产生多少节拍。前一操作执行完毕,发送就绪信号作为下一操作的起始信号。在异步控制方式下,没有固定的周期、节拍和严格的时钟同步,信号的形成电路分散在各功能部件中。异步控制方式比同步控制方式效率高,但是硬件实现较为复杂。

3. 联合控制方式

将同步和异步控制方式结合起来的控制方式称为联合控制方式。把各操作序列中那些可以统一的部分安排在一个固定周期、节拍和严格的时钟同步的时序控制下执行;而对于难以统一,甚至执行时间都难确定的操作,按照实际需要占用操作时间,通过握手信号和公共的同步控制部分衔接起来。

现代计算机大多采用同步控制方式或联合控制方式。

6.2　指令执行控制序列

程序在运行前装入到内存。在执行这个程序时,CPU 从内存中一条一条地读取指令,依次执行。计算机主频的周期称为时钟周期。从一条指令启动到下一条指令启动的时间间隔称为指令周期。指令的执行过程中包含若干个基本操作,每个基本操作的时间称为机器周期。不同指令包含的机器周期数取决于指令的功能。在早期的计算机中,一个指令周期一般需要几个机器周期,一个机器周期需要几个时钟周期。在新型计算机中,采用硬件并行技术以及简化的指令系统,使得平均指令周期可以等于甚至小于一个时钟周期,机器周期一般等于一个时钟周期。

一条指令的执行过程都包括取指周期和执行周期。下面以图 6.1 所示的计算机为例,研究典型的指令周期中 CPU 的操作序列和控制信号序列。

1. 取指周期

取指周期需要根据程序计数器 PC 中的指令地址,从内存 M 将指令读取到指令寄存器 IR 中。同时,由于程序计数器 PC 中的指令地址已经送出,因此其值需要加 1,得到下一条指令的地址。为完成这些功能,CPU 的操作序列如下:

(1) PC→MAR,程序计数器 PC 中的指令地址送入存储器地址寄存器 MAR。

(2) MAR→M,存储器地址寄存器 MAR 中的地址送入内存 M。

(3) M→MDR,存储器 M 中取出的指令送入存储器数据寄存器 MDR。

(4) MDR→IR,指令从存储器数据寄存器 MDR 传送到指令寄存器 IR。

(5) PC+1→PC,程序计数器 PC 的值加 1。

传输过程中使用不同总线的步骤可以同时执行。这样取指周期的操作序列可以表示为

(1) PC→MAR→M→MDR。

(2) MDR→IR,PC+1。

为完成每一步操作,需要向该操作涉及的部件发送相应的控制信号。取指周期的控制信号序列可以表示为

(1) PC_{out},MAR_{in},MAR_{out},RM,MDR_{in}。

(2) MDR_{out},IR_{in},PC_{+1}。

2. 执行周期

取出指令后,根据指令的类型,指令执行周期的操作也不同。下面分别介绍几种典型的指令执行周期,包括非访存传送类指令执行周期、访存传送类指令执行周期、非访存运算类指令执行周期、访存运算类指令执行周期和控制指令执行周期,分析这些指令执行周期的操作序列和控制信号序列。

1) 非访存传送类指令执行周期

如果指令寄存器中的指令为非访存传送类指令,则操作数在 CPU 内部的寄存器中,不需要访问内存或外设,直接对寄存器操作就可以了。非访存传送类指令只需要一个机器周期就可以完成。

【例 6-1】　当前指令为 MOV R1,R0,写出该指令执行周期的操作序列和控制信号序列。

解:该指令的功能为将 R0 的数据传送到 R1。其操作序列如下:

R0→R1,将寄存器 R0 的数据读出,传送到 R1。

对应的控制信号序列如下:

$R0_{out}$,$R1_{in}$。

2) 访存传送类指令执行周期

如果指令寄存器中的指令为访存传送类指令,则要根据指令的寻址方式得到操作数的有效地址,根据有效地址访问内存,得到操作数,再进行数据传送。访存传送类指令由于需要访问内存,所以需要两个机器周期。

【例 6-2】　当前指令为 MOV [01H],R0,写出该指令执行周期的操作序列和控制信号序列。

解:该指令的功能为将 R0 的数据传送到内存 01H 单元。指令执行时,要先将地址装入存储器地址寄存器,再将数据装入存储器数据寄存器,发出写信号。指令代码在指令寄存器中,所以可以从 IR 的地址段部分获得地址。

操作序列如下:

(1) $IR_{(地址段)}$→MAR→M。

(2) R0→MDR→M。

控制信号序列如下:

(1) IR_{out},MAR_{in},MAR_{out}。

(2) $R0_{out}$,MDR_{in},MDR_{out},WM。

【例 6-3】　当前指令为 MOV R1,[R0],写出该指令执行周期的操作序列和控制信号序列。

解:该指令的源操作数采用寄存器间接寻址方式。指令的功能是将 R0 的值作为内存单元地址,然后访问这个内存单元,将该内存单元的数据传送到 R1 寄存器。所以先要将 R0 的值装入存储器地址寄存器,从内存读取数据,再将数据装入存储器数据寄存器,再发送到 R1。

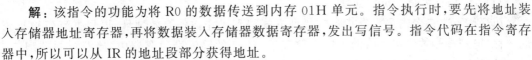

操作序列如下：

(1) R0→MAR→M→MDR。

(2) MDR→R1。

控制信号序列如下：

(1) $R0_{out}$, MAR_{in}, MAR_{out}, RM, MDR_{in}。

(2) MDR_{out}, $R1_{in}$。

3) 非访存运算类指令执行周期

非访存运算类指令的运算操作数从寄存器中取得,然后两个操作数要置于 ALU 的输入端暂存器中,接着控制 ALU 完成某种运算,将运算结果存放到 ALU 的输出端暂存器中,最后再传送到目的地址。这类指令的执行周期可能需要多个机器周期。

【例 6-4】 当前指令为 ADD R1,R0,写出该指令执行周期的操作序列和控制信号序列。

解:该指令的功能是将 R1 和 R0 中的数做加法运算,将结果送到 R1 中。其操作序列如下:

(1) R1→Y。

(2) R0→ALU,Y→ALU, ALU→Z。

(3) Z→R1。

控制信号序列如下:

(1) $R1_{out}$, Y_{in}。

(2) $R0_{out}$, Y_{out}, $+$, Z_{in}。

(3) Z_{out}, $R1_{in}$。

4) 访存运算类指令执行周期

访存运算类指令需要根据指令的寻址方式得到操作数的有效地址,再根据有效地址访问内存,得到操作数。然后将两个操作数置于 ALU 的输入端暂存器中,接着控制 ALU 完成某种运算,将运算结果存放到 ALU 的输出端暂存器中,最后再传送到目的地址。这类指令的执行周期最长,因为需要访问内存以及在运算器中运算。

【例 6-5】 当前指令为 ADD R1,[R0],写出该指令执行周期的操作序列和控制信号序列。

解:该指令中,一个加数在 R1 中,另一个加数需要通过 R0 寄存器间接寻址从内存读取。两个操作数相加的结果传送到 R1 寄存器。其操作序列如下:

(1) R0→MAR→M→MDR。

(2) MDR→Y。

(3) R1→ALU,Y→ALU,ALU→Z。

(4) Z→R1。

控制信号序列如下:

(1) $R0_{out}$, MAR_{in}, MAR_{out}, RM, MDR_{in}。

（2）MDR_{out}，Y_{in}。

（3）$R1_{out}$，Y_{out}，$+$，Z_{in}。

（4）Z_{out}，$R1_{in}$。

5）控制指令执行周期

转移指令是最常见的控制指令。转移指令分为条件转移指令、无条件转移指令两种。程序转移时不再按顺序取下一条指令，而是转到程序中的其他指令处执行，所以转移指令的核心就是获得新的指令地址并传送到程序计数器。无条件转移指令是在指令中提供下一条指令的地址。条件转移指令还要提供一个需要判断的条件，根据条件标志位确定下一条指令的地址。

【例 6-6】 当前指令为采用相对寻址方式的无条件转移指令 JMP $+5$，写出该指令执行周期的操作序列和控制信号序列。

解：指令采用相对寻址方式，也就是说下一条指令的地址由当前程序计数器的值加上指令中的相对量求得，再传送到 PC 中。其操作序列如下：

（1）PC→Y。

（2）$IR_{(地址段)}$→ALU，Y→ALU，ALU→Z。

（3）Z→PC。

控制信号序列如下：

（1）PC_{out}，Y_{in}。

（2）IR_{out}，Y_{out}，$+$，Z_{in}。

（3）Z_{out}，PC_{in}。

可以看出，每条指令的执行都是按周期产生各种控制信号，这些控制信号作用到相应的模块，产生相应的动作，完成指令功能。指令的机器周期划分要根据指令的功能结合数据总线进行安排。安排操作序列时要注意以下几点：

（1）有的操作信号之间有严格的时序关系，有的没有。对于有时序关系的几个信号，不能破坏其前后相邻的时序关系。

（2）对不同控制对象的不同操作，如果在一个节拍内能够执行，应尽可能安排在同一个节拍内，这样可以节省时间。

（3）总线上的数据不能有冲突，要严格控制送到总线的数据的时序。

6.3 控制器的设计

控制器是计算机的核心部件，能够产生一系列的控制信号，控制其他单元部件工作，完成指令的功能。根据控制信号产生的方式不同，控制器可分为组合逻辑控制器、阵列逻辑控制器和微程序控制器。

6.3.1　组合逻辑控制器

组合逻辑控制器的基本原理是依据指令代码、时序信号和各种状态信息,采用组合逻辑门电路产生控制信号。控制信号是时钟信号和指令信号的逻辑组合。这种控制器完全是由门电路和触发器构成的复杂组合电路,靠硬件实现指令功能。

在设计组合逻辑控制器时,一般根据指令执行周期的流程编制指令的操作时间表和控制信号表,然后进行逻辑组合,设计各个控制信号的逻辑线路,连接成一个逻辑网络。组合逻辑控制器的结构如图 6.2 所示。

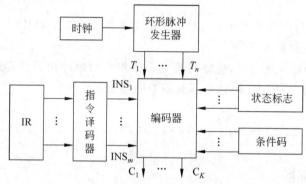

图 6.2　组合逻辑控制器的结构

时钟和环形脉冲发生器用于产生时序节拍信号 T_i,每一步只有一条信号线有效。指令寄存器(IR)的指令送入指令译码器进行译码,生成表示不同指令的信号 INS_i,每一条信号线表示一种指令。在结构简单的计算机中,任一时刻只执行一条指令,所以在某一时刻,指令译码器也只有一条信号线有效。编码器由大量的门电路构成,输出的控制信号是输入的时序节拍信号 T_i 和指令信号 INS_i 的逻辑函数。编码器输出端即计算机中的各种控制信号 C_i。

组合逻辑控制器的设计步骤如下:

(1) 根据每条指令的功能,确定每条指令的执行步骤。

(2) 列出指令各个机器周期所需要的控制信号。

(3) 写出每个控制信号的逻辑表达式。

(4) 根据逻辑表达式画出逻辑电路。

【例 6-7】　在图 6.1 所示的计算机中,若只有 ADD R1,R2 和 MOV R1,R2 两条指令。写出该计算机控制信号的逻辑表达式。

解:

(1) 根据指令的功能,写出每个机器周期所需的控制信号。

ADD R1,R2 指令每个机器周期的控制信号如下:

T_1: PC_{out},MAR_{in},MAR_{out},RM,MDR_{in}

T_2：MDR_{out}，IR_{in}，PC_{+1}

T_3：$R1_{out}$，Y_{in}

T_4：$R2_{out}$，Y_{out}，$+$，Z_{in}

T_5：Z_{out}，$R1_{in}$

MOV R1，R2 指令每个机器周期的控制信号如下：

T_1：PC_{out}，MAR_{in}，MAR_{out}，RM，MDR_{in}

T_2：MDR_{out}，IR_{in}，PC_{+1}

T_3：$R2_{out}$，$R1_{in}$

（2）根据指令流程和时序，写出每个控制信号的逻辑表达式。

设指令 ADD R1，R2 经指令译码后在 INS_1 上产生有效信号，MOV R2，R1 指令经指令译码后在 INS_2 上产生有效信号。下面画出编码器输入和输出的真值表，如表 6.1 所示。

根据真值表，可以写出各控制信号的逻辑表达式。如

$$PC_{out}=INS_1 \cdot T_1+INS_2 \cdot T_1$$
$$R2_{out}=INS_1 \cdot T_4+INS_2 \cdot T_3$$
$$R1_{in}=INS_1 \cdot T_5+INS_2 \cdot T_3$$

...

表 6.1　编码器输入和输出的真值表

输入信号							输出信号															
INS_1	INS_2	T_1	T_2	T_3	T_4	T_5	PC_{out}	MAR_{in}	MAR_{out}	RM	MDR_{in}	PC_{+1}	MDR_{out}	IR_{in}	$R1_{out}$	Y_{in}	$R2_{out}$	Y_{out}	$+$	Z_{in}	Z_{out}	$R1_{in}$
1		1					1	1	1	1	1											
1			1									1	1	1								
1				1											1	1						
1					1												1	1	1	1		
1						1															1	1
	1	1					1	1	1	1	1											
	1		1									1	1	1								
	1			1													1					1

（3）对逻辑表达式进行化简和优化后，可以设计出相应的逻辑电路。

例如，PC_{out} 和 $R2_{out}$ 信号的逻辑电路图如图 6.3 所示。

由上面的例子可以看出，组合逻辑控制器的电路非常复杂，因为要将所有指令的操作步骤中的信号和时序排列出来，必须将所有控制信号的逻辑表达式写出来。在指令数量多、寻址方式复杂的计算机中，由基本门电路和连线构成的逻辑电路非常复杂。而且，一旦电路设计完成后，如果要修改操作过程或扩充指令系统，就需要重新设计和布线。

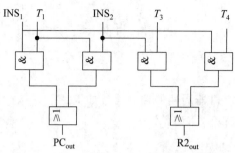

图 6.3   PC$_{\text{out}}$ 和 R2$_{\text{out}}$ 信号的逻辑电路图

6.3.2   PLA 控制

现代计算机通常基于超大规模集成电路技术实现。可以采用可编程逻辑阵列(Programmable Logic Array,PLA)电路实现控制器设计。一个 PLA 电路是由一个与门阵列和一个或门阵列构成的。与门阵列输入指令译码、时序和标志,与门阵列的输出为或门阵列的输入,而或门阵列的输出为各种控制信号。图 6.3 所示的组合逻辑控制器可以由一个简单的 PLA 来实现,如图 6.4 所示。

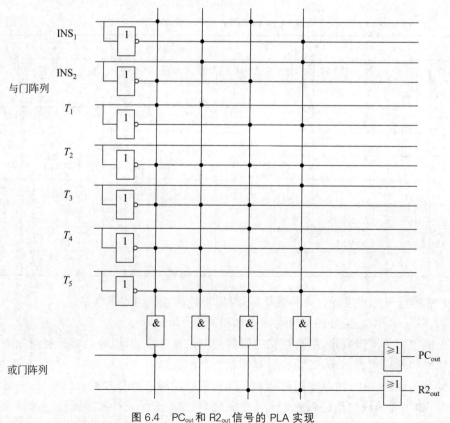

图 6.4   PC$_{\text{out}}$ 和 R2$_{\text{out}}$ 信号的 PLA 实现

在与门阵列中,水平线为输入线,垂直线为输出乘积项。在或门阵列中,垂直线为或门输入端,水平线为或门输出端。这样得到输出端信号关系式为

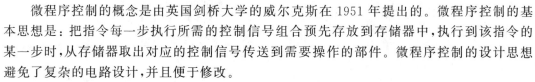

$$PC_{out} = INS_1 \cdot \overline{INS_2} \cdot T_1 \cdot \overline{T_2} \cdot \overline{T_3} \cdot \overline{T_4} \cdot \overline{T_5} + \overline{INS_1} \cdot INS_2 \cdot T_1 \cdot \overline{T_2} \cdot \overline{T_3} \cdot \overline{T_4} \cdot \overline{T_5}$$

$$R2_{out} = INS_1 \cdot \overline{INS_2} \cdot \overline{T_1} \cdot \overline{T_2} \cdot \overline{T_3} \cdot T_4 \cdot \overline{T_5} + \overline{INS_1} \cdot INS_2 \cdot \overline{T_1} \cdot \overline{T_2} \cdot \overline{T_3} \cdot \overline{T_4} \cdot \overline{T_5}$$

任何操作控制信号的表达式都可以用 PLA 阵列来实现,能够简化逻辑电路设计,在现代计算机中得到了广泛应用。

6.3.3 微程序控制器

微程序控制的概念是由英国剑桥大学的威尔克斯在 1951 年提出的。微程序控制的基本思想是:把指令每一步执行所需的控制信号组合预先存放到存储器中,执行到该指令的某一步时,从存储器取出对应的控制信号传送到需要操作的部件。微程序控制的设计思想避免了复杂的电路设计,并且便于修改。

1. 微程序控制的基本概念

计算机中各部件的控制信号称为微命令。微命令完成的操作称为微操作。将指令执行时可以同时执行的一组微操作组成一条微指令。完成一条指令的多个微指令序列称为微程序。微程序控制的基础就是将计算机指令系统中所有指令对应的微程序存放在一个专门的存储器中,这个存储器称为微程序存储器或控制存储器。微指令在控制存储器中的地址称为微地址。在执行指令时,只要从微程序存储器中按顺序取出该指令对应的微程序,就可以按事先设定的次序产生相应的操作控制信号。

2. 微程序控制器的构成

微程序控制器主要由控制存储器(CS)、微指令寄存器(μIR)、微程序计数器(μPC)以及起始和转移地址发生器等部分组成,如图 6.5 所示。(动画演示文件名:虚拟机 17-微程序控制器工作流程.swf)

控制存储器存放全部指令系统的所有微程序。指令执行时,就是从控制存储器中不断取出微指令,产生控制其他部件的控制信号。控制存储器的容量取决于指令的数量和每条指令的微程序长度。

微指令寄存器存放由控制存储器中读出的一条微指令信息。一条微指令的编码包括操作控制字段和转移控制字段。操作控制字段就是该微指令所需的全部控制信号的编码,经过译码后,产生控制信号。转移控制字段用来决定下一条微指令的地址。

微程序计数器存放要访问的下一条微指令的微地址。如果微程序不出现分支,即微指令按顺序执行,则 μPC 中的微地址可以采用自动增量的方式变化,如程序计数器一样;如果微程序出现分支,则根据执行中的状态信息修改 μPC 中的值,得到下一条微指令的地址。

起始和转移地址发生器根据指令代码、条件码以及相应的转移控制微命令形成微程序的入口地址或者转移地址。

3. 微程序控制器的工作流程

微程序控制器执行取指令微程序,将指令从内存取出,存入指令寄存器。根据指令寄存

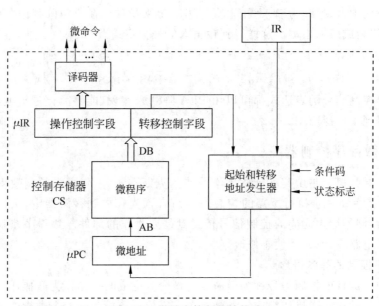

图 6.5　微程序控制器的构成

器中的指令操作码产生该指令的微程序入口地址送给微程序计数器。根据 μPC 中的微地址访问控制存储器,取出一条微指令送入微指令寄存器。由 μIR 中的操作控制字段经过译码产生所需的微命令信号,送往各执行部件,指挥执行部件完成相应的操作;由 μIR 的转移控制字段结合条件码、状态标志等信息形成下一条微指令地址送往 μPC。重复执行取微指令、执行微指令的过程,完成该指令的操作。一条指令的微程序执行结束后,重新执行取指令微程序,得到新的机器指令送入 IR。如此周而复始,直到整个程序的指令执行完毕。

4. 微指令设计

微程序设计的关键问题之一是微指令的设计。微指令采用什么样的操作控制字段编码和微地址形成方式,将直接影响微程序控制器的结构、控制存储器的容量和指令的执行速度。

微指令有水平型和垂直型两种。

1）水平型微指令

水平型微指令能最大限度地表示微操作的并行性。一条微指令能执行多个并行微命令。水平型微指令的代码较长,能充分利用硬件的并行性,带来速度上的优势,并且微程序中包含的微指令条数较少。但是水平型微指令的代码空间利用率低。

水平型微指令由操作控制字段和转移控制字段组成。操作控制字段定义微指令要产生的微命令信息,常用的表示方法有直接表示法、字段编码法和混合表示法。转移控制字段规定了形成下一条微指令地址的方法,有计数器法和断定法。

下面介绍操作控制字段的 3 种表示方法。

（1）直接表示法。

直接表示法又称为直接控制法。微指令中操作控制字段的每一位定义为一个微命令,该位的 1 或 0 值表示微指令执行时该微命令控制信号有效或无效。将微指令的每一位直接输出到一条控制线上,连接到相应的执行部件。当微指令执行时,微指令中的每一位的值就传递到相应的执行部件,控制该部件工作或不工作。这种方法比较直观,不必译码,控制电路简单、速度快。但是一条微指令要记录计算机中所有微命令的有效或无效情况,微指令长度可能长达几百位,这样会导致控制存储器容量过大。

【例 6-8】　在图 6.1 所示的计算机中,所有控制信号共 22 个:PC_{out}、PC_{+1}、PC_{in}、IR_{in}、IR_{out}、MAR_{in}、MAR_{out}、MDR_{in}、MDR_{out}、$R1_{in}$、$R1_{out}$、$R2_{in}$、$R2_{out}$、Y_{in}、Y_{out}、Z_{in}、Z_{out}、$+$、$-$、$1 \rightarrow C_0$、RM、WM。为该计算机设计微指令的操作控制字段,写出 ADD R1,R0 指令的微程序。

解:设计微指令格式,每位控制信号作为控制字的 1 位,所以,操作控制字段一共 22 位,每位代表的信号按题中信号顺序编码。控制信号 1 表示有效,0 表示无效。

ADD R1,R2 指令的微程序如表 6.2 所示。

表 6.2　ADD R1,R2 指令的微程序

微周期	PC_{out}	PC_{+1}	PC_{in}	IR_{in}	IR_{out}	MAR_{in}	MAR_{out}	MDR_{in}	MDR_{out}	$R1_{in}$	$R1_{out}$	$R2_{in}$	$R2_{out}$	Y_{in}	Y_{out}	Z_{in}	Z_{out}	$+$	$-$	$1 \rightarrow C_0$	RM	WM
T_1	1	0	0	0	0	1	1	1	0	0	0	0	0	0	0	0	0	0	0	0	1	0
T_2	0	1	0	1	0	0	0	0	1	0	0	0	0	0	0	0	0	0	0	0	0	0
T_3	0	0	0	0	0	0	0	0	0	0	1	0	0	1	0	0	0	0	0	0	0	0
T_4	0	0	0	0	0	0	0	0	0	0	0	0	1	0	1	1	0	1	0	0	0	0
T_5	0	0	0	0	0	0	0	0	0	1	0	0	0	0	0	0	1	0	0	0	0	0

该微程序有 5 条微指令,分别记录每个机器周期要发出的控制信号。本例的微程序在控制存储器中共占 $110(5 \times 22)$ 位,其中大多数为 0,编码效率较低。

(2) 字段编码法。

在微指令运行时,大多数控制信号不会同时有效。能在同一时间有效的信号称为相容信号,具有相容性;不能在同一时间有效的信号称为互斥信号,具有互斥性。

将互斥信号组合在一个字段,相容信号分配在不同字段,然后对每个字段编码,一个微命令分配一个编码。在微指令中只记录该字段有效的微命令的编码,再通过译码器将该编码转换为控制信号。这种方法可以把微指令长度压缩到直接表示法的 $1/3 \sim 1/2$,而只需要增加为数不多的译码器,对微指令的执行速度影响不大,所以为多数微程序控制的计算机所采用。

字段编码法又有字段直接编码法和字段间接编码法两种。在字段直接编码法中,每个字段经译码器直接译码得到所需的微命令。字段间接编码法在字段直接编码法的基础上,将一个字段的某些编码和另一个字段的某些编码联合,产生若干微命令。字段间接编码法控制复杂且不直观,所以仅在局部范围内使用。

【例 6-9】　某计算机中有 7 个互斥控制信号 a、b、c、d、e、f、g。设该计算机的微程序有 7

条微指令,每条微指令所包含的微命令如表 6.3 所示。参照图 6.5,分别采用直接表示法和字段编码法设计该计算机的微程序控制器。

表 6.3 例 6-9 微指令表

微指令	微命令						
	a	b	c	d	e	f	g
I1	√						
I2		√					
I3			√				
I4				√			
I5					√		
I6						√	
I7							√

解:

(1) 采用直接表示法。每条微指令中,1 个控制信号作为控制字段的 1 位,所以,微指令的控制字段一共 7 位。设计微指令中每位代表的信号按 a、b、c、d、e、f、g 的顺序编码。控制信号 1 表示有效,0 表示无效。控制存储器中存放 7 条微指令,每条微指令的控制字段部分 7 位,控制存储器的容量至少为 $7\times7=49$ 位。其转移控制字段以后讨论。

有 7 条微指令,微指令地址编码为 3 位。所以,微程序计数器的长度为 3 位。

微指令的每一位直接输出到一条控制线上,连接到相应的执行部件。采用直接表示法设计的微程序控制器如图 6.6 所示。

(2) 采用字段编码法。这 7 个信号是互斥的,所以可以分在一个组内。给每个信号一个编码,操作控制字段只需要 3 位即可。编码时要考虑一个组中的信号都无效(nop)的情况,也要为其分配一个编码。微指令寄存器的 3 位输出连接一个 3-8 译码器,可以将 3 位编码转换为对应输出端的控制信号。控制存储器中存放 7 条微指令,每条微指令的操作控制字段部分为 3 位,控制存储器的容量至少为 $3\times7=21$ 位,比直接表示法占用的存储容量小。其转移控制字段以后讨论。

采用字段编码法设计的微程序控制器如图 6.7 所示。

【例 6-10】 在图 6.1 所示的计算机中,所有控制信号共 22 个:PC_{out}、PC_{+1}、PC_{in}、IR_{in}、IR_{out}、MAR_{in}、MAR_{out}、MDR_{in}、MDR_{out}、$R1_{in}$、$R1_{out}$、$R2_{in}$、$R2_{out}$、Y_{in}、Y_{out}、Z_{in}、Z_{out}、+、−、$1\rightarrow C0$、RM、WM。采用字段编码法为该计算机设计微指令的操作控制字段,写出 ADD R1,R2 指令的微程序。

解: 分析该计算机的 22 个控制信号,将信号分为以下 6 组(分组方式有多种,原则是同组信号要互斥,微指令长度尽可能短):

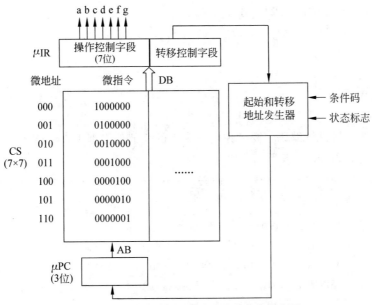

图 6.6 采用直接表示法设计的微程序控制器

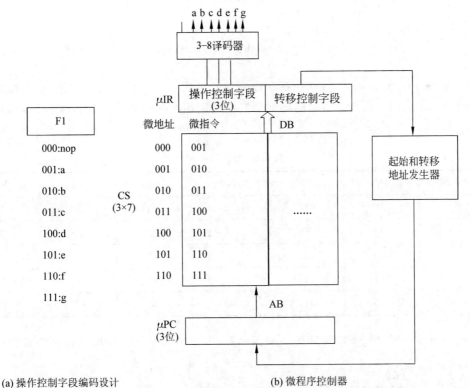

(a) 操作控制字段编码设计　　　　　　　　　　　　　　(b) 微程序控制器

图 6.7 采用字段编码法设计的微程序控制器

F1：IR_{out}、PC_{out}、MDR_{out}、$R1_{out}$、$R2_{out}$、Z_{out}

F2：IR_{in}、MDR_{in}、$R1_{in}$、$R2_{in}$、Y_{in}、Z_{in}、PC_{in}

F3：Y_{out}、MAR_{out}、PC_{+1}

F4：$+$、$-$、$1 \rightarrow C_0$

F5：RM、WM

F6：MAR_{in}

对每个组的信号进行编码。要考虑到一个组的全部信号都无效（nop）的情况，为其分配一个编码。分组编码如图 6.8 所示。

F1	F2	F3	F4	F5	F6

F1	F2	F3	F4	F5	F6
000:nop	000:nop	00:nop	00:nop	00:nop	0:nop
001:IR_{out}	001:IR_{in}	01:Y_{out}	01:$+$	01:RM	1:MAR_{in}
010:PC_{out}	010:MDR_{in}	10:MAR_{out}	10:$-$	10:WM	
011:MDR_{out}	011:$R1_{in}$	11:PC_{+1}	11:$1 \rightarrow C_0$		
100:$R1_{out}$	100:$R2_{in}$				
101:$R2_{out}$	101:Y_{in}				
110:Z_{out}	110:Z_{in}				
	111:PC_{in}				

图 6.8　操作控制字段分组编码

可见，采用字段编码后，操作控制字段部分长度为 13 位，比直接表示法的 22 位短了很多。将 ADD R1,R2 指令执行时的每一个机器周期用微指令表示。操作控制字段如表 6.4 所示。

表 6.4　操作控制字段

微周期	F1	F2	F3	F4	F5	F6
T_1	010	010	10	00	01	1
T_2	011	001	11	00	00	0
T_3	100	101	00	00	00	0
T_4	101	110	01	01	00	0
T_5	110	011	00	00	00	0

微指令寄存器的每个字段外接一个译码器，可以将每个字段的编码转换为对应的控制信号。

（3）混合表示法。

混合表示法是将直接表示法和字段编码法两种方法结合起来，对并行性高的微命令采

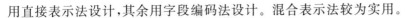

用直接表示法设计,其余用字段编码法设计。混合表示法较为实用。

2）垂直型微指令

垂直型微指令采用短格式,一条微指令只能实现一两个微操作。在垂直型微指令中,操作控制字段由微指令操作码和微操作对象构成。微指令操作码用来指示做何种微操作,微操作对象用来提供微操作所需的操作数(常量或地址)。每条垂直型微指令只能完成少量微操作,并行能力差,致使微程序变长,执行速度减慢。

5. 微地址形成

一条微指令执行完后,下一条要执行的微指令的地址由 μIR 的转移控制字段实现。产生后继微指令地址的方法有计数器方式(增量方式)、断定方式(下址字段方式)和联合方式。

1）计数器方式

采用这种方式时,将微程序中的各条微指令按执行顺序安排在控制存储器中,在微程序计数器中将现行微地址加上一个增量,得到下一条微指令地址。在微程序需要按非顺序方式执行时,通过转移微指令来指定 μPC 中的新微指令地址。

计数器方式的实现方法比较直观,微指令的转移控制字段比较短,微地址生成机构比较简单。该方式的缺点是执行速度慢。当转移分支很多时,相应的逻辑电路非常复杂。此时可以采用可编程逻辑阵列来实现。

2）断定方式

采用这种方式时,在微指令中设置一个专门的地址字段,称为下址字段,用以指出下一条微指令的地址,这样就不需要专门的转移微指令。下址字段中包括条件选择信息。根据条件测试信息,修改下一条微指令地址的若干位,得到新的微指令地址。断定方式的微指令比计数器方式的微指令长,增大了控制存储器的容量。

3）联合方式

采用这种方式时,将微指令的地址形成部分分为转移控制部分和转移地址部分。判断转移控制部分的情况,当需要微程序转移时,将转移地址送 μPC,否则顺序执行下一条微指令(μPC$+1$)。

【例6-11】 设计算机中有 8 条微指令：A、B、C、D、E、F、G、H。这些微指令的流程图如图 6.9 所示。其中,微指令 A 执行完毕后,根据指令寄存器中的 IR_1 和 IR_0 两位的组合,有 4 个分支。当 $IR_1 IR_0 = 00$ 时,执行微指令 B；当 $IR_1 IR_0 = 01$ 时,执行微指令 C；当 $IR_1 IR_0 = 10$ 时,执行微指令 D；当 $IR_1 IR_0 = 11$ 时,根据状态 sf 位值,执行微指令 E 或者转向微指令 A。微指令 B 执行后执行微指令 F。微指令 C 执行后执行微指令 F。微指令 F 执行后,根据 IR_3 和 IR_2 两位的值进行分支。如果 $IR_3 IR_2 = 00$,执行微指令 G；如果 $IR_3 IR_2 = 01$,执行微指令 H。微指令 G 和 H 执行后都转向微指令 A。分别采用计数器方式、断定方式和联合方式设计微程序。

解：

（1）采用计数器方式设计。

采用计数器方式设计时,微指令的格式有两种：一种是普通微命令微指令,其后继微地

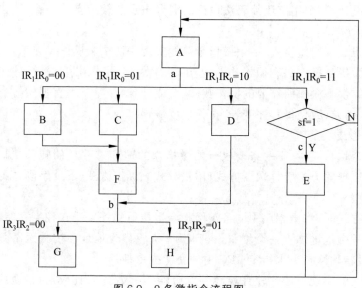

图 6.9　8 条微指令流程图

址由 $\mu PC+1$ 得到；另一种是转移微指令，用于实现转移地址。每条微指令之后都需要转移微指令，所以，微指令的微地址至少为 5 位，定义为 $A_4 \sim A_0$。为区分这两种微指令，在微指令中设计 1 位标志 T。当 $T=0$ 时，表示是普通微命令微指令；当 $T=1$ 时，表示是转移微指令。

采用计数器方式设计的微指令格式如图 6.10 所示。

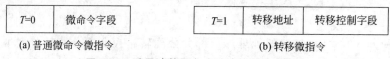

(a) 普通微命令微指令　　　　　　　　　　(b) 转移微指令

图 6.10　采用计数器方式设计的微指令格式

有 a、b、c 共 3 个转移点，加上无条件转移，所以转移控制字段需要 2 位，定义为 $P_1 P_0$。

① $P_1 P_0=00(P=0)$，是无条件转移，转移地址送 μPC。

② $P_1 P_0=01(P=1)$，分支点 a，由 $IR_1 IR_0$ 控制修改 $\mu PC_4 \mu PC_3$ 两位。

③ $P_1 P_0=10(P=2)$，分支点 b，由 $IR_3 IR_2=00$ 控制修改 μPC_0，由 $IR_3 IR_2=01$ 控制修改 μPC_4。

④ $P_1 P_0=11(P=3)$，分支点 c，若 $sf=0$，转向微指令 A 单元，否则 $\mu PC+1 \rightarrow \mu PC$。

已知 IR 中的 $IR_3 \sim IR_0$、μIR 中的转移地址 $A_4 \sim A_0$ 和 $P_1 P_0$。这样可以得到 μPC 中地址的形成逻辑：

$$\mu PC = (A_4 A_3 A_2 A_1 A_0) \cdot (P=0)$$
$$\mu PC_4 = (IR_3 IR_2=01) \cdot (P=2) + (IR_1) \cdot (P=1)$$
$$\mu PC_3 = IR_0 \cdot (P=1)$$

$$\mu PC_0 = (IR_3 IR_2 = 00) \cdot (P = 2)$$

由此可以得到 μPC 中地址形成的逻辑电路,如图 6.11 所示。

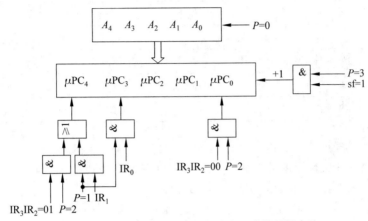

图 6.11 计数器方式下 μPC 中地址形成的逻辑电路

综上所述,在计数器方式下的控制存储器中,微程序及微地址设计如表 6.5 所示。

表 6.5 计数器方式下微程序及微地址设计

微地址	微指令格式			注释
00000	$T=0$	微命令字段		微指令 A
00001	$T=1$	$A_4A_3A_2A_1A_0=00010$	$P_1P_0=01$	转移指令:a 分支
00010	$T=0$	微命令字段		微指令 B
00011	$T=1$	$A_4A_3A_2A_1A_0=01011$	$P_1P_0=00$	转移指令:B→F
		$\vdots$		
00101	$T=0$	微命令字段		微指令 G
00110	$T=1$	$A_4A_3A_2A_1A_0=00000$	$P_1P_0=00$	转移指令:G→A
		$\vdots$		
01010	$T=0$	微命令字段		微指令 C
01011	$T=0$	微命令字段		微指令 F
01100	$T=1$	$A_4A_3A_2A_1A_0=00100$	$P_1P_0=10$	转移指令:b 分支
		$\vdots$		
10010	$T=0$	微命令字段		微指令 D
10011	$T=1$	$A_4A_3A_2A_1A_0=01100$	$P_1P_0=00$	转移指令:D→b
10100	$T=0$	微命令字段		微指令 H

续表

微地址	微指令格式			注释
10101	$T=1$	$A_4 A_3 A_2 A_1 A_0 = 00000$	$P_1 P_0 = 00$	转移指令:H→A
⋮				
11010	$T=1$	$A_4 A_3 A_2 A_1 A_0 = 00000$	$P_1 P_0 = 11$	转移指令:c 分支
11011	$T=0$	微命令字段		微指令 E
11100	$T=1$	$A_4 A_3 A_2 A_1 A_0 = 00000$	$P_1 P_0 = 00$	转移指令:E→A

微程序执行过程描述如下：

启动运行 A：μPC 初始值为 00000，执行 00000 单元的微指令 A，因为 $T=0$，所以直接送出微命令字段的微命令。然后 μPC+1=00001。

a 分支：μPC=00001，则执行 00001 单元的微指令，因为 $T=1$，所以这是一条转移微指令。将转移地址 $A_4 A_3 A_2 A_1 A_0 = 00010$ 送到 μPC。因为 $P_1 P_0 = 01$，把 $IR_1 IR_0$ 的值送到 μPC 的 $\mu PC_4 \mu PC_3$ 两位。若 $IR_1 IR_0 = 00$，则最高两位被修改，μPC=00010；若 $IR_1 IR_0 = 01$，则最高两位被修改，μPC=01010；若 $IR_1 IR_0 = 10$，则最高两位被修改，μPC=10010；若 $IR_1 IR_0 = 11$，则最高两位被修改，μPC=11010。

a→B 流程：μPC=00010，则执行 00010 单元的微指令 B，因为 $T=0$，所以直接送出微命令字段的微命令。之后 μPC+1=00011。

B→F 流程：μPC=00011，则执行 00011 单元的微指令，因为 $T=1$，所以这是一条转移微指令。将转移地址 $A_4 A_3 A_2 A_1 A_0 = 01011$ 送到 μPC。因为 $P_1 P_0 = 00$，μPC 的值就是转移地址 01011。

F→b 流程：μPC=01011，则执行 01011 单元的微指令 F，因为 $T=0$，所以直接送出微命令字段的微命令。然后 μPC+1=01100。

b 分支：μPC=01100，则执行 01100 单元的微指令，因为 $T=1$，所以这是一条转移微指令。将转移地址 $A_4 A_3 A_2 A_1 A_0 = 00100$ 送到 μPC。因为 $P_1 P_0 = 10$，要根据 $IR_3 IR_2$ 的值修改 μPC_4 或者 μPC_0。若 $IR_3 IR_2 = 00$，则 μPC_0 置 1，μPC=00101；若 $IR_3 IR_2 = 01$，则 μPC_4 置 1，μPC=10100。

b→G 流程：μPC=00101，则执行 00101 单元的微指令 G，因为 $T=0$，所以直接送出微命令字段的微命令。然后 μPC+1=00110。

G→A 流程：μPC=00110，则执行 00110 单元的微指令，因为 $T=1$，所以这是一条转移微指令。将转移地址 $A_4 A_3 A_2 A_1 A_0 = 00000$ 送到 μPC。因为 $P_1 P_0 = 00$，μPC 的值就是转移地址 00000。

b→H 流程：μPC=10100，则执行 10100 单元的微指令 H，因为 $T=0$，所以直接送出微命令字段的微命令。然后 μPC+1=10101。

H→A 流程：μPC=10101，则执行 10101 单元的微指令，因为 $T=1$，所以这是一条转移微指令。将转移地址 $A_4A_3A_2A_1A_0=00000$ 送到 μPC。因为 $P_1P_0=00$，μPC 的值就是转移地址 00000。

$a \rightarrow C$ 流程：$\mu PC=01010$，则执行 01010 单元的微指令 C，因为 $T=0$，所以直接送出微命令字段的微命令。然后 $\mu PC+1=01011$。

$C \rightarrow F$ 流程：$\mu PC=01011$，则执行 01011 单元的微指令 F，因为 $T=0$，所以直接送出微命令字段的微命令。然后 $\mu PC+1=01100$。

$a \rightarrow D$ 流程：$\mu PC=10010$，则执行 10010 单元的微指令 D，因为 $T=0$，所以直接送出微命令字段的微命令。然后 $\mu PC+1=10011$。

$D \rightarrow b$ 流程：$\mu PC=10011$，则执行 10011 单元的微指令，因为 $T=1$，所以这是一条转移微指令。将转移地址 $A_4A_3A_2A_1A_0=01100$ 送到 μPC。因为 $P_1P_0=00$，μPC 的值就是转移地址 01100。

$a \rightarrow c$ 流程：$\mu PC=11010$，则执行 11010 单元的微指令，因为 $T=1$，所以这是一条转移微指令。将转移地址 $A_4A_3A_2A_1A_0=00000$ 送到 μPC。因为 $P_1P_0=11$，要结合 sf 的值修改 μPC 的值。若 $sf=1$，$\mu PC=\mu PC+1=11011$；若 $sf=0$，μPC 的值就是转移地址 00000。

$c \rightarrow E$ 流程：$\mu PC=11011$，则执行 11011 单元的微指令 E，因为 $T=0$，所以直接送出微命令字段的微命令。然后 $\mu PC+1=11100$。

$E \rightarrow A$ 流程：$\mu PC=11100$，则执行 11100 单元的微指令，因为 $T=1$，所以这是一条转移微指令。将转移地址 $A_4A_3A_2A_1A_0=00000$ 送到 μPC。因为 $P_1P_0=00$，μPC 的值就是转移地址 00000。

$c \rightarrow A$ 流程：$\mu PC=00000$，则执行 00000 单元的微指令 A。

（2）采用断定方式设计。

采用断定方式设计，需要在微指令中设置一个下址字段，用于指明下一条要执行的微指令的地址。μPC 不具有自动加 1 功能。共 8 条微指令，在 a、b、c 处需要判断微指令，所以微地址为 4 位，2 位判断位，定义为 P_1P_0。

微指令格式如图 6.12 所示。

微命令字段	下址字段 $A_3A_2A_1A_0$	判断字段 P_1P_0

图 6.12　断定方式下的微指令格式

① $P_1P_0=00(P=0)$，顺序执行，转移地址送 μPC。

② $P_1P_0=01(P=1)$，分支点 a，由 IR_1IR_0 控制修改 $\mu PC_3\mu PC_2$ 两位。

③ $P_1P_0=10(P=2)$，分支点 b，由 $IR_3IR_2=00$ 控制修改 μPC_1，由 $IR_3IR_2=01$ 控制修改 μPC_3。

④ $P_1P_0=11(P=3)$，分支点 c，用 sf 的值修改 μPC_2。

已知 IR 中的 $IR_3IR_2IR_1IR_0$、μIR 中的转移地址 $A_3 \sim A_0$ 和 P_1P_0。这样可以得到 μPC 中地址的形成逻辑：

$$\mu PC = (A_3 A_2 A_1 A_0) \cdot (P=0)$$
$$\mu PC_3 = (IR_3 IR_2 = 01) \cdot (P=2) + (IR_1) \cdot (P=1)$$
$$\mu PC_2 = IR_0 \cdot (P=1) + sf \cdot (P=3)$$
$$\mu PC_1 = (IR_3 IR_2 = 00) \cdot (P=2)$$

这样,可以得到 μPC 中地址形成的逻辑电路,如图 6.13 所示。

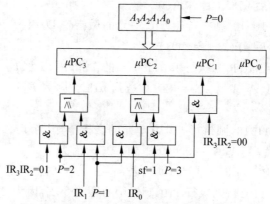

图 6.13　断定方式下 μPC 中地址形成的逻辑电路

综上所述,在断定方式下的控制存储器中,微程序及微地址设计如表 6.6 所示。

表 6.6　断定方式下微程序及微地址设计

微地址	微指令格式			注释
0000	微命令字段	$A_3 A_2 A_1 A_0 = 0010$	$P_1 P_0 = 01$	微指令 A
⋮				
0010	微命令字段	$A_3 A_2 A_1 A_0 = 0111$	$P_1 P_0 = 00$	微指令 B
0011	微命令字段	$A_3 A_2 A_1 A_0 = 0000$	$P_1 P_0 = 00$	微指令 G
0100	微命令字段	$A_3 A_2 A_1 A_0 = 0000$	$P_1 P_0 = 00$	微指令 E
⋮				
0110	微命令字段	$A_3 A_2 A_1 A_0 = 0111$	$P_1 P_0 = 00$	微指令 C
0111	微命令字段	$A_3 A_2 A_1 A_0 = 1000$	$P_1 P_0 = 00$	微指令 F
1000		$A_3 A_2 A_1 A_0 = 0001$	$P_1 P_0 = 10$	分支 b
1001	微命令字段	$A_3 A_2 A_1 A_0 = 0000$	$P_1 P_0 = 00$	微指令 H
1010	微命令字段	$A_3 A_2 A_1 A_0 = 1000$	$P_1 P_0 = 00$	微指令 D
⋮				
1110		$A_3 A_2 A_1 A_0 = 0000$	$P_1 P_0 = 11$	分支 c

微程序执行过程描述如下：

启动运行 A：μPC 初始值为 0000，执行 0000 单元的微指令 A，直接送出微命令字段的微命令。将转移地址 $A_3A_2A_1A_0=0010$ 送到 μPC。因为 $P_1P_0=01$，则把 IR_1IR_0 的值送到 μPC 的 μPC$_3\mu$PC$_2$ 两位。若 $IR_1IR_0=00$，则最高两位被修改，μPC$=0010$；若 $IR_1IR_0=01$，则最高两位被修改，μPC$=0110$；若 $IR_1IR_0=10$，则最高两位被修改，μPC$=1010$；若 $IR_1IR_0=11$，则最高两位被修改，μPC$=1110$。

a→B 流程：μPC$=0010$，则执行 0010 单元的微指令 B，直接送出微命令字段的微命令。将转移地址 $A_3A_2A_1A_0=0111$ 送到 μPC。因为 $P_1P_0=00$，μPC 的值就是转移地址 0111。

B→>F 流程：μPC$=0111$，则执行 0111 单元的微指令 F，直接送出微命令字段的微命令。将转移地址 $A_3A_2A_1A_0=1000$ 送到 μPC。因为 $P_1P_0=00$，μPC 的值就是转移地址 1000。

F→b 流程：μPC$=1000$，则执行 1000 单元的微指令，因为 $P_1P_0=10$，所以这是一条判断微指令。将转移地址 $A_3A_2A_1A_0=0001$ 送到 μPC。因为 $P_1P_0=10$，则要根据 IR_3IR_2 的值修改 μPC$_3$ 或者 μPC$_1$。若 $IR_3IR_2=00$，则 μPC$_1$ 置 1，μPC$=0011$；若 $IR_3IR_2=01$，则 μPC$_3$ 置 1，μPC$=1001$。

G→A 流程：μPC$=0011$，则执行 0011 单元的微指令 G，直接送出微命令字段的微命令。将转移地址 $A_3A_2A_1A_0=0000$ 送到 μPC。因为 $P_1P_0=00$，μPC 的值就是转移地址 0000。

H→A 流程：μPC$=1001$，则执行 1001 单元的微指令 H，直接送出微命令字段的微命令。将转移地址 $A_3A_2A_1A_0=0000$ 送到 μPC。因为 $P_1P_0=00$，μPC 的值就是转移地址 0000。

a→C 流程：μPC$=0110$，则执行 0110 单元的微指令 C，直接送出微命令字段的微命令。将转移地址 $A_3A_2A_1A_0=0111$ 送到 μPC。因为 $P_1P_0=00$，μPC 的值就是转移地址 0111。

C→F 流程：μPC$=0111$，则执行 0111 单元的微指令 F，直接送出微命令字段的微命令。将转移地址 $A_3A_2A_1A_0=1000$ 送到 μPC。因为 $P_1P_0=00$，μPC 的值就是转移地址 1000。

a→D 流程：μPC$=1010$，则执行 1010 单元的微指令 D，直接送出微命令字段的微命令。将转移地址 $A_3A_2A_1A_0=1000$ 送到 μPC。因为 $P_1P_0=00$，μPC 的值就是转移地址 1000。

a→c 流程：μPC$=1110$，则执行 1110 单元的微指令，因为 $P_1P_0=11$，所以这是一条判断微指令。将转移地址 $A_3A_2A_1A_0=0000$ 送到 μPC。因为 $P_1P_0=11$，要结合 sf 的值修改 μPC$_2$ 的值。若 sf$=1$，μPC$=0100$；若 sf$=0$，μPC 的值就是转移地址 0000。

E→A 流程：μPC$=0100$，则执行 0100 单元的微指令 E，直接送出微命令字段的微命令。将转移地址 $A_3A_2A_1A_0=0000$ 送到 μPC。因为 $P_1P_0=00$，μPC 的值就是转移地址 0000。

（3）联合方式。

在联合方式下的控制器中，需要具有自动增量功能的 μPC。微指令格式中包含转移控制字段和转移地址字段。由转移控制字段确定是执行 μPC 自动增量获得下一条微地址，还是将转移地址字段传送到 μPC 作为后继微地址。

共有 8 条微指令,a、b、c 分支判断微指令需要 4 位微地址,即 $\mu PC_3 \sim \mu PC_0$。转移地址字段也 4 位,即 $A_3 \sim A_0$。考虑分支点、计数控制和无条件转移,转移控制字段需要 3 位,用 $P_2 P_1 P_0$ 表示。

微指令格式如图 6.14 所示。

微命令字段	转移地址字段$A_3A_2A_1A_0$	转移控制字段$P_2P_1P_0$

图 6.14　联合方式下的微指令格式

① $P_2 P_1 P_0 = 000 (P=0)$,顺序执行,$\mu PC + 1 \rightarrow \mu PC$。

② $P_2 P_1 P_0 = 001 (P=1)$,无条件转移,转移地址送 μPC。

③ $P_2 P_1 P_0 = 010 (P=2)$,分支点 a,由 $IR_1 IR_0$ 控制修改 $\mu PC_3 \mu PC_2$ 两位。

④ $P_2 P_1 P_0 = 011 (P=3)$,分支点 b,由 $IR_3 IR_2 = 00$ 控制修改 μPC_0,由 $IR_3 IR_2 = 01$ 控制修改 μPC_2。

⑤ $P_2 P_1 P_0 = 100 (P=4)$,分支点 c,若 sf=0,根据转移地址转向微指令 A 单元,否则 $\mu PC + 1 \rightarrow \mu PC$。

已知 IR 中的 $IR_3 \sim IR_0$、μIR 中的转移地址 $A_3 \sim A_0$ 和 $P_2 P_1 P_0$。这样可以得到 μPC 中地址的形成逻辑:

$\mu PC = (\mu PC + 1) \cdot (P=0)$

$\mu PC = (A_3 A_2 A_1 A_0) \cdot (P=1)$

$\mu PC_3 = (IR_1) \cdot (P=2)$

$\mu PC_2 = IR_0 \cdot (P=2) + (IR_3 IR_2 = 01) \cdot (P=3)$

$\mu PC_0 = (IR_3 IR_2 = 00) \cdot (P=3)$

这样,可以得到 μPC 中地址形成的逻辑电路,如图 6.15 所示。

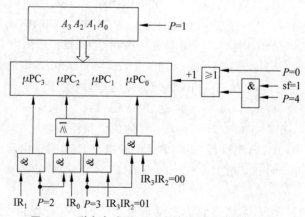

图 6.15　联合方式下 μPC 中地址形成的逻辑电路

综上所述,联合方式下的控制存储器中,微程序及微地址设计如表 6.7 所示。

表 6.7　联合方式下微程序及微地址设计

微地址	微指令格式			注释
0000	微命令字段	$A_3A_2A_1A_0=0010$	$P_2P_1P_0=010$	微指令 A
0001	微命令字段	$A_3A_2A_1A_0=0000$	$P_2P_1P_0=001$	微指令 G
0010	微命令字段	$A_3A_2A_1A_0=0111$	$P_2P_1P_0=001$	微指令 B
0100	微命令字段	$A_3A_2A_1A_0=0000$	$P_2P_1P_0=001$	微指令 H
$\vdots$				
0110	微命令字段	$A_3A_2A_1A_0=$	$P_2P_1P_0=000$	微指令 C
0111	微命令字段	$A_3A_2A_1A_0=$	$P_2P_1P_0=000$	微指令 F
1000		$A_3A_2A_1A_0=0000$	$P_2P_1P_0=011$	分支 b
$\vdots$				
1010	微命令字段	$A_3A_2A_1A_0=1000$	$P_2P_1P_0=001$	微指令 D
$\vdots$				
1110		$A_3A_2A_1A_0=0000$	$P_2P_1P_0=100$	分支 c
1111	微命令字段	$A_3A_2A_1A_0=0000$	$P_2P_1P_0=001$	微指令 E

微程序执行过程描述如下:

启动运行 A:μPC 初始值为 0000,执行 0000 单元的微指令 A,直接送出微命令字段的微命令。将转移地址 $A_3A_2A_1A_0=0010$ 送到 μPC。因为 $P_2P_1P_0=010$,则把 IR_1IR_0 的值送到 μPC 的 $\mu PC_3\mu PC_2$ 两位。若 $IR_1IR_0=00$,则最高两位被修改,μPC$=0010$;若 $IR_1IR_0=01$,则最高两位被修改,μPC$=0110$;若 $IR_1IR_0=10$,则最高两位被修改,μPC$=1010$;若 $IR_1IR_0=11$,则最高两位被修改,μPC$=1110$。

a→B 流程:μPC$=0010$,则执行 0010 单元的微指令 B,直接送出微命令字段的微命令。将转移地址 $A_3A_2A_1A_0=0111$ 送到 μPC。因为 $P_2P_1P_0=001$,μPC 的值就是转移地址 0111。

B→F 流程:μPC$=0111$,则执行 0111 单元的微指令 F,直接送出微命令字段的微命令。因为 $P_2P_1P_0=000$,μPC 的值就是 μPC$+1=1000$。

F→b 流程:μPC$=1000$,则执行 1000 单元的微指令,因为 $P_2P_1P_0=011$,则要根据 IR_3IR_2 的值修改 μPC_2 或者 μPC_0。将转移地址 $A_3A_2A_1A_0=0000$ 送到 μPC。若 $IR_3IR_2=00$,则 μPC_0 置 1,μPC$=0001$;若 $IR_3IR_2=01$,则 μPC_2 置 1,μPC$=0100$。

G→A 流程:μPC$=0001$,则执行 0001 单元的微指令 G,直接送出微命令字段的微命令。将转移地址 $A_3A_2A_1A_0=0000$ 送到 μPC。因为 $P_2P_1P_0=001$,μPC 的值就是转移地

址 0000。

H→A 流程：$\mu PC=0100$，则执行 0100 单元的微指令 H，直接送出微命令字段的微命令。将转移地址 $A_3A_2A_1A_0=0000$ 送到 μPC。因为 $P_2P_1P_0=001$，μPC 的值就是转移地址 0000。

a→C 流程：$\mu PC=0110$，则执行 0110 单元的微指令 C，直接送出微命令字段的微命令。因为 $P_2P_1P_0=000$，μPC 的值就是 $\mu PC+1=0111$。

C→F 流程：$\mu PC=0111$，则执行 0111 单元的微指令 F，直接送出微命令字段的微命令。因为 $P_2P_1P_0=000$，μPC 的值就是 $\mu PC+1=1000$。

a→D 流程：$\mu PC=1010$，则执行 1010 单元的微指令 D，直接送出微命令字段的微命令。将转移地址 $A_3A_2A_1A_0=1000$ 送到 μPC。因为 $P_2P_1P_0=001$，μPC 的值就是转移地址 1000。

a→c 流程：$\mu PC=1110$，则执行 1110 单元的微指令，因为 $P_2P_1P_0=100$，要结合 sf 的值修改 μPC 的值。将转移地址 $A_3A_2A_1A_0=0000$ 送到 μPC。若 sf$=1$，$\mu PC=\mu PC+1=1111$；若 sf$=0$，μPC 的值就是转移地址 0000。

E→A 流程：$\mu PC=1111$，则执行 1111 单元的微指令 E，直接送出微命令字段的微命令。将转移地址 $A_3A_2A_1A_0=0000$ 送到 μPC。因为 $P_2P_1P_0=001$，μPC 的值就是转移地址 0000。

6.4 8086 微处理器

6.4.1 8086 的内部结构

8086 微处理器内部包括运算器和控制器两部分，如图 6.16 所示。

8086 CPU 内部包括运算器和控制器两部分。运算器用于完成数据的算术运算和逻辑运算。控制器从内存中读取程序中的每条指令，解释分析后，向其他部件发出控制信号，指挥和协调其他部件实现指令规定的功能。

为了与外部的其他部件进行信息交流，控制器内有地址形成电路和总线控制逻辑电路。地址形成电路通过计算形成访问内存的物理地址。总线控制逻辑电路实现对总线上的地址、数据和控制信号的管理。

6.4.2 8086 的外部引脚

8086 微处理器有最小模式和最大模式两种基本的工作模式。最小模式是指微机系统中只有 8086 这一个微处理器，系统中所有的总线控制信号都由这个微处理器产生。最大模式是指微机系统中有两个以上的处理器，其中 8086 是主处理器，其他的处理器是协处理器。在最大模式下工作时，系统中的控制信号不是直接由主处理器产生的，而是通过总线控制器对各处理器发出的控制信号进行变换和组合，来最终产生总线控制信号。8086 微处理器工

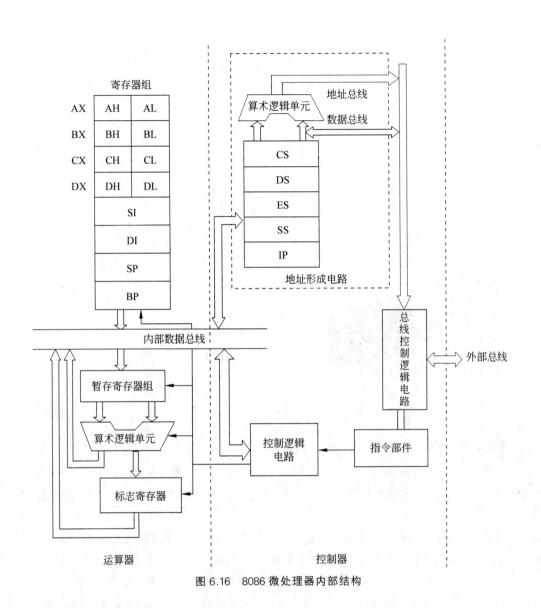

图 6.16　8086 微处理器内部结构

作于不同模式时,有 8 条引脚具有不同的功能。

8086 微处理器采用 40 引脚双列直插式封装,单一＋5V 供电。8086 微处理器的地址线有 20 条,数据线有 16 条,另外还有控制信号线、状态线、时钟线、电源线、地线等。为了减少芯片引脚数量,有些引脚采用分时复用的方法,即相同的信号线在不同的时间传输不同的信息。

图 6.17(a)是 8086 微处理器芯片外观,图 6.17(b)是 8086 微处理器的引脚,括号内是该引脚在最大模式下的定义。

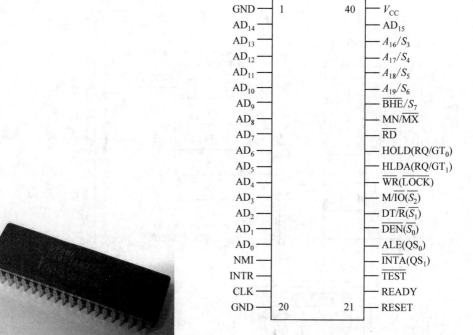

(a) 8086 微处理器芯片外观　　　　　　　　(b) 8086 微处理器引脚

图 6.17　8086 微处理器外观及引脚

1. 8086 最小模式和最大模式下的公共引脚

(1) $MN/\overline{MX}$(Minimum/Maximum Mode Control)：最小/最大模式控制信号输入线。该引脚为高电平时，8086 微处理器工作在最小模式；该引脚为低电平时，8086 微处理器工作在最大模式。

(2) $AD_0 \sim AD_{15}$(Address/Data Bus)：分时复用的地址/数据总线。传送地址时为三态输出信号线，传送数据时为可双向三态输入输出的信号线。

(3) $A_{16}/S_3 \sim A_{19}/S_6$(Address/Status)：分时复用的地址/状态线。传送地址信息时，$A_{16} \sim A_{19}$ 与 $AD_0 \sim AD_{15}$ 一起构成 20 位地址线；传送状态信息时，$S_3 \sim S_6$ 表示状态信息。

状态信号的含义如下：S_6 恒为 0。S_5 与中断允许标志 IF 的值一致。S_4 和 S_3 的组合表明当前使用的段寄存器。$S_4 S_3$ 为 00 时，当前使用的是 ES 段寄存器；$S_4 S_3$ 为 01 时，当前使用的是 SS 段寄存器；$S_4 S_3$ 为 10 时，当前使用的是 CS 段寄存器，用于对存储器寻址或对 I/O、中断向量寻址；$S_4 S_3$ 为 11 时，当前使用的是 DS 段寄存器。

(4) $\overline{RD}$(Read)：读信号输出线。该引脚为低电平时，表明微处理器正在读取存储器或 I/O 接口；该引脚为高电平时，表明微处理器没有读取存储器或 I/O 接口。

(5) NMI(Non-Maskable Interrupt)：不可屏蔽中断请求输入线。该引脚出现上升沿

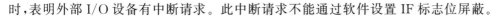

时,表明外部 I/O 设备有中断请求。此中断请求不能通过软件设置 IF 标志位屏蔽。

（6）INTR（Interrupt Request）：可屏蔽中断请求输入线。该引脚为高电平时,表明外部 I/O 设备有中断请求。此中断请求可以通过软件设置 IF 标志位屏蔽。

（7）RESET：系统复位信号输入线。在该引脚上保持 4 个时钟周期以上的高电平时,微处理器立即停止当前操作,完成内部复位操作。CPU 复位时,将 CS 置为 0FFFFH,将 IP、DS、ES、SS 及标志寄存器清零,将指令队列清空。

（8）CLK（Clock）：时钟输入线。时钟发生器通过该引脚为微处理器提供系统时钟信号。8086 可使用的时钟频率为 5MHz。

（9）READY："准备好"信号输入线。该引脚与内存或 I/O 接口的响应信号相连。该引脚为高电平时,表示内存或 I/O 接口处于准备好状态,CPU 可以对其进行数据传送等操作；该引脚为低电平时,表示内存或 I/O 接口未准备好,此时 CPU 进入等待状态,直到该引脚变为高电平后,才能继续进行数据传送等操作。

（10）$\overline{\text{TEST}}$：测试信号输入。CPU 执行 WAIT 指令时,每隔 5 个时钟周期检测此引脚。若为高电平,CPU 就处于空转等待状态；若为低电平,则 CPU 结束等待状态,执行下一条指令。

（11）$\overline{\text{BHE}}/S_7$（Bus High Enable/Status）：总线高字节有效输出信号/状态信号。在数据传送期间,该引脚为低电平时表示高 8 位数据线正在使用；在非数据传送期间,该引脚用于表示 S_7 状态,含义未定义。

在 8086 系统中,存储器采用分体结构。一个存储体中只包含偶数地址,称为偶地址存储体；另一个存储体中只包含奇数地址,称为奇地址存储体。8086 微处理器有 16 条数据线,低 8 位数据线总是与偶地址的存储器单元或 I/O 端口相连接,高 8 位数据线总是与奇地址的存储器单元或 I/O 端口相连接。$\overline{\text{BHE}}$ 与低位地址线 AD_0 组合起来,表示当前总线的使用情况,如表 6.8 所示。

表 6.8　$\overline{\text{BHE}}$ 与 AD_0 组合的含义

$\overline{\text{BHE}}$	AD_0	总线使用情况
0	0	在 16 位数据总线上进行字传送
0	1	在高 8 位数据总线上进行字节传送
1	0	在低 8 位数据总线上进行字节传送
1	1	无效

2. 8086 最小模式下的引脚

（1）$\overline{\text{INTA}}$（Interrupt Acknowledge）：中断响应信号输出线。当 CPU 响应可屏蔽中断请求 INTR 引脚上送来的外部 I/O 设备中断请求时,CPU 在该引脚上发出两个时钟周期的连续的低电平信号,可以用作外部设备的通知信号。

(2) ALE(Address Latch Enable):地址锁存允许信号输出线。当 CPU 在地址总线上送出地址时,该引脚提供的高电平控制信号可以作为地址锁存器的控制信号,使其将地址信息锁存。

(3) $\overline{DEN}$(Data Enable):数据允许信号输出线。当 CPU 在数据总线上传送数据时,该引脚提供的低电平控制信号可以作为数据总线收发器的控制信号,使其接收或发送数据。当 CPU 处于 DMA 方式时,此引脚被悬空。

(4) DT/$\overline{R}$(Data Transmit/Receive):数据发送/接收信号输出线。该引脚为高电平时,表明 CPU 向内存或 I/O 接口发送数据;该引脚为低电平时,表示 CPU 从内存或 I/O 接口接收数据。这个引脚表明了数据的传输方向。当 CPU 处于 DMA 方式时,此引脚被悬空。

(5) M/$\overline{IO}$(Memory/Input and Output):存储器或 I/O 访问输出线。该引脚为高电平时,表示 CPU 正在访问存储器;该引脚为低电平时,表示 CPU 正在访问 I/O 接口。

(6) $\overline{WR}$(Write):写信号输出线。该引脚为低电平时,表明微处理器正在写存储器或 I/O 接口;该引脚为高电平时,微处理器没有对存储器或 I/O 接口做写操作。当 CPU 处于 DMA 方式时,此引脚为高阻态。

(7) HOLD(Hold Request):总线保持请求信号输入线。当 CPU 外部的总线主设备(如 DMA 控制器)要求占用总线时,通过该引脚向 CPU 发送一个高电平的总线保持请求信号。

(8) HLDA(Hold Acknowledge):总线保持响应信号输出线。当 CPU 接收到 HOLD 信号后,如果同意让出总线控制权,则通过该引脚发出高电平信号给发出 HOLD 信号的总线主设备,该总线主设备获得总线的控制权。

3. 8086 最大模式下的引脚

(1) QS_0、QS_1(Instruction Queue Status):指令队列状态输出线。这两个引脚的不同电平组合表明了 8086 内部指令队列的状态。QS_1、QS_0 的组合含义如表 6.9 所示。

表 6.9　QS_1、QS_0 的组合含义

QS_1	QS_0	含　　义
0	0	指令队列无操作
0	1	从指令队列的第一个字节中取走代码
1	0	队列为空
1	1	除第一个字节外,还取走后续字节中的代码

(2) $\overline{S}_0$、$\overline{S}_1$ 和 $\overline{S}_2$(Bus Cycle Status):总线周期状态信号输出线。8086 通过这 3 个控制信号线外接总线控制器 8288,可以产生多个不同的控制信号,其含义如表 6.10 所示。

表 6.10　$\bar{S}_0$、$\bar{S}_1$ 和 $\bar{S}_2$ 组合含义

$\bar{S}_2$	$\bar{S}_1$	$\bar{S}_0$	通过 8288 产生的控制信号	具体操作状态
0	0	0	$\overline{INTA}$	发中断响应信号
0	0	1	$\overline{IORC}$(I/O Read Command,I/O 读命令)	读 I/O 接口
0	1	0	$\overline{IOWC}$（I/O Write Command,I/O 写命令）和 $\overline{AIOWC}$（Advanced I/O Write Command,提前 I/O 写命令）	写 I/O 接口
0	1	1	无	暂停
1	0	0	$\overline{MRDC}$(Memory Read Command,存储器读命令)	取指令
1	0	1	$\overline{MRDC}$(Memory Read Command,存储器读命令)	读内存
1	1	0	$\overline{MWTC}$(Memory Write Command,存储器写命令)、$\overline{AMWC}$(Advanced Memory Write Command,提前存储器写命令)	写内存
1	1	1	无	无效状态

（3）$\overline{LOCK}$：总线封锁信号输出线。该引脚为低电平时,不允许系统中其他的总线主设备使用总线。

（4）RQ/GT$_0$ 和 RQ/GT$_1$（Request/Grant）：总线请求信号输入/总线请求允许信号输出线。这两个信号可以提供给微处理器以外的两个总线主设备,用来发出使用总线的请求和接收微处理器对总线请求信号的回答。

6.5　实验设计

本节实验的目的是了解 PC 中的程序执行过程,了解 AEDK 虚拟机的微程序控制器设计。

6.5.1　PC 的微处理器

微处理器是 PC 硬件的核心部件。当前 CPU 品牌厂家主要有 Intel 和 AMD 两家。在 Windows 操作系统的控制面板中,打开【设备管理器】窗口,可以查看微处理器的品牌、主频等信息,如图 6.18 所示。

6.5.2　AEDK 虚拟机的控制器

AEDK 虚拟机提供了运算器模块、指令部件模块、通用寄存器模块、存储器模块、微程序模块、启停和时序模块、总线传输模块以及监控模块。在各个单元模块实验中,各模块的控制信号都由实验者手动模拟产生;而微程序控制系统是在微程序的控制下自动产生各种单元模块的控制信号,实现特定指令的功能。

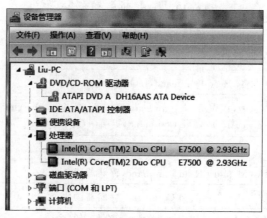

图 6.18　PC 的微处理器

1. AEDK 虚拟机微程序控制器的构成

AEDK 虚拟机采用 3 片 6264 组成微程序存储器,采用 2 片 74LS161 组成 8 位微地址寄存器,采用 3 片 74LS374 组成 24 位微指令寄存器,采用 2 片 74LS157 作为二选一数据选择器。

微程序入口地址采用"按操作码散转"法,指令操作码的高 4 位作为核心扩展成 8 位的微程序入口地址 $MD_0 \sim MD_7$。微地址寄存器有置微地址和自动加 1 两种方式。MLD 是微地址寄存器的加 1 信号,MCK 是微地址寄存器的置数信号。由二选一数据选择器确定微地址寄存器或者微指令中的微地址作为下一条微指令的微地址。微地址送至微程序存储器的地址总线,读取对应的微指令,输出至微指令寄存器,产生虚拟机的 24 位控制信号。

AEDK 虚拟机微程序控制器的构成如图 6.19 所示。(动画演示文件名:虚拟机实验 7 模型机实验.swf 和 textw.txt)

2. 微指令格式

AEDK 虚拟机采用 24 位微指令,采用水平直接表示法,一共有 24 个微操作控制信号。微指令格式如表 6.11 所示。

表 6.11　AEDK 虚拟机微指令格式

位	23	22	21	20	19	18	17	16	15	14	13	12
微操作控制信号	MLD	WM	RM	EIR1	EIR2	IR2-O	PC-O	ELP	RR	WR	HALT	X0
位	11	10	9	8	7	6	5	4	3	2	1	0
微操作控制信号	X1	ERA	RA-O	EDR1	EDR2	ALU-O	CN	M	S3	S2	S1	S0

AEDK 虚拟机微程序如表 6.12 所示。

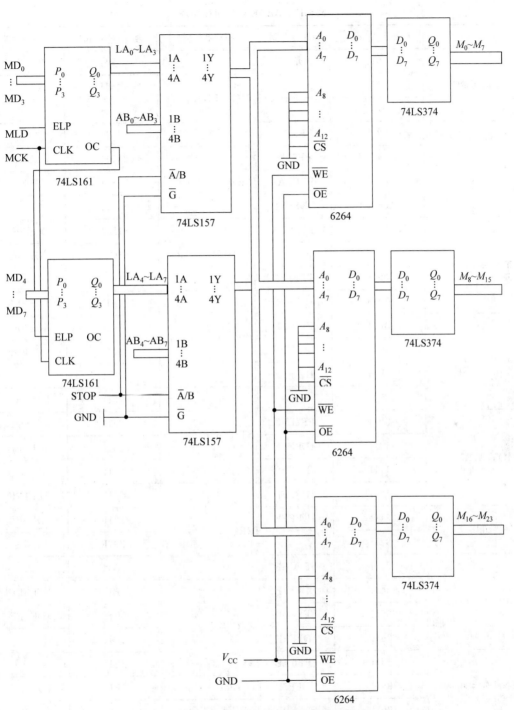

图 6.19　AEDK 虚拟机微程序控制器的构成

表 6.12   AEDK 虚拟机微程序

指令助记符	微地址有效值	十六进制	指令助记符	微地址有效值	十六进制
取指微指令	00H	4DFFFF	MOV Ri,A	13H	7FBDFF
	01H			14H	4DFFFF
	02H			15H	
ADD A,Ri	03H	FFFCF9		16H	
	04H	FF7F79	MOV A,#data	17H	DDFBFF
	05H	FFFBA9		18H	4DFFFF
	06H	4DFFFF		19H	
SUB A,Ri	07H	FFFCD6	MOV Ri,#data	1BH	DDBFFF
	08H	FF7F56		1CH	4DFFFF
	09H	FFFB86		1DH	
	0AH	4DFFFF	LDA A,addr	1FH	D5FFFF
MOV A,@Ri	0BH	F77FFF		20H	DBFBFF
	0CH	DBFBFF		21H	4DFFFF
	0DH	4DFFFF		22H	
	0EH		STA addr	23H	D5FFFF
MOV A,Ri	0FH	FF7BFF		24H	BBFDFF
	10H	4DFFFF		25H	4DFFFF
	11H	4DFFFF		26H	
	12H	4DFFFF	RRC A	27H	FFF1EF
JMP addr	31H	4DFFFF		28H	4DFFFF
	32H			29H	
ORL A,#data	33H	FFFCFE		2AH	
	34H	DDFF7E	RLC A	2BH	FFE9EF
	35H	FFFBBE		2CH	4DFFFF
	36H	4DFFFF		2DH	
ANL A,#data	37H	FFFCEB		2EH	
	38H	DDFF7B	JZ addr	2FH	4DFFFF
	39H	FFFBBB	JC addr	30H	4DFFFF

续表

指令助记符	微地址有效值	十六进制	指令助记符	微地址有效值	十六进制
ANL A，#data	3AH	4DFFFF			
	3BH				
	3CH				
	3DH				
	3EH				
HALT	3FH	FFDFFF			

3．实验内容及步骤

1）在了解 AEDK 虚拟机的硬件组成、指令系统、微程序系统的基础上，在 AEDK 虚拟机上调试程序，将数据 1 和数据 2 相加，将和存入内存储器的 5 单元中。采用微单步方式跟踪程序运行时虚拟机上的操作序列和控制信号序列。

（1）参考第 5 章实验设计，完成源程序编写，将源程序转换为二进制代码，并存入内存中。

（2）启动虚拟机，采用微单步运行程序。控制器自动执行取值微指令，取得指令后分析指令，执行指令的微程序，完成程序的运行。程序运行时虚拟机上的操作序列和控制信号序列如表 6.13 所示。

表 6.13　程序微单步运行记录

序号	μPC	微指令代码	微指令二进制代码	控制信号序列	操作序列	周期	发生改变的部件及数据
1	00	4DFFFF	0100 1101 1111 1111 1111 1111	MLD，RM，EIR1，PC-O	PC→M→IR1	取指	IR1=5F，PC=01
2	07	DDFBFF	1101 1101 1111 1011 1111 1111	RM，PC-O，ERA	PC→M→A	执行	A=01，PC=02
3	18	4DFFFF	0100 1101 1111 1111 1111 1111	MLD，RM，EIR1，PC-O	PC→M→IR1	取指	IR1=6C，PC=03
4	1B	DDBFFF	1101 1101 1011 1111 1111 1111	RM，PC-O，WR	PC→M→R0	执行	R0=02，PC=04
5	1C	4DFFFF	0100 1101 1111 1111 1111 1111	MLD，RM，EIR1，PC-O	PC→M→IR1	取指	IR1=0C，PC=05
6	03	FFFCF9	1111 1111 1111 1100 1111 1001	RA-O，EDR1	A→DR1	执行	DR1=01
7	04	FF7F79	1111 1111 0111 1111 0111 1001	RR，EDR2	R0→DR2	执行	DR2=02
8	05	FFFBA9	1111 1111 1111 1011 1010 1001	ERA，ALU-O，S3S2S1S0=1001	ALU＋，ALU→A	执行	A=03
9	06	4DFFFF	0100 1101 1111 1111 1111 1111	MLD，RM，EIR1，PC-O	PC→M→IR1	取指	IR1=8F，PC=06

序号	μPC	微指令代码	微指令二进制代码	控制信号序列	操作序列	周期	发生改变的部件及数据
10	23	D5FFFF	1101 0101 1111 1111 1111 1111	RM,EIR2,PC-O	PC→M→IR2	执行	IR2=05,PC=07
11	24	BBFDFF	1011 1011 1111 1101 1111 1111	WM,IR2-0,RA-O	IR2→M,A→M	执行	(05)=03

2) 在了解 AEDK 虚拟机的硬件组成、指令系统、微程序系统的基础上,在 AEDK 虚拟机上调试程序,做 55H+66H-33H 运算,将结果存入内存储器的 12H 单元中。采用微单步方式跟踪程序运行时虚拟机上的操作序列和控制信号序列,记录在表 6.13 中。

6.6 本章小结

在计算机系统中,中央处理器(CPU)是计算机工作的指挥和控制中心。控制器是计算机的核心部件,能够产生一系列的控制信号,控制其他单元部件工作,完成指令的功能。

本章以一个简化的单总线 CPU 和内存构成的主机作为研究对象,研究了指令执行的操作序列和控制信号序列,介绍了组合逻辑控制器、阵列逻辑控制器和微程序控制器的实现原理和方法。

本章介绍了 8086 微处理器的内部结构和外部引脚以及系统总线的构成方法。了解 8086 微处理器的内部和外部特性,对微机系统的设计和应用非常重要。

习题 6

1. 假设 CPU 结构如图 6.1 所示,写出下列指令的操作序列和控制信号序列。

(1) ADD R1,3

(2) ADD R1,[20h]

(3) ADD [R2],R0

2. 某计算机有 5 条微指令,每条微指令包含的微命令如表 6.14 所示,采用直接控制法和字段编码法设计微程序控制器,画出微程序控制器的结构图。

表 6.14　题 2 微指令包含的微命令

微指令	微命令				
	a	b	c	d	e
I1	√	√	√		
I2	√		√		

续表

微指令	微命令				
	a	b	c	d	e
I3		√		√	
I4		√			√
I5				√	

3. 已知某 CPU 的控制信号分为 10 组,每组控制信号的数量如表 6.15 所示。如果采用水平直接表示法和编码法,微指令长度分别是多少?

表 6.15 题 3 每组控制信号数量

组	第 1 组	第 2 组	第 3 组	第 4 组	第 5 组	第 6 组	第 7 组	第 8 组	第 9 组	第 10 组
控制信号数量	3	4	4	5	2	3	7	11	12	5

4. 某计算机为微程序控制计算机,其控制存储器容量为 1K×48b,微程序可以在整个控制存储器中实现转移,转移条件有 3 个。微指令格式中有几个字段? 每个字段有多少位?

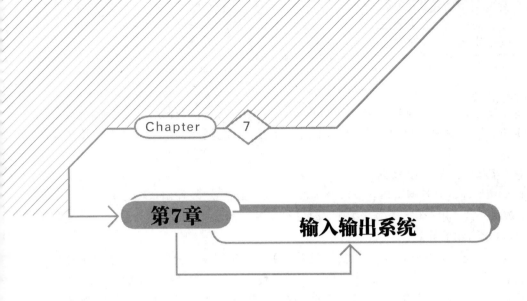

Chapter 7

第7章 输入输出系统

本章学习目标

- 了解总线与接口标准。
- 掌握 8086 系统总线的构成。
- 掌握输入输出接口的结构。
- 掌握输入输出接口的数据传输方式。
- 掌握典型可编程接口芯片的原理与应用。

本章首先介绍总线与接口标准,然后介绍输入输出接口的功能和结构以及 CPU 与输入输出接口之间的数据传输方式,最后介绍典型的可编程接口芯片原理与应用实例。

7.1 总线与接口标准

总线是许多信号线的集合,是模块与模块之间或者设备与设备之间互连和传递信息的通道。当多个设备连接到总线上时,其中任何一个设备发出的信号都可以被总线上的其他设备接收,但在同一时间段内,只能有一个设备作为主动设备(该设备被选中)发出响应信号,而其他设备处于被动接收状态。总线都有严格规定的标准,因此,按照总线标准研制的计算机系统具有很好的开放性。

7.1.1 总线的性能参数和分类

微机系统中使用的总线种类很多。总线的性能参数主要有总线频率、总线宽度和数据传输率。

总线频率的单位是 MHz,是总线上信号的基本时钟。总线频率越高,单位时间内传输的数据量就越大。

总线宽度是总线上可同时传输的数据的位数。位数越多,同时传输的信息就越多。

总线的数据传输率是在一定时间内总线上可传送的数据总量,用每秒最大传输数据量来表示,也称带宽,单位是 MB/s。

1. 按总线功能或信号类型划分

按总线功能或信号类型可以将总线分为数据总线、地址总线、控制总线 3 类。

(1) 数据总线:用于传输数据,具有双向三态逻辑。数据总线的宽度代表总线传输数据的能力,反映了总线的性能。

(2) 地址总线:用于传输地址信息,一般采用单向三态逻辑。地址信号一般是由处理器发出到总线上各个部件的。地址总线的位数决定了使用该总线的微机系统的寻址能力。

(3) 控制总线:用于传输控制、状态和时序信号,如读/写信号、中断信号等。有些信号是单向的,有些信号是双向的。控制总线决定了总线功能的强弱和适应性。

2. 按总线分级结构划分

按总线分级结构可以将总线分为 CPU 总线、局部总线、系统总线、通信总线 4 类。其中,CPU 总线、局部总线、系统总线三者又称为 PC 总线。

(1) CPU 总线:位于 CPU 内部,作为运算器、控制器、寄存器组等功能单元之间的信息通路,又称为内部总线,是微机系统中速度最快的总线。在现代微机系统中,CPU 总线也开始分布在 CPU 之外,紧紧围绕 CPU 的一个小范围内,提供系统原始的控制和命令等信号。

(2) 局部总线:某些具有高数据传输率的设备(如图形控制器、视频控制器、网络接口等),尽管微处理器有足够的处理能力,但是总线传输不能满足微处理器高速率的传输要求。为了解决这个矛盾,在微处理器和高速外设之间增加了一条直接通路,一侧面向 CPU 总线,一侧面向系统总线,分别通过桥芯片连接,这就是局部总线。局部总线是直接连接到 CPU 总线的 I/O 总线,使有高数据传输率需求的外设和微处理器能够更紧密地集成,为外设提供了更宽、更快的高速通路。例如,PCI 总线就是一种局部总线。

使用局部总线后,系统内形成了分层总线结构。在这种体系结构中,有不同数据传输率要求的设备分别连接在不同性能的总线上,以合理分配系统资源,满足不同设备的不同需要。另外,局部总线信号独立于微处理器,微处理器的更换不会影响系统结构。

(3) 系统总线:微机系统采用多模块结构(CPU、存储器、各种 I/O 模块),通常一个模块就是一块插件板,各插件板的插座之间采用的总线称为系统总线,又叫 I/O 通道总线。

(4) 通信总线:用于主机和 I/O 设备或者微机系统与微机系统之间通信的总线,又称为外部总线。

7.1.2 常见的总线标准

不同的设备在总线上相互连接并进行数据交换,需要对总线上各个信号的名称、功能、电气特性、时间特性等给出统一的规定,这就是总线标准。有了统一的总线标准,不同厂商提供的产品就可以互换与组合,同一系统总线上各插卡的位置也可以互换。下面介绍常见的几种总线标准。

1. STD 总线

STD 总线是 1978 年推出的用于工业控制微型计算机的标准系统总线,具有高可靠性、小板结构、高度模块化等优越的性能,在工业领域得到广泛的应用和迅速发展,现在已成为 IEEE P961 建议的总线标准。STD 总线是目前规模最小、设计较为全面且适应性较好的一种总线。

2. IBM PC 总线

IBM PC 总线简称 PC 总线或 PC/XT 总线,是 IBM PC/XT 个人计算机采用的微型计算机总线,是针对 Intel 8088 微处理器设计的。它采用了扩充的 I/O 通道形式,并经驱动器驱动以增加负载能力,连至扩充插槽,作为 I/O 接口板和主机之间的信息交换通道。

3. ISA 总线

ISA(Industry Standard Architecture,工业标准体系结构)总线是 Intel 公司、IEEE 和 EISA 集团联合在 62 线的 PC 总线的基础上扩充了 36 根线而开发的一种系统总线。因为它开始时是应用在 IBM PC/AT 机上的,所以又称为 PC/AT 总线。

4. EISA 总线

当 PC 发展到 32 位数据总线后,ISA 总线的数据总线和地址总线的宽度影响了 32 位微处理器的性能发挥。EISA 总线采用开放结构,与 ISA 总线兼容。EISA 总线由原来 ISA 总线的 98 个引脚扩展到 198 个引脚,具有 32 位数据线和 32 位地址线,寻址空间为 4GB,总线频率为 8.33MHz,最大数据传输率达到 33.3MB/s,这样的高速度很适合高速局域网、快速大容量磁盘及高分辨率图形显示。EISA 总线从 CPU 中分离出总线控制权,是一种智能化的总线,支持多总线主控和突发传输方式,可以直接控制总线对内存和 I/O 设备进行访问而不涉及 CPU,所以极大地提高了计算机的整体性能。

5. PCI 总线

为了充分发挥 Pentium 微处理器的全部资源,为其配备高性能、高带宽的总线,Intel、IBM、Compaq 等公司联合制定了 PCI 总线标准。PCI 总线的全称是外围部件互连(Peripheral Component Interconnect),它是一种高性能的局部总线。PCI 总线独立于处理器,传输效率高,支持多总线共存,支持线性突发传输,支持总线主控方式和同步操作,支持两种电压,提供了即插即用功能,具有高度的可靠性和兼容性,因此成为主流的总线标准,被广泛应用于现代台式机、工作站和便携机。

6. PCI Express 总线

PCI Express(简称 PCIE 总线)虽然从名称来看和 PCI 总线有些类似,但它们之间却有着本质的区别。PCI 总线采用的是并行通道,而 PCI Express 总线属于串行总线,进行的是点对点传输,每个传输通道单独享有带宽。PCI Express 总线还支持双向传输模式和数据分路传输模式。PCI Express 接口根据总线接口对位宽的要求不同而有所差异,分为 PCI Express 1×、2×、4×、8×、16× 甚至 32×,由此 PCI Express 的接口大小也不同,1× 最小,数值越大则接口越大。其中 1×、2×、4×、8×、16× 为数据分路传输模式,32× 为多通道双向传输模式。1× 单向传输带宽可达到 250MB/s,双向传输带宽可达到 500MB/s。同时大

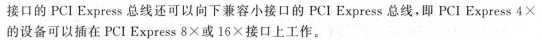

接口的 PCI Express 总线还可以向下兼容小接口的 PCI Express 总线,即 PCI Express 4×的设备可以插在 PCI Express 8×或 16×接口上工作。

7. USB

USB(Universal Serial Bus)是一种新型的外设接口标准,其基本思想是采用通用连接器、自动配置和热插拔技术以及相应的软件,实现资源共享和外设的简单、快速连接,这样就解决了传统接口电路中不同设备需要专用接口或插座以及不同的驱动程序所造成的使用、维护上的困难。1996 年,Intel 公司等公布了 USB 1.0 版本,目前最新的版本是 USB 4.0。USB 4.0 的传输速度为 40Gbit/s。USB 的硬件包括 USB 主控制器/根集线器(USB host controller/root hub)和 USB 设备。USB 主控制器和根集线器合称为 USB 主机(host)。USB 主控制器是硬件、固件和软件的联合体,负责总线上数据的传输,把并行的数据转换成串行的数据,并建立 USB 的传输通道,经根集线器在总线上传送。

8. IEEE 488 总线

IEEE 488 总线是一种并行外部总线,主要用于各种仪表之间和计算机与仪表之间的相互连接。1975 年,IEEE 488 成为标准接口总线的国际标准,是当前工业应用上最广泛的通信总线标准。

9. IEEE 1394 总线

IEEE 1394 总线是 Apple 公司于 1993 年提出的,用来取代 SCSI 的高速串行总线 FireWire,IEEE 于 1995 年 12 月正式接纳其为工业标准,全称是 IEEE 1394 高性能串行总线标准(IEEE 1394 High Performance Serial Bus Standard)。IEEE 1394 总线具有通用性强、传输速率高、总线提供电源、系统中设备之间关系平等、连接方便等优点。

10. AGP 总线

AGP(Accelerated Graphics Port,加速图形端口)总线是 Intel 公司提出的一种在 PC 平台上能充分改善 3D 图形和全运动视频处理的新型视频接口标准。显示卡的显存(显示内存)中不仅有影像数据,还有纹理数据、Z 轴的距离数据及 Alpha 变换数据等。由于显存价格昂贵,容量不大,所以通常将纹理数据从显存移到内存中。由于纹理数据传输量很大,若从内存通过 PCI 总线传送回显存,则 PCI 总线将成为系统的瓶颈。所以用 AGP 在内存和显示卡之间建立一条直接的通道,使得 3D 图形数据不通过 PCI 总线,而是直接送入显示子系统。

7.1.3　8086 系统总线构成

8086 微处理器引脚和外围芯片引脚共同形成 CPU 外部系统总线。

1. 8086 最小模式下系统总线构成

8086 微处理器在最小模式系统中需要的外围芯片包括时钟发生器、地址锁存器和数据收发器。图 7.1 是 8086 最小模式下的系统总线构成。

时钟发生器 8284 为微处理器提供适当的时钟信号。地址锁存器将微处理器输出的分时复用的地址/数据信号转换为独立的地址总线。数据收发器对微处理器输出的数据信号

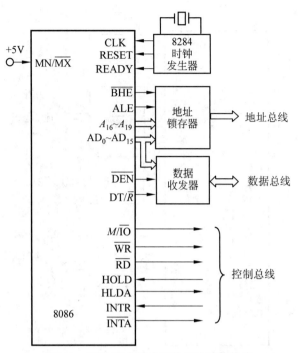

图 7.1 8086 最小模式下的系统总线构成

进行缓冲驱动,传送到外部数据总线,或者对外部数据总线输入的数据信号进行缓冲驱动。在最小模式下,控制总线一般负载较小,不需要设置驱动电路,可以直接从 8086 引出,作为外部控制信号线。

2. 8086 最大模式下系统总线构成

8086 最大模式是多处理器模式,控制信号不是直接从 8086 微处理器的引脚引出,而是通过总线控制器 8288 对各处理器发出的控制信号进行变换和组合,最终由 8288 产生系统控制总线信号。在最大模式下,同样需要时钟发生器 8284、地址锁存器和数据收发器。图 7.2 是 8086 最大模式下的系统总线构成。

3. 8086 总线周期

CPU 和存储器或 I/O 接口之间进行数据读写操作都需要经过总线部件,执行一次总线操作。完成一次总线操作所花费的时间称为一个总线周期。在 8086 微机系统中,一个基本的总线周期包括 4 个时钟周期,分别记为 T_1、T_2、T_3 和 T_4。这 4 个时钟周期的任务如下。

T_1:输出地址信息并锁存。在 T_1 时钟周期,微处理器向数据/地址复用总线上输出地址信息,以完成对要访问的存储单元或 I/O 接口寻址。

T_2:撤销地址,数据传送准备。此时数据总线上可以开始出现数据。

T_3:数据稳定在总线上。如果存储器或 I/O 接口完成数据的操作,则该时钟周期结束;如果存储器或 I/O 接口没有准备好,则在此时钟周期后插入一个或多个等待时钟周期,直到

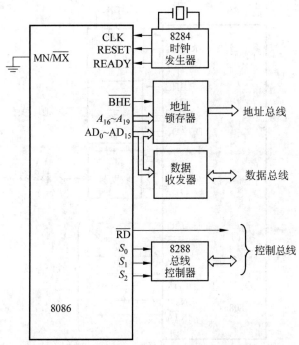

图 7.2　8086 最大模式下的系统总线构成

存储器或 I/O 接口准备好为止。

　　T_4：空闲或中断检测时钟周期。如果在 T_3 时钟周期，微处理器从总线上读入数据或者微处理器通过总线向存储器或 I/O 端口写入数据完成，则 T_4 时钟周期总线空闲，CPU 进行中断检测。

7.2　输入输出接口

　　CPU 与外部设备之间常需要进行频繁的信息交换，包括数据的输入输出、外部设备状态信息的读取及控制命令的传送等，这些都是通过接口来实现的。所谓接口（interface）便是微处理器与外部设备之间的连接部件（电路、芯片、器件），是进行信息交换的中转站。接口的全称为输入输出接口或 I/O 接口。

　　接口电路按通用性分为通用接口和专用接口。通用接口是可供多种外部设备使用的标准接口，目的是使微机正常工作。通用接口通常制造成集成电路芯片，称为接口芯片。例如，最初的 IBM-PC 使用了 6 块接口芯片：8284、8288、8255、8259、8237、8253，后来的微机将这些芯片集成为大规模集成电路芯片，称为芯片组。专用接口是指为某种用途或某类外设而专门设计的接口电路，目的在于扩充微机系统的功能。专用接口通常制造成接口卡，插在主板总线插槽上使用。事实上通用接口和专用接口的界限并不严格。

按照可编程性可将接口芯片分成硬布线逻辑接口芯片和可编程接口芯片。前者按照特定的要求设计，通常由中小规模电路构成，一旦加工、制造完毕，它的功能就不能再改变。而可编程接口芯片的功能可以由指令来控制和选择。例如，可以将某数据端口设定为输入端口，也可以将它设定为输出端口。显然，芯片的"可编程"特性扩大了它的应用范围，在使用时更为方便。

7.2.1　接口的组成结构

I/O 接口的组成结构如图 7.3 所示，把端口地址译码器、读/写/中断控制逻辑电路、数据缓冲/锁存器、数据端口、控制端口和状态端口等电路组合起来，就构成了一个基本的 I/O 接口电路。它一方面与微处理器系统地址总线、数据总线、控制总线相连接，另一方面又与外部设备相连。

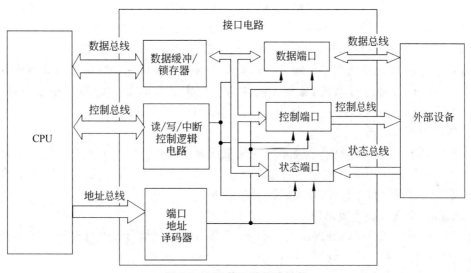

图 7.3　I/O 接口的组成结构

1. 数据缓冲/锁存器

数据缓冲/锁存器是连接系统数据总线的部分，起到缓冲和驱动的作用。数据缓冲/锁存器分为输入缓冲器和输出锁存器两种。

输入缓冲器用于暂时存放外部设备送来的信息。当微处理器选中该设备，即读输入缓冲器的控制信号有效时，才将输入缓冲器的三态门打开，输入缓冲器与总线通路打开，使外部设备的数据进入系统的数据总线；在其他时间，输入缓冲器的输出端呈高阻状态，输入缓冲器与系统的数据总线通路关闭。

输出锁存器的作用是暂存微处理器送往外部设备的信息，以便使外部设备有充分的时间接收和处理。在锁存允许端为无效电平时，数据总线上的新数据不能进入输出锁存器；只有当确知外部设备已经取走上次输出的数据时，才能在锁存允许端为有效电平时将新数据

送入输出锁存器锁存。

2. I/O 端口

接口内部可以包括一个或多个 CPU 可以进行读/写操作的寄存器,称为 I/O 端口寄存器,简称 I/O 端口。按存放信息的不同,I/O 端口可分为以下 3 种类型:

(1) 数据端口:用于暂存 CPU 与外部设备间传送的数据信息。

(2) 状态端口:用于暂存外部设备的状态信息。状态信息编码称为外部设备的状态字。

(3) 控制端口:用于暂存 CPU 对外部设备或接口的控制信息,控制外部设备或接口的工作方式。控制信息编码称为外部设备的控制字或命令字。

每个 I/O 端口都有一个唯一的地址。CPU 以端口地址来区分不同的端口,并对它们分别进行读、写操作。一个外部设备接口中往往有多个端口,因此,CPU 对外部设备的各种操作,例如向外部设备发控制命令、查询外部设备的状态、向外部设备输出数据、从外部设备获得数据等,最终均归结为对接口电路中各端口的读/写操作。

根据微机系统的不同,I/O 端口的编址方式通常有两种形式:一种是 I/O 端口与内存统一编址,另一种是 I/O 端口与内存独立编址。统一编址方式将 I/O 端口与内存单元统一进行地址分配,使用统一的指令访问 I/O 端口和内存储器单元。独立编址方式对内存储器单元和 I/O 端口分别进行编址,通过不同的指令区别访问的是 I/O 端口还是内存单元。8086 系统采用的是独立编址方式,使用专门的 IN/OUT 指令访问端口。

3. 端口地址译码器

微处理器在访问外部设备时,向系统地址总线发送要访问的端口地址。端口地址译码器接收到端口地址后应能产生相应的选通信号,使相关端口与 CPU 之间建立数据、命令或状态的传输通道,从而完成一次输入或输出的操作。

4. 读/写/中断控制逻辑电路

这部分逻辑电路根据微处理器发出的读、写和中断控制信号以及外部设备发出的应答联络信号产生内部各端口的读写控制信号。

7.2.2 I/O 端口地址译码

CPU 访问 I/O 端口时,在地址总线上送出的端口地址和在控制总线上送出的控制信号组合在一起,产生接口芯片需要的地址和控制信号,用于对接口内部的端口进行寻址和控制。在正确寻址的基础上,CPU 和端口之间才能进行数据传送。

1. I/O 端口地址译码的基本原则

I/O 接口芯片与 CPU 通过数据总线、地址总线和控制总线相接。I/O 接口芯片与 CPU 这一端连接的信号线一般有多位数据信号线、多位端口地址选择信号线、一位片选信号线和读/写信号线。

通常 CPU 的数据总线和 I/O 接口芯片的数据信号线直接相接,完成两者之间的数据传递;CPU 的低位地址线和 I/O 接口芯片上的多位端口地址选择信号线直接相接,完成 I/O 接口内部端口的选择(片内寻址);CPU 的读/写信号线和 I/O 接口芯片的读/写信号线直接相接,实现读写控制;CPU 的高位地址线和 CPU 的控制信号线组合,经端口地址译码电路产生 I/O 接口芯片的片选信号 $\overline{CS}$,实现系统中的接口芯片片间寻址。

图 7.4 是 CPU 与接口芯片连接的示意图。

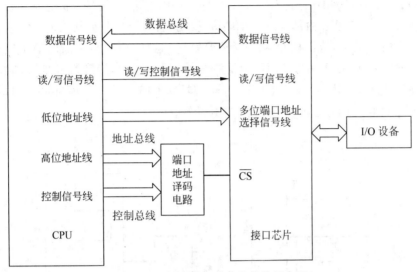

图 7.4　CPU 与接口芯片连接的示意图

在 8086 系统中,常用的接口控制信号线有 $\overline{RD}$、$\overline{WR}$、M/ $\overline{IO}$、$\overline{IOR}$、$\overline{IOW}$、$\overline{BHE}$ 以及 DMA 控制逻辑送到 I/O 槽上的 $\overline{AEN}$(为低电平表示处于非 DMA 传送状态)等。8086 数据线有 16 位,如果接口芯片数据线有 8 位,则 CPU 用低 8 位数据线与接口的数据信号线相连。8086 采用 $A_9 \sim A_0$ 的地址线作为 I/O 访问地址线。系统中存在多块接口芯片时,多块接口芯片的片选信号必须不同,这样才能保证产生的片选地址范围不一样,否则就会发生端口地址冲突。

在某些系统中,端口地址采用偶地址连接方式。在这种连接方式下,CPU 地址线的 A_0 信号线为 0,不接到接口芯片上,而是从 A_1 开始分配低位地址线用于端口选择。这样,接口芯片内部的每个端口地址都是偶数。

2. I/O 端口地址译码电路的形式

I/O 端口地址译码技术主要研究片选译码电路的设计。按译码电路的形式来看,又可分为固定式译码和可选式译码。

1) I/O 端口地址的固定式译码

固定式译码是指译码电路设计好后,接口芯片中的端口地址就固定了,不能更改。为该接口编写驱动程序时,一定要按固定的端口地址编写。大部分接口卡采用固定式译码。固定式译码可用门电路和译码器进行设计。

采用门电路设计地址译码电路,是指采用与门、与非门、反相器、或门等基本门电路构成地址译码电路。CPU 高位地址线信号和控制信号经过门电路逻辑产生接口芯片的片选信号$\overline{CS}$。

当系统中有多个接口芯片时,常采用专用的译码器进行片选地址译码设计。CPU 高位地址线信号和控制信号经过译码器译码后产生每个接口芯片的片选信号$\overline{CS}$。

【例 7-1】 图 7.5 为用门电路设计的端口地址译码电路,分析端口的地址范围。

解:图 7.5 中接口芯片内部只有一个端口,要访问该端口,只要接口芯片的片选信号$\overline{CS}$有效即可。要使$\overline{CS}$有效,或门两个输入端必须为 0。这样,两个与非门的输出端必须为 0。而在与非门的输入端,直接接与非门的地址线必须为 1,经过非门接到与非门的地址线必须为 0。$\overline{AEN}$控制信号必须为 0。这样,$A_9 \sim A_0$地址线上的信号组合必须为 1011111000B 时才能让$\overline{CS}$有效,即端口的地址为 1011111000B=2F8H。

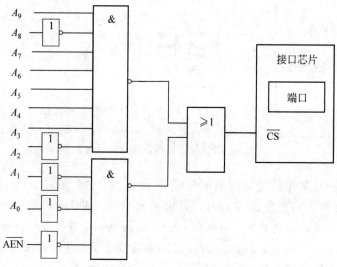

图 7.5　例 7-1 的端口地址译码电路

【例 7-2】 已知并行接口芯片 8255A 有 4 个端口,片选信号$\overline{CS}$为低电平有效。试设计一个译码电路,使该芯片的 4 个端口地址为 2F0H～2F3H。

解:8255A 芯片的 4 个端口可以由地址线 $A_1 A_0$ 进行片内端口寻址。接口芯片的片选信号$\overline{CS}$连到 3-8 译码器 74LS138 的一个输出端,只要高位地址线 $A_9 \sim A_2$ 和控制信号组合能让这个输出端有效,则片选信号$\overline{CS}$有效,如选择 $\overline{Y}_4$ 端。要让$\overline{CS}$有效,就要使译码器的 $\overline{Y}_4$ 端有效。根据 3-8 译码器 74LS138 的真值表可以知道,要使 $\overline{Y}_4$ 端有效,必须让译码器输入端为 $G_1 \overline{G}_{2A} \overline{G}_{2B}$=100B,且 CBA=100B。

8255A 芯片 4 个端口的地址要求为 2F0H～2F3H,意味着 CPU 访问接口时,高位地址线 $A_9 \sim A_2$=10111100B。将 A_9、A_7、A_6、A_5 通过与门运算后产生 1 信号,让 G_1=1。将 A_8 接到$\overline{G}_{2B}$,使$\overline{G}_{2B}$=0。将 $\overline{AEN}$ 接到 $\overline{G}_{2A}$,使$\overline{G}_{2A}$=0。将 A_4、A_3、A_2 接到 C、B、A,使 CBA=100。这样,当 CPU 高位地址线 $A_9 \sim A_2$=10111100B 时,译码器工作,在 $\overline{Y}_4$ 端产生低电平

输出，即接口芯片 $\overline{CS}$ 有效。

根据前述思路设计的译码电路如图 7.6 所示。

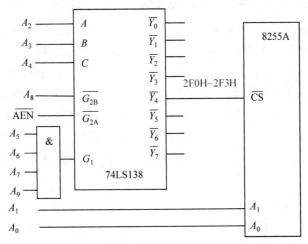

图 7.6　例 7-2 的端口地址译码电路

【例 7-3】　在图 7.7 所示的系统中，采用 3-8 译码器 74LS138 设计有两块接口芯片的端口地址译码电路。分析该译码电路中各个接口芯片的地址范围。

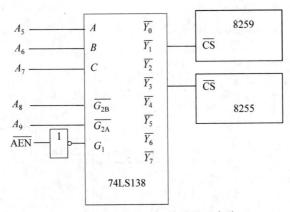

图 7.7　例 7-3 的端口地址译码电路

解：要访问 8259 的端口，必须让 $\overline{Y_1}$ 有效，则输入端必须使 $CBA = A_7A_6A_5 = 001B$ 且 $A_9 = \overline{G_{2A}} = 0, A_8 = \overline{G_{2B}} = 0$，即 $A_9 \sim A_0 = 00001\times\times\times\times\times$（$\times\times\times\times\times$ 为 $00000\sim11111$）时选择 8259 芯片，地址范围为 $020H\sim03FH$。实际上 8259 接口芯片内部只用到两个端口地址。

要访问 8255 的端口，必须让 $\overline{Y_3}$ 效，则输入端必须使 $CBA = A_7A_6A_5 = 011B$ 且 $A_9 = \overline{G_{2A}} = 0, A_8 = \overline{G_{2B}} = 0$，即 $A_9 \sim A_0 = 00011\times\times\times\times\times$（$\times\times\times\times\times$ 为 $00000\sim11111$）时选择 8255 芯片，地址范围为 $060H\sim07FH$。实际上 8255 接口芯片内部只用到 4 个端口地址。

在本系统中,一个端口占用了多个端口地址。例如8259内部只用到两个端口地址,如果8259的端口选择线接A_0,而$A_4 \sim A_1$不接到译码电路上,则在020H～03FH的端口地址中,$A_0 = 0$访问的都是一个端口,$A_0 = 1$访问的都是另一个端口。这种端口地址冗余的设计方法使得译码电路适应性强,改接端口数不同的接口芯片时,不需要做改动。

【例7-4】 某系统中有两块接口芯片,每个芯片内部都有4个端口。试设计一个译码电路,使接口芯片1的4个端口地址为2F0H～2F3H,接口芯片2的4个端口地址为2F4H～2F7H。

解:两块接口芯片内部都有4个端口,都需要CPU提供端口选择地址。可以用地址线A_1A_0进行片内端口寻址。两块接口芯片的端口地址不同,$\overline{CS}$信号也必须接到译码器不同的输出端上。将接口芯片1连接到3-8译码器74LS138的$\overline{Y_4}$输出端,将接口芯片2连接到$\overline{Y_5}$输出端。这样,当$CBA = 100$时,产生接口芯片1的$\overline{CS}$信号;当$CBA = 101$时,产生接口芯片2的$\overline{CS}$信号。

CPU访问接口芯片1时,地址线信号$A_9 \sim A_2 = 10111100B$;访问接口芯片2时,地址线信号$A_9 \sim A_2 = 10111101B$。使A_9、A_7、A_6、A_5通过与门运算后产生1信号,让$G_1 = 1$。将A_8接到$\overline{G_{2B}}$,使$\overline{G_{2B}} = 0$。将$\overline{AEN}$接到$\overline{G_{2A}}$,使$\overline{G_{2A}} = 0$。将A_4、A_3、A_2接到C、B、A。这样,当CPU高位地址线$A_9 \sim A_2 = 10111100B$时,译码器工作,在$\overline{Y_4}$端产生低电平输出,即接口芯片1的$\overline{CS}$有效;当CPU高位地址线$A_9 \sim A_2 = 10111101B$时,译码器工作,在$\overline{Y_5}$端产生低电平输出,即接口芯片2的$\overline{CS}$有效。

根据前述思路设计的译码电路如图7.8所示。

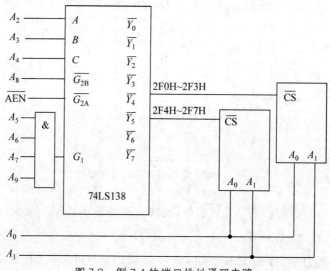

图7.8 例7-4的端口地址译码电路

2) I/O端口地址的可选式译码

如果要求接口的端口地址具有一定的可变性,以适应不同的地址分配场合,或为系统留

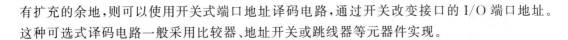

有扩充的余地,则可以使用开关式端口地址译码电路,通过开关改变接口的 I/O 端口地址。这种可选式译码电路一般采用比较器、地址开关或跳线器等元器件实现。

7.2.3 输入输出控制方式

目前微机系统中常用的 I/O 控制方式有 5 种,分别是程序控制方式、中断方式、DMA 方式、通道方式、外围处理机方式。

1. 程序控制方式

程序控制方式是指在程序控制下进行数据传送,又分为无条件传送和条件传送两种方式。

1)无条件传送方式

无条件传送方式也称为同步方式。在传送信息时,CPU 始终假定外部设备是准备好的,不查询外部设备的状态,直接用输入或输出指令在 CPU 和 I/O 接口间进行数据传送。这种方式必须在外部设备已准备好的情况下才能使用,否则就会出错。这种方式的特点是程序简单,多用于驱动 LED 或继电器这样简单的应用场合。

2)条件传送方式

条件传送方式也称为查询传送方式。在这种方式下进行数据传送时,CPU 需要先查询外部设备的状态,当外部设备准备好时才进行数据传送,否则 CPU 将一直等待并轮询外部设备状态。在查询传送方式中,由于 CPU 的高速性和 I/O 设备的低速性,致使 CPU 绝大部分的时间都用于轮询 I/O 设备是否准备好,造成了 CPU 资源的浪费。

【例 7-5】 已知 8086 微机系统硬件连接如图 7.9 所示。接口芯片的端口选择线 $A_2A_1A_0$ 组合经内部译码后分别寻址 8 个 8 位端口。编程实现以下功能:当端口 3 中最高位为 1 时,从端口 1 中读取一个数据到 AL 中。

解:首先根据端口地址译码电路分析接口芯片的端口地址范围。要使接口芯片的片选信号 $\overline{CS}$ 有效,3-8 译码器的输出端 $\overline{Y}_0$ 就要有效,就要使译码器输入端 $CBA=A_8A_6A_4=000B$,$A_9A_7A_5A_3=1111B$。访问端口 3 时,要使 $A_2A_1A_0=011$,所以端口 3 的地址是 $A_9\sim A_0=1010101011=2ABH$;访问端口 1 时,要使 $A_2A_1A_0=001$,所以端口 1 的地址是 $A_9\sim A_0=1010101001=2A9H$。

程序如下:

```
CODE    SEGMENT
    ASSUME      CS:CODE
L1:
    MOV    DX,2ABH        ;DX 设置为端口 3 的地址
    IN     AL,DX          ;读取端口 3 的数据到 AL
    TEST   AL,10000000B   ;判断端口 3 的数据最高位是否为 1
    JZ     L1             ;最高位为 0,重新读取端口 3 的数据
    MOV    DX,2A9H        ;最高位为 1,DX 设置为端口 1 的地址
```

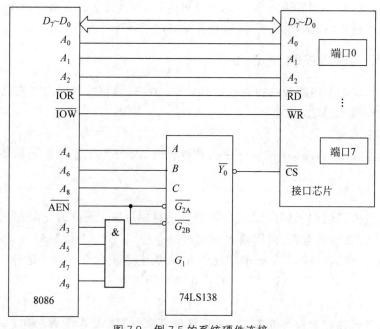

图 7.9　例 7-5 的系统硬件连接

```
    IN      AL,DX                ;读取端口 1 的数据到 AL
    MOV     AH,4CH
    INT     21H
CODE    ENDS
    END     L1
```

2. 中断方式

在查询传送方式下，CPU 要不断地查询接口状态，在查询期间不能执行别的程序，CPU 利用率降低。中断方式克服了这一缺点。当外部设备没有准备好输入输出时，CPU 不去查询和等待该外部设备，可以运行其他的程序。当外部设备准备好输入输出数据时，即输入时外部设备已将待输入数据存放在输入寄存器中，或输出时外部设备已将上一个数据输出，输出寄存器已空，这时，外部设备向 CPU 发中断请求。CPU 根据该设备的优先级别决定是否响应该中断请求。当响应该中断请求时，CPU 暂停执行当前程序，转去执行外部设备对应的中断服务程序。

中断方式提高了 CPU 的效率，又能使 I/O 设备的中断请求得到及时响应，适合在实时性系统中使用。但中断方式需要中断逻辑电路的支持，硬件比较复杂。另外，中断方式仍然需要 CPU 通过程序来传送数据，每次传送都需要 CPU 的参与。对于高速 I/O 设备以及需要成组交换数据的情况（如磁盘与内存交换信息），中断方式就显得速度太慢。

3. 直接存储器存取方式

直接存储器存取（Direct Memory Access，DMA）方式是由专门的器件负责在外部设备与内存之间直接进行数据交换,不需要 CPU 参与。在 DMA 方式下,实现外部设备与内存之间的数据传送的这个专门的器件称为 DMA 控制器,简称 DMAC。在 DMA 方式下,CPU 将外部设备与内存交换数据的操作和控制权交给 DMAC,从而大大减轻了 CPU 的负担,传送速率高。但是这种方式要求设置 DMAC,电路结构复杂,硬件开销大。

当采用 DMA 方式传送数据时,由 DMAC 向 CPU 提出总线请求,CPU 响应后让出总线,这时系统总线由 DMAC 接管,外部设备和内存之间的数据传送由 DMAC 控制。在这种方式下,除 CPU 外,DMAC 也是主控设备。

4. 通道方式

通道方式是 DMA 方式的发展,它可以进一步减少 CPU 对数据传送的干预。通道独立地执行用通道命令编写的输入输出控制程序,产生相应的控制信号送给由它管辖的设备控制器,继而完成输入输出过程。通道是一种通用性和综合性都较强的输入输出方式,它代表了现代计算机组织向功能分布方向发展的趋势。

I/O 通道具有自己的专用指令,并能实现指令所控制的操作,所以 I/O 通道已具备处理机的初步功能。但它仅仅是面向外部设备的控制和数据的传送,其指令系统也仅仅是几条与 I/O 操作有关的简单指令。它要在 CPU 的 I/O 指令指挥下启动、停止或改变工作状态。在 I/O 处理过程中,有一些操作,如码制转换、数据块的错误检测与校正等,一般仍由 CPU 来完成。

5. 外围处理机方式

外围处理机(peripheral processor unit)方式的结构更接近一般的处理机,甚至就是一般的小型通用计算机或微机。它可完成 I/O 通道所要完成的 I/O 控制,还可完成码制变换、格式处理、数据块的检错和纠错等操作,并可具有相应的运算处理部件和缓冲部件。有了外围处理机,不但可简化设备控制器,而且还可以用外围处理机作为维护、诊断、通信控制、系统工作情况显示和人机联系的工具。外围处理机方式使得接口由功能集中式系统发展为功能分散的分布式系统。

7.2.4 并行接口

在微机系统中,数据的存储和传输是以计算机的字长(如 8 位、16 位、32 位、64 位)为单位进行的。这种一次传送一个字长数据的方式即是并行传送方式。并行传送方式的传送速率高,适用于微机之间近距离、大量和快速信息交换的场合。但在并行传送时,信号之间容易产生干扰,所以不适合远距离传送。

8255A 是 Intel 公司生产的 8 位并行 I/O 接口芯片。8255A 有 3 个 8 位并行 I/O 端口,可通过程序选择多种操作方式,通用性强,广泛用于几乎所有系列的微机系统中。

1. 8255A 的内部结构

8255A 的内部结构包括 3 个并行输入或输出数据端口、1 个控制端口、数据总线缓冲器、读/写控制逻辑电路。8255A 的内部结构如图 7.10 所示。

1)并行输入或输出数据端口

8255A 内部有 3 个并行输入或输出数据端口,分别是 PA 端口、PB 端口、PC 端口。3 个

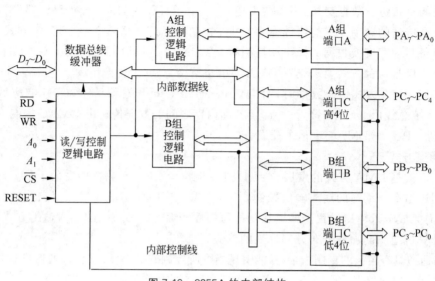

图 7.10　8255A 的内部结构

端口都是 8 位,可分别设置为输入或输出端口。这 3 个端口都可用作 CPU 与 I/O 设备之间的缓冲器或锁存器。

(1) PA 端口。包含一个 8 位数据输出锁存/缓冲器和一个 8 位数据输入锁存器。PA 端口中输入或输出的数据均能锁存。

(2) PB 端口。包含一个 8 位数据输出锁存/缓冲器和一个 8 位数据输入缓冲器。PB 端口中输入的数据不能锁存。

(3) PC 端口。包含一个 8 位数据输出锁存/缓冲器和一个 8 位数据输入缓冲器。PC 端口输入的数据不能锁存。PC 端口可以作为一个独立的 8 位输入或输出端口使用,也可分为两个独立的 4 位输入或输出端口使用。PC 端口还可以作为控制/状态端口,配合 PA 端口、PB 端口工作。PC 端口还可以由控制电路进行按位置位或复位的操作。

2) A 组和 B 组控制逻辑电路

A、B 两组控制逻辑电路内部各有一个控制端口,用来接收数据总线送来的控制字和读/写控制信号,并根据控制字确定各数据输入或输出端口的工作方式。A 组控制逻辑电路对 PA 端口和 PC 端口的高 4 位($PC_7 \sim PC_4$)进行控制,B 组控制逻辑电路对 PB 端口和 PC 端口的低 4 位($PC_3 \sim PC_0$)进行控制。

3) 数据总线缓冲器

双向三态的 8 位数据总线缓冲器是 8255A 与 CPU 之间传输数据的通路。CPU 执行输出指令时,将控制字或数据通过数据总线缓冲器送入 8255A 内部的控制端口或数据端口。CPU 执行输入指令时,可将 8255A 内部数据端口的数据通过数据总线缓冲器送入 CPU。

4) 读/写控制逻辑电路

读/写控制逻辑电路与 CPU 的控制信号线和地址信号线相连,将这些信号转变为

8255A 内部的控制信号,完成片内端口译码、端口读/写操作等。

2. 8255A 的外部引脚

8255A 是 40 引脚的双列直插集成电路芯片,其引脚排列如图 7.11 所示。电源引脚采用单一的 +5V 电源供电。除了电源和地线引脚以外,其他的信号线分为与 CPU 相连的引脚和与 I/O 设备相连的引脚两类。

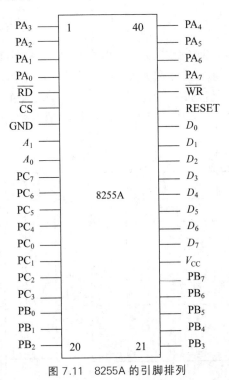

图 7.11 8255A 的引脚排列

(1) $PA_7 \sim PA_0$:PA 端口与 I/O 设备相连的引脚,是双向三态数据线。

(2) $PB_7 \sim PB_0$:PB 端口与 I/O 设备相连的引脚,是双向三态数据线。

(3) $PC_7 \sim PC_0$:PC 端口与 I/O 设备相连的引脚,是双向三态数据线。

(4) $D_7 \sim D_0$:与 CPU 系统数据总线相连的引脚,是双向三态数据线。

(5) A_1A_0:端口地址选择线,输入。当 $A_1A_0 = 00$ 时,选择 PA 端口;当 $A_1A_0 = 01$ 时,选择 PB 端口;当 $A_1A_0 = 10$ 时,选择 PC 端口;当 $A_1A_0 = 11$ 时,选择控制端口。

(6) $\overline{CS}$:片选信号,输入,低电平有效。$\overline{CS} = 0$ 时,表明 8255A 被选中,可以访问芯片,进行操作。

(7) $\overline{RD}$:读信号,输入,低电平有效。$\overline{RD} = 0$ 时,CPU 可以读取端口的数据。

(8) $\overline{WR}$:写信号,输入,低电平有效。$\overline{WR} = 0$ 时,CPU 可以向端口写入信息。

(9) RESET:复位信号,输入,高电平有效。当 RESET = 1 时,清除所有内部寄存器的内容,并将 PA、PB、PC 端口自动设为方式 0,是输入端口。RESET 信号可以与 CPU 的复位信号线相连,也可以单独设置。

3. 8255A 的编程

CPU 通过输出指令向 8255A 的控制端口送入控制字。8255A 会根据控制字确定各端口的工作方式。8255A 有两个控制字,即方式选择控制字和 PC 端口置位/复位控制字。如果控制端口内的控制字 $D_7=1$,表示方式选择控制字;如果 $D_7=0$,表示 PC 端口置位/复位控制字。

1) 方式选择控制字

8255A 有 3 种工作方式,即方式 0、方式 1 和方式 2。PA 端口可以工作于方式 0、方式 1 和方式 2;PB 端口可以工作于方式 0 和方式 1;PC 端口只能工作于方式 0。

方式选择控制字用于设置各端口的工作方式。将 8255A 的方式控制字传送到控制端口,完成 8255A 的初始化工作,才可以对 8255A 的数据端口进行访问。方式选择控制字格式如图 7.12 所示。

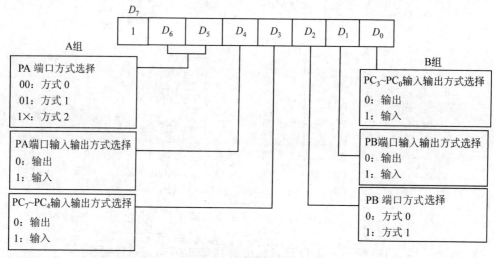

图 7.12　方式选择控制字格式

D_7:恒为 1,特征位,表示写入控制端口的是方式选择控制字。

D_6D_5:PA 端口方式选择。$D_6D_5=00$,PA 端口工作在方式 0;$D_6D_5=01$,PA 端口工作在方式 1;$D_6D_5=10$ 或 11,PA 端口工作在方式 2。

D_4:PA 端口的输入输出方式选择。$D_4=0$,PA 端口为输出端口;$D_4=1$,PA 端口为输入端口。

D_3:PC 端口高 4 位($PC_7\sim PC_4$)的输入输出方式选择。$D_3=0$,PC 端口高 4 位为输出端口;$D_3=1$,PC 端口高 4 位为输入端口。

D_2:PB 端口方式选择。$D_2=0$,PB 端口工作在方式 0;$D_2=1$,PB 端口工作在方式 1。

D_1:PB 端口的输入输出方式选择。$D_1=0$,PB 端口为输出端口;$D_1=1$,PB 端口为输入端口。

D_0：PC 端口低 4 位（$PC_3 \sim PC_0$）的输入输出方式选择。$D_0 = 0$，PC 端口低 4 位为输出端口；$D_0 = 1$，PC 端口低 4 位为输入端口。

【例 7-6】 编程对 8255A 的工作方式进行设定。已知 8255A 的端口地址为 2A0H～2A6H。采用偶地址连接（即 CPU 的 A_0 地址线为 0，从 A_1 地址线开始分配端口选择线）。要求如下：PA 端口工作于方式 1，为输入端口；PB 端口工作于方式 0，为输出端口；PC 端口高 4 位（$PC_7 \sim PC_4$）为 4 位输出端口，PC 端口低 4 位（$PC_3 \sim PC_0$）为输入端口。

解：首先分析控制端口地址。因为是偶地址连接，所以，CPU 地址线 A_0 悬空（未连接 8255A），而 A_2、A_1 连接到 8255A 的端口选择引脚 A_1、A_0。8255A 的端口地址为 2A0H～2A6H，则 CPU 地址线 $A_9 \sim A_0$ 为 1010100000～1010100110 中的偶地址时，选择 8255A 的某个端口操作。当 CPU 的 $A_2 A_1 = 11$ 时，8255A 的端口选择引脚 $A_1 A_0 = 11$，即选中 8255A 的控制端口。所以，8255A 的控制端口地址为 2A6H。

程序段如下：

```
MOV    DX,2A6H            ;送控制端口地址至 DX
MOV    AL,10110001B       ;AL 中准备方式选择控制字的值
OUT    DX,AL              ;AL 数据送到控制端口,因为最高位为 1,所以作为方式选择控制字
```

2）PC 端口置位/复位控制字

PC 端口置位/复位控制字用于将 PC 端口中的任一位单独设置为 1 或 0，而不影响其他位的值。PC 端口置位/复位控制字格式如图 7.13 所示。

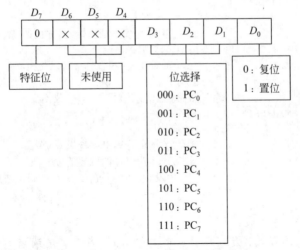

图 7.13　PC 端口置位/复位控制字格式

D_7 恒为 0，特征位，表明写入控制端口的是 PC 端口置位/复位控制字。

$D_6 D_5 D_4$：未使用，可为任意值。

$D_3D_2D_1$:选择对 PC 端口的哪一位进行操作。$D_3D_2D_1$ 的组合表示要操作位的编码。

D_0:选择对 PC 端口指定的位做置位操作还是复位操作。$D_0=1$,PC 端口指定的位设置为 1,即置位;$D_0=0$,PC 端口指定的位设置为 0,即复位。

需要特别注意的是,尽管该控制字对 PC 端口进行操作,但必须写入控制端口,而不是写入 PC 端口。

【例 7-7】 已知某系统中 8255A 的端口地址范围为 4A0H~4A3H。利用 PC 端口置位/复位控制字,编程实现在 8255A 的 PC_3 引脚上输出方波信号的功能。

解:在一般连接方式下,CPU 的低位地址线 A_1、A_0 接 8255A 的端口选择线 A_1、A_0。8255A 的端口地址为 4A0H~4A3H,则 CPU 地址线 A_9~A_0 为 10010100000~10010100011 时,选择 8255A 的某个端口操作。当 CPU 的 $A_1A_0=11$ 时,8255A 的端口选择引脚 $A_1A_0=11$,即选中 8255A 的控制端口。所以,8255A 的控制端口地址为 4A3H。

程序如下:

```
CODE     SEGMENT
    ASSUME    CS:CODE          ;没有数据段,不需要设置数据段段地址
START:
    MOV       DX,4A3H          ;送控制端口地址至 DX
LL:
    MOV       AL,00000111B     ;AL 中的数据最高位为 0
    OUT       DX,AL            ;AL 中的数据送控制端口,所以是控制字
                               ;控制字最高位为 0,是 PC 端口置位/复位控制字
                               ;完成对 PC₃ 置 1 操作,其他位不变
    MOV       CX,0FFFFH
L1:
    LOOP      L1               ;CX 自减到 0,实现延时,维持方波的高电平
    MOV       AL,00000110B     ;AL 中的数据最高位为 0
    OUT       DX,AL            ;AL 中的数据送控制端口,所以为控制字
                               ;控制字最高位为 0,是 PC 端口置位/复位控制字
                               ;完成对 PC₃ 置 0 操作,其他位不变
    MOV       CX,0FFFFH
L2:
    LOOP      L2               ;延时,方波的低电平维持一段时间
    JMP       LL               ;循环,产生周期性的方波信号
CODE     ENDS                  ;系统中没有 DOS 系统,不用 DOS 调用结束程序
    END       START
```

4. 8255A 的工作方式

8255A 有 3 种工作方式:方式 0 是基本 I/O 方式,方式 1 是选通 I/O 方式,方式 2 是双向 I/O 方式。

1) 方式 0:基本 I/O 方式

在基本 I/O 方式中,PA 端口、PB 端口、PC 端口的高 4 位和 PC 端口的低 4 位都是独立的数据输入或输出端口。方式 0 一般可用于采用无条件或查询方式传送数据的场合。

【例7-8】　设计一个系统,使开关K合上时,8个LED灯依次循环点亮;开关K断开时,8个LED灯全灭。

解: 先进行硬件设计。选用8255A并行接口作为CPU与开关K、显示电路的接口。选择8255A的PB端口用于输出数据的锁存,所以将显示电路连接到PB端口的引脚上。选择PA_7引脚作为开关K的输入信号线,开关K输入的值会在PA端口的D_7位保存。CPU与8255A采用一般的连接方式即可。端口地址只要选择系统中与其他端口不冲突的地址范围即可。系统硬件逻辑电路如图7.14所示。

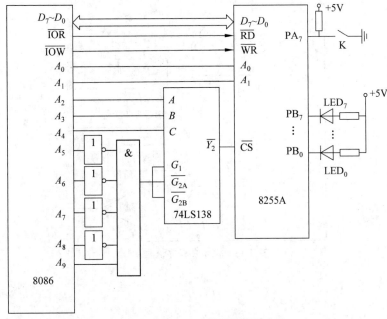

图 7.14　例 7-8 系统硬件逻辑电路

再进行软件设计。首先分析端口地址译码电路,确定8255A各端口的地址。端口译码电路采用译码器译码方式。CPU地址线$A_9 \sim A_2$必须为10000010B,才可以使8255A的$\overline{CS}$信号有效。由此可知,系统中8255A端口地址范围是208H～20BH(10000010××B)。CPU的A_1、A_0直接连到8255A的端口选择线A_1、A_0,则端口地址中$A_1A_0=00$时,是PA端口的地址;$A_1A_0=01$时,是PB端口的地址;$A_1A_0=11$时,是控制端口的地址。

根据图7.14可知,在PB端口的某引脚输出0,则对应的LED灯亮;在PB端口的某引脚输出1,则对应的LED灯不亮。所以,LED灯的亮灭控制是由CPU向PB端口内写入不同数据实现的。

PA端口是8位的锁存/缓冲器,只能进行8位数据的读出和写入。在图7.14中,$PA_6 \sim PA_0$未接信号,则这些引脚上的数据是高阻态。在判断PA_7的值时,需要将其他位屏蔽。由输入开关的连接电路可知,K合上时,PA_7输入0信号;K断开时,PA_7输入1信号。

程序采用循环结构,查询传送方式。程序流程图如图 7.15 所示。

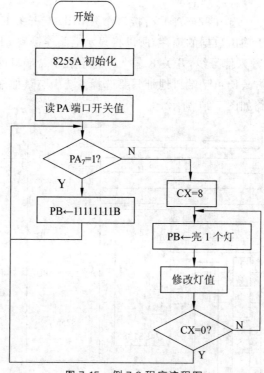

图 7.15 例 7-8 程序流程图

程序如下:

```
CODE    SEGMENT
    ASSUME    CS:CODE
START:
    MOV    AL,10010000B    ;方式控制字,PA端口为方式 0 输入,PB端口为方式 0 输出
    MOV    DX,20BH        ;控制端口地址
    OUT    DX,AL          ;将方式控制字送入控制端口
L:
    MOV    DX,208H        ;PA端口地址
    IN     AL,DX          ;读 PA 端口值到 AL
    TEST   AL,10000000B   ;判断 PA7 所接开关状态,屏蔽其他位
    JNZ    L1             ;开关断开,转 L1
    MOV    CX,8           ;开关闭合,依次点亮 8 个 LED 灯
    MOV    AL,11111110B   ;点亮 PB0 所接 LED 灯,PB端口中放 8 位值
L2:
    MOV    DX,209H        ;PB端口地址
    OUT    DX,AL
```

```
        PUSH    CX                  ;循环次数入栈保护
        MOV     CX,0FFFFH
    LL1:
        LOOP    LL1                 ;延时,保持 PB 端口数据不变,LED 灯显示稳定
        POP     CX                  ;循环次数出栈
        ROL     AL,1                ;PB 端口数据改变,得到点亮下一个 LED 灯的值
        LOOP    L2                  ;循环判断
        JMP     L                   ;8 个 LED 灯亮完后再测试开关状态
    L1:
        MOV     AL,11111111B        ;PB 端口全 1,对应 8 个 LED 灯全灭
        MOV     DX,209H             ;PB 端口地址
        OUT     DX,AL
        MOV     CX,0FFFFH           ;延时,保持 PB 端口数据不变,LED 灯显示稳定
    LL2:
        LOOP    LL2
        JMP     L
    CODE    ENDS
        END     START
```

该设计方案采用查询方式实现。在 CPU 送 PB 端口数据时,如果这时开关有变化,也不能马上被 CPU 检测到,因为 CPU 没有执行读 PA 端口指令。由此可见,查询方式实时性较差。若采用中断方式,则系统反应会快很多。

2) 方式 1:选通 I/O 方式

在选通 I/O 方式下,PA 端口、PB 端口可作为数据传输口,而 PC 端口的一些引脚按规定用于提供 PA 端口、PB 端口的联络控制信号。这些联络控制信号表明 I/O 设备的状态,可供 CPU 查询,或者用中断方式通知给 CPU。PC 端口中作为联络控制信号的引脚有固定的搭配规定。

当 PA 端口工作于方式 1 输入时,规定 PC 端口的 PC_3、PC_4、PC_5 作为 PA 端口的联络控制信号。当 PB 端口工作于方式 1 输入时,规定 PC 端口的 PC_0、PC_1、PC_2 作为 PB 端口的联络控制信号。PC_6、PC_7 则可作为数据输入输出端口使用。方式 1 输入时端口的信号定义如图 7.16 所示。

$\overline{STB}$:选通输入信号,低电平有效。这是由 I/O 设备产生的数据选通信号。当 $\overline{STB}=0$ 时,I/O 设备将数据输入到 PA 端口或 PB 端口的锁存器中。

IBF:输入缓冲器满信号,高电平有效。这是接口对 $\overline{STB}$ 的响应信号。当 $\overline{STB}=0$ 时,I/O 设备把数据传送到输入锁存器中,接口的输入锁存器锁存数据后,发出 IBF=1 信号。IBF 信号可以供 CPU 查询,当 CPU 查询到 IBF 为 1 时,便可以读取输入锁存器中的数据了。CPU 执行 IN 指令读取输入锁存器中的数据时产生 $\overline{RD}$ 信号,数据读取后,$\overline{RD}$ 的上升沿使 IBF 清零。IBF 信号也可以作为通知 I/O 设备的信号,表明输入锁存器中是否有数据还没有被 CPU 读取。

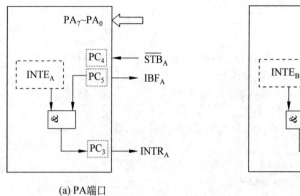 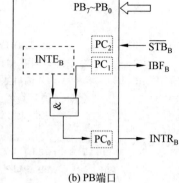

   (a) PA端口   (b) PB端口

图 7.16　方式 1 输入时端口的信号定义

INTR：中断请求信号，高电平有效。在 8255A 内部有一个中断允许位 INTE。当 INTE 为 1 时，允许 8255A 在输入锁存器中有数据时在 INTR 引脚上产生中断请求信号。这个中断请求信号可以送至 CPU，向 CPU 申请一次读数中断操作。8255A 方式 1 输入时的 INTE 中断允许位要通过 PC 端口置位/复位命令字来设置。将 PC_4 置 1，则 $INTE_A$ 置 1，允许 PA 端口发出中断请求信号；将 PC_2 置 1，则 $INTE_B$ 置 1，允许 PB 端口发出中断请求信号。PC_4、PC_2 清零，则禁止中断。

【例 7-9】　用 8 个开关输入 100 个数据，并在 8 个 LED 构成的显示电路上显示。

解：用开关输入数据，速度很慢。如果 CPU 采用无条件方式读取开关数据，则会将一个输入数据读取 100 遍，所以要采用选通的输入方式。在开关上准备好数据时，才发出选通输入信号，将数据输入到锁存器中。锁存器中有数据，且中断允许位 INTE 为 1，则产生中断信号。CPU 在中断服务子程序中读取数据，并输出到显示电路上。这样才能确保数据的正确输入。

系统硬件逻辑电路如图 7.17 所示，图中简化了端口地址译码电路。8255A 的端口地址为 60H~63H，8259A 的端口地址为 20H、21H，IR0 的中断类型号为 08H。

在该系统中，当开关组合为一个有效数据时，按下脉冲开关，PA 端口将开关值锁存，同时 PC_3 上产生一个高电平作为中断请求信号送中断控制器 8259A。8259A 通过 INT 引脚通知 CPU 读取数据。CPU 响应 8259A 提出的中断请求，获得中断类型号，执行中断服务子程序。在中断服务子程序中读取 PA 端口锁存的开关值，送到 PB 端口的 LED 显示，同时做计数值判断。当 100 次数据读取完成后，屏蔽中断，结束程序。

```
CODE    SEGMENT
    ASSUME    CS:CODE
    ;主程序
START:
    CLI                              ;关中断
```

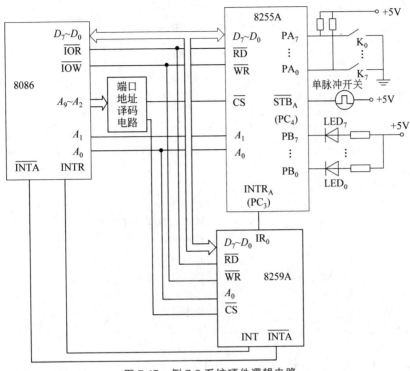

图 7.17　例 7-9 系统硬件逻辑电路

```
MOV      AL,10110000B        ;设置 8255A 的方式控制字
OUT      63H,AL
MOV      AL,00001001B        ;PC₄置 1,设置 PA 端口中断允许位
OUT      63H,AL
MOV      AL,00011011B        ;8259A 单片,电平触发,需要 ICW₄
OUT      20H,AL              ;写 ICW₁
MOV      AL,08H              ;中断类型号前 5 位设定为 00001
OUT      21H,AL              ;写 ICW₂
MOV      AL,00000001B        ;普通全嵌套,非缓冲,非自动中断结束
OUT      21H,AL              ;写 ICW₄
MOV      AX,0                ;中断向量表段地址
MOV      DS,AX
MOV      AX,OFFSET  P1       ;设置中断向量
MOV      [0020H],AX
MOV      AX,SEG  P1
MOV      [0022H],AX
IN       AL,21H             ;读 8259A 屏蔽字
AND      AL,0FEH            ;改变屏蔽字,允许 IR₀ 中断
OUT      21H,AL
```

```
            MOV     BX,100              ;设置计数初值
            STI                         ;开中断
    ROTT:
            CMP     BX,0                ;BX 减 0
            JNZ     ROTT                ;未完成数据输入,继续等待中断
            IN      AL,21H              ;恢复屏蔽字,禁止 IR₀ 中断
            OR      AL,01H
            OUT     21H,AL
            MOV     AH,4CH              ;返回 DOS 系统
            INT     21H
            ;中断服务子程序
    P1      PROC
            IN      AL,60H              ;读取端口 A 的开关量
            OUT     61H,AL              ;输出至端口 B 显示
            DEC     BX                  ;计数值减 1
            MOV     AL,20H              ;发中断结束命令
            OUT     20H,AL
            IRET                        ;中断返回
    P1      ENDP
    CODE        ENDS
        END     START
```

当 PA 端口工作于方式 1 输出时,规定 PC 端口的 PC_7、PC_6、PC_3 作为 PA 端口的联络控制信号。当 PB 端口工作于方式 1 输出时,规定 PC 端口的 PC_0、PC_1、PC_2 作为 PB 端口的联络控制信号。PC_4、PC_5 作为数据输入输出端口使用。方式 1 输出时端口的信号定义如图 7.18 所示。

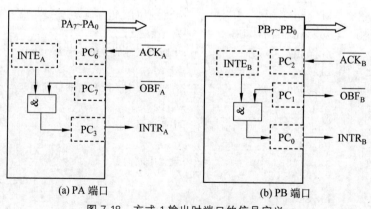

(a) PA 端口   (b) PB 端口

图 7.18　方式 1 输出时端口的信号定义

$\overline{OBF}$：输出缓冲器满信号,低电平有效。当 CPU 把数据输出到 8255A 的输出缓冲器中时,$\overline{OBF}$ 置 0。$\overline{OBF}$ 可以作为通知 I/O 设备取走数据的信号。CPU 可以查询 $\overline{OBF}$ 信号,

如果 $\overline{OBF}=0$,表示数据未被 I/O 设备取走,CPU 不能输出新的数据;如果 $\overline{OBF}=1$,表示外部设备已取走数据,CPU 可向 8255A 输出新的数据。

$\overline{ACK}$:I/O 设备的应答信号,低电平有效。当 I/O 设备从 8255A 的输出缓冲器取走数据时,向 8255A 发应答信号 $\overline{ACK}=0$,并使 $\overline{OBF}$ 置为高电平。

INTR:中断请求信号,高电平有效。在 8255A 内部有一个中断允许位 INTE。当 INTE=1 时,允许 8255A 在输出缓冲器空时,在 INTR 引脚上产生中断请求信号。这个中断请求信号可以送至 CPU,向 CPU 申请一次读数中断操作。8255A 方式 1 输出时的 INTE 中断允许位要通过 PC 端口置位/复位命令字来设置。将 PC_6 置 1,则 $INTE_A$ 置 1,PA 端口允许发出中断请求信号;将 PC_2 置 1,则 $INTE_B$ 置 1,PB 端口允许发出中断请求信号。PC_6、PC_2 清零,则禁止中断。

3) 方式 2:双向 I/O 方式

双向 I/O 方式只适用于 PA 端口。在双向 I/O 方式下,I/O 设备和 CPU 之间可以通过 PA 端口分时输入或输出数据。PA 端口工作在方式 2 时,PC 端口的 $PC_7 \sim PC_3$ 作为 PA 端口的联络控制信号,如图 7.19 所示。图中控制信号的含义与方式 1 中相同。

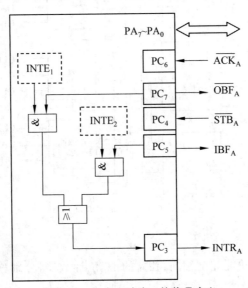

图 7.19　方式 2 时端口的信号定义

8255A 的 PA 端口双向输入输出,是将 PA 端口方式 1 的输入和输出组合了起来。输入的中断允许位由 PC_6 设置,输出的中断允许位由 PC_4 设置。输入或输出时,$\overline{OBF_A}$ 或 IBF_A 只要有一个发出中断请求,则 $INTR_A=1$。

7.2.5　定时/计数技术

在微型计算机系统中,经常需要用到定时功能和计数功能。定时功能用来实现定时或延时的控制。计数功能用来对信号进行统计。如果统计的信号是周期性的脉冲信号,计数也具有定时的功能。

常用的定时方法有软件定时、不可编程硬件定时和可编程硬件定时。软件定时是让CPU执行一个延时程序段来实现定时。这种方法容易实现,但是占用CPU资源且精度不高。不可编程的硬件定时采用分频器、单稳电路或简易定时电路控制定时时间。这种方法电路固定,定时时间不能改变,不够灵活。用可编程定时器芯片构成定时电路,定时时间可以通过软件来设置。这种方法不占用CPU资源,定时准确,使用灵活。

目前,可编程的定时/计数器集成芯片种类很多,其中 Intel 8253/8254 定时/计数器使用较为广泛。

1. 8253/8254 的内部结构

8253/8254 内部有 3 个独立的 16 位计数器、1 个控制端口,另外还有数据总线缓冲器、读/写控制逻辑电路。8253/8254 内部结构如图 7.20 所示。

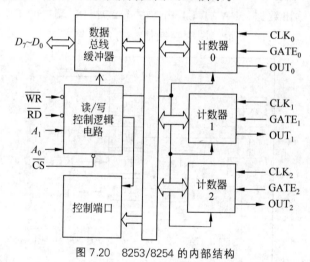

图 7.20　8253/8254 的内部结构

1) 计数器 0~2

8253/8254 具有 3 个功能完全相同、独立的 16 位计数器,分别称为计数器 0、计数器 1、计数器 2。

每个计数器内部包含一个 16 位的计数初值寄存器、16 位的减 1 计数单元和 16 位输出锁存器。计数器工作之前,首先要向计数初值寄存器中装入计数初值,然后送到减 1 计数单元。当允许计数的条件满足后,减 1 计数单元在输入时钟脉冲 CLK 的作用下开始进行减 1 计数。在计数过程中和结束时,计数器会有计数输出信号。计数器工作方式不同,则允许计数的条件、计数过程、计数输出信号都有所不同。在计数过程中,可以锁存和读取当前计数值。因为减 1 计数单元的计数值在不断变化,必须先将当前值锁存,再从输出锁存器中读出该值。

2）控制端口

8 位的控制端口用来暂存 CPU 送来的控制字。根据控制字设定指定计数器的工作方式、读写格式和计数的数制。

3）数据总线缓冲器

数据总线缓冲器是一个三态双向 8 位的数据缓冲器。CPU 和 8253/8254 内部的端口经过数据总线缓冲器进行数据交换。

4）读/写控制逻辑电路

读/写控制逻辑电路是 8253/8254 内部的控制电路，根据 CPU 送来的读/写信号、片选信号和端口选择信号，产生内部控制信号，以寻址端口，确定数据传输的方向。

2. 8253/8254 的外部引脚

8253/8254 是 24 引脚双列直插式芯片，如图 7.21 所示。电源引脚采用单一的 +5V 电源供电。除了电源和地线引脚，其他引脚分为 8253/8254 与 CPU 端连接的引脚和 8253/8254 与 I/O 设备连接的引脚。

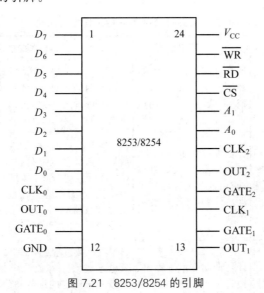

图 7.21 8253/8254 的引脚

（1）$D_7 \sim D_0$：双向三态数据线。将 8253/8254 与系统数据总线相连，供 CPU 向 8253/8254 读写数据、命令和状态信号。

（2）$A_1 A_0$：端口选择信号，用于片内端口寻址。$A_1 A_0 = 00$ 时，选择计数器 0；$A_1 A_0 = 01$ 时，选择计数器 1；$A_1 A_0 = 10$ 时，选择计数器 2；$A_1 A_0 = 11$ 时，选择控制端口。

（3）$\overline{CS}$：片选信号，输入，低电平有效。$\overline{CS}$ 有效时，表示 8253/8254 被选中，可以进行操作。

（4）$\overline{RD}$：读信号，输入，低电平有效。当 $\overline{RD}$ 有效时，CPU 可以读取当前锁存的计数值，8254 还可以读取状态字。

(5) $\overline{WR}$：写信号，输入，低电平有效。当$\overline{WR}$有效时，CPU 可以向 8253/8254 发送控制字和计数初值。

(6) $CLK_0 \sim CLK_2$：8253/8254 中每个计数器的时钟脉冲信号，输入。计数器在进行计数工作时，每检测到一个时钟脉冲信号，便将计数值减 1。

(7) $GATE_0 \sim GATE_2$：8253/8254 中每个计数器的门控信号，输入，高电平或上升沿跳变有效。门控信号用来禁止、允许或开始计数过程。

(8) $OUT_0 \sim OUT_2$：8253/8254 中每个计数器的计数输出信号。根据工作方式不同，计数输出信号的形式不同。

3. 8253/8254 的工作方式

8253/8254 内部的每个计数器都有 6 种工作方式。这 6 种工作方式的主要区别如下：启动计数器的触发方式不同、计数过程中门控信号 GATE 变化和重写计数值对计数操作的影响不同、计数输出波形不同。表 7.1 对 8253/8254 的 6 种工作方式进行了比较，设计时要根据需要选择工作方式。

表 7.1 8253/8254 的 6 种工作方式比较

方式	启动条件	OUT 输出波形	在计数过程中的影响
方式 0：计数结束中断方式	写入方式控制字和计数值，GATE 为高电平	计数期间低电平输出，经过 n 个 CLK 时钟周期，由低电平变为高电平。计数一次	(1) 在计数过程中，GATE 为高电平时允许计数；为低电平时暂停计数，计数值保持不变。 (2) 重新写入计数初值，则计数器按新的计数初值重新计数
方式 1：可编程的单稳负脉冲方式	写入方式控制字和计数值，GATE 为上升沿	计数期间低电平输出，经过 n 个 CLK 时钟周期，由低电平变为高电平。GATE 上升沿可重新计数	(1) 在计数过程中，GATE 信号又出现上升沿时，计数器将重新装入原计数初值，重新开始减 1 计数。 (2) 在计数过程中，如果 CPU 对计数器写入新的计数初值，不会影响正在进行的计数过程，必须等到当前的计数器减到 0，并且门控信号 GATE 再次出现上升沿后，才按新写入的计数初值重新计数
方式 2：频率发生器	写入方式控制字和计数值，GATE 为高电平	计数期间高电平输出，经过 $n-1$ 个 CLK 时钟周期，输出 1 个 CLK 时钟周期的负脉冲。自动重复计数	(1) 在计数过程中，GATE 为高电平时允许计数；为低电平时终止计数，待 GATE 恢复高电平后，计数器按原来设定的计数初值重新计数。 (2) 在计数过程中，如果 CPU 对计数器写入新的计数初值，不会影响正在进行的计数过程，必须等到当前的计数器减到 1，才按新写入的计数初值重新计数
方式 3：方波发生器	写入方式控制字和计数值，GATE 为高电平	周期性输出占空比为 $1:1$ 或近似 $1:1$ 的方波。自动重复计数	(1) 在计数过程中，GATE 为高电平时允许计数；为低电平时终止计数，待 GATE 恢复高电平后，计数器按原来设定的计数初值重新计数。 (2) 在计数过程中，如果 CPU 对计数器写入新的计数初值，不会影响正在进行的计数过程，必须等到当前的计数器减到 1，才按新写入的计数初值重新计数

续表

方式	启动条件	OUT 输出波形	在计数过程中的影响
方式 4：软件触发方式	写入方式控制字和计数值，GATE 为高电平	计数期间高电平输出，经过 n 个 CLK 时钟周期，输出 1 个 CLK 时钟周期的负脉冲。重写计数值时可重新计数	(1) 在计数过程中，GATE 为高电平时允许计数；为低电平时终止计数，待 GATE 恢复高电平后，计数器按原来设定的计数初值重新计数。 (2) 在计数过程中，如果 CPU 对计数器写入新的计数初值，不会影响正在进行的计数过程，必须等到当前的计数器减到 0，才按新写入的计数初值重新计数
方式 5：硬件触发方式	写入方式控制字和计数值，GATE 为上升沿	计数期间高电平输出，经过 n 个 CLK 时钟周期，输出 1 个 CLK 时钟周期的负脉冲。在 GATE 为上升沿时可重新计数	(1) 在计数过程中或者计数结束后，如果门控信号 GATE 再次出现上升沿，计数器将按原来设定的计数初值重新计数。 (2) 在计数过程中，如果 CPU 对计数器写入新的计数初值，不会影响正在进行的计数过程，只有当门控信号 GATE 再次出现上升沿时，才按新写入的计数初值重新计数

注：n 为计数初始值。

4. 8253/8254 的编程

8253/8254 的初始化编程包括向控制端口写入方式控制字和向选定的计数器端口写入计数初值两步。在方式控制字和计数初值确定的情况下，如果符合计数器启动条件，计数器便开始减 1 计数，输出端产生输出波形。另外，8254 还有一个读回控制字，可以锁存计数值，读出计数器的状态信息。

1）8253/8254 的方式控制字

方式控制字是选定计数器进行工作方式和计数格式的设置。一个方式控制字只能设定一个计数器，使用多个计数器时，要分别进行设置。8253/8254 的方式控制字如图 7.22所示。

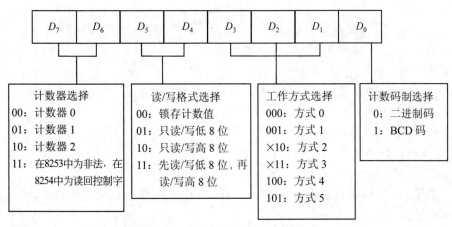

图 7.22　8253/8254 的方式控制字

D_7D_6：计数器选择。$D_7D_6=00$ 时,选择计数器 0;$D_7D_6=01$ 时,选择计数器 1;$D_7D_6=$ 10 时,选择计数器 2;$D_7D_6=11$ 时,在 8253 中为非法,在 8254 中为读回控制字。

D_5D_4：读写格式选择。$D_5D_4=00$ 时,锁存计数器的当前计数值;$D_5D_4=01$ 时,写入时只写 8 位计数初值到计数器的低 8 位,计数器的高 8 位自动置 0,读时只读出计数器当前计数值的低 8 位;$D_5D_4=10$ 时,写入时只写 8 位计数初值到计数器的高 8 位,计数器的低 8 位自动置 0,读时只读出计数器当前计数值的高 8 位;$D_5D_4=11$ 时,写入时写 16 位计数初值到计数器中,先写低 8 位,后写高 8 位,读时先读出低 8 位,再读出高 8 位。

$D_3D_2D_1$：工作方式选择。$D_3D_2D_1=000$ 时,选择方式 0;$D_3D_2D_1=001$ 时,选择方式 1;$D_3D_2D_1=\times10$ 时,选择方式 2;$D_3D_2D_1=\times11$ 时,选择方式 3;$D_3D_2D_1=100$ 时,选择方式 4;$D_3D_2D_1=101$ 时,选择方式 5。

D_0：计数码制选择。$D_0=0$ 时,采用二进制码计数,减 1 计数单元按二进制码运算规则减 1;$D_0=1$ 时,采用 BCD 码计数,减 1 计数单元按 BCD 码运算规则减 1。

2）8254 的读回控制字

8254 的读回控制字既能锁存计数值又能锁存状态信息,以供 CPU 读回。8254 的读回控制字的格式如图 7.23 所示。

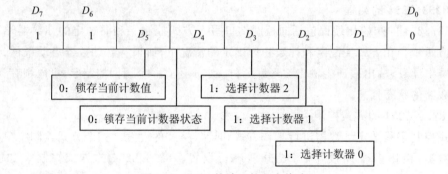

图 7.23　8254 的读回控制字格式

D_7D_6：恒为 11,表示读回控制字的特征字。

D_5：为 0 时,表示锁存计数值,以便 CPU 读取。

D_4：为 0 时,表示将状态信息锁存入状态寄存器。

$D_3D_2D_1$：选择要锁存的计数器。$D_3=1$ 时,选中计数器 2;$D_2=1$ 时,选中计数器 1;$D_1=1$ 时,选中计数器 0。

D_0：恒为 0。

3）8254 的状态字

8254 的状态字由 8 位状态组成。8254 的状态字格式如图 7.24 所示。

D_7：表示 OUT 引脚当前状态。$D_7=0$,表示 OUT 引脚为低电平;$D_7=1$,表示 OUT 引脚为高电平。

D_6：计数初值是否已经装入减 1 计数单元。$D_6=0$,计数值有效;$D_6=1$,计数值无效。

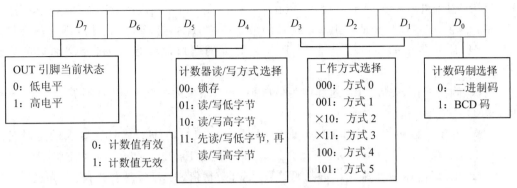

图 7.24　8254 的状态字格式

$D_5 D_4$：计数器读/写方式选择。$D_5 D_4 = 00$，表示锁存计数器的当前计数值；$D_5 D_4 = 01$，表示写入时只写 8 位计数初值到计数器的低 8 位，计数器的高 8 位自动置 0，读时只读出计数器当前计数值的低 8 位；$D_5 D_4 = 10$，表示写入时只写 8 位计数初值到计数器的高 8 位，计数器的低 8 位自动置 0，读时只读出计数器当前计数值的高 8 位；$D_5 D_4 = 11$，表示写 16 位计数初值到计数器中，先写低 8 位，后写高 8 位，读时先读出低 8 位，再读出高 8 位。

$D_3 D_2 D_1$：工作方式选择。$D_3 D_2 D_1 = 000$ 时，选择方式 0；$D_3 D_2 D_1 = 001$ 时，选择方式 1；$D_3 D_2 D_1 = \times 10$ 时，选择方式 2；$D_3 D_2 D_1 = \times 11$ 时，选择方式 3；$D_3 D_2 D_1 = 100$ 时，选择方式 4；$D_3 D_2 D_1 = 101$ 时，选择方式 5。

D_0：计数码制选择。$D_0 = 0$ 时，采用二进制码计数，减 1 计数单元按二进制码运算规则减 1；$D_0 = 1$ 时，采用 BCD 码计数，减 1 计数单元按 BCD 码运算规则减 1。

4）计数初值确定

若用 8253/8254 作为计数器使用，只需将计数值传送到对应的计数器端口即可。若用 8253/8254 作为定时器使用，则计数器的计数初值和时钟脉冲 CLK 的频率、需要的定时时间有关。

若某计数器 CLK 端接入的时钟频率为 f_{CLK}，则 CLK 时钟周期为 $t_{CLK} = 1/f_{CLK}$，那么输出端的定时时间 T_{OUT} 和计数初值 n 之间的关系为

$$T_{OUT} = t_{CLK} \times n$$

常用的时间计算单位：$1s = 1000ms = 1000000\mu s$。

【例 7-10】　某微机系统中 8253/8254 芯片的计数器 0 工作在方式 3。已知 CLK_0 输入端的脉冲频率是 1MHz，计数初值是 1000，则输出端 OUT_0 上产生的方波频率是多少？

解：计数器工作于方式 3，则会自动重复产生方波。CLK_0 时钟周期 $t_{CLK} = 1/(1MHz) = 1\mu s$。方波信号产生的周期 $T_{OUT} = t_{CLK} \times n = 1\mu s \times 1000 = 1ms$。方波信号的频率为 $1/T_{OUT} = 1000Hz = 1kHz$。

【例 7-11】　某微机系统中 8253/8254 芯片端口地址范围为 40H～43H，计数器 0 的 $GATE_0$ 引脚已接高电平，CLK_0 输入端的脉冲频率是 1MHz。若需要在计时过程中在

OUT$_0$端产生低电平信号,1ms后变为高电平,不需要重复,完成该计数器的初始化编程。

解: 首先,确定端口地址。由端口地址的最后两位A_1A_0组合可知,计数器0的端口地址是40H,计数器1的端口地址是41H,计数器2的端口地址是42H,控制端口的地址是43H。

其次,确定工作方式。计数过程中为低电平,计数结束为高电平,并且不需要重复,则选择方式0。

再次,确定计数初值。已知CLK$_0$时钟周期$t_{CLK}=1/(1MHz)=1\mu s$,要求的定时时间$T_{OUT}=1ms$。由$T_{OUT}=t_{CLK}\times n$,可计算出计数初值为1000。$(1000)_{10}=(3E8)_{16}=(0001\ 0000\ 0000\ 0000)_{BCD}$。如果采用二进制码计数,则计数初值3E8H需要传送两次,先送低8位的0E8H,再送高8位的03H;如果采用BCD码计数,则1000H只需传送高8位的10H,低8位的00H由计数器自动产生。

采用BCD码计数的计数器初始化程序如下:

```
CODE    SEGMENT
    ASSUME    CS:CODE
START:
    MOV    AL,00100001B    ;计数器0,只写高8位,方式0,BCD码计数
    OUT    43H,AL          ;方式控制字送控制端口
    MOV    AL,10H          ;计数值的高8位
    OUT    40H,AL          ;送到计数器0高8位,低8位自动为0
CODE    ENDS
    END    START
```

采用二进制码计数的计数器初始化程序如下:

```
CODE    SEGMENT
    ASSUME    CS:CODE
START:
    MOV    AL,00110000B    ;计数器0,先写低8位,再写高8位
                           ;方式0,二进制码计数
    OUT    43H,AL          ;方式控制字送控制端口
    MOV    AL,0E8H         ;计数值的低8位
    OUT    40H,AL          ;送计数值的低8位到计数器0
    MOV    AL,03H          ;计数值的高8位
    OUT    40H,AL          ;送计数值的高8位到计数器0
CODE    ENDS
    END    START
```

【例7-12】 某微机系统中8253/8254的端口地址为60H~63H。要求如下:计数器0工作在方式0,计数初值为168;计数器1工作在方式1,计数初值为2000;计数器2工作在方式3,计数初值为6972。写出计数器初始化程序段。

解：首先确定端口地址。由端口地址的最后两位 A_1A_0 组合可知，计数器 0 的端口地址是 60H，计数器 1 的端口地址是 61H，计数器 2 的端口地址是 62H，控制端口的地址是 63H。

工作方式和计数值已知，但是要确定计数值的写方式和计数码制，才能完成方式控制字。

计数器 0 的计数初值 $(168)_{10} = (0A8)_{16} = (0000\ 0001\ 0110\ 1000)_{BCD}$。如果按 BCD 码计数，计数值需要送 2 次；如果按二进制码计数，只需送一次低 8 位即可。所以，计数器 0 的方式控制字为 00010000B＝10H。

计数器 1 的计数初值 $(2000)_{10} = (7D0)_{16} = (0010\ 0000\ 0000\ 0000)_{BCD}$。如果按 BCD 码计数，计数值只需送高 8 位即可；如果按二进制码计数，则先送低 8 位，再送高 8 位，需要送两次。所以，计数器 1 的方式控制字为 01100011B＝63H。

计数器 2 的计数初值 $(6972)_{10} = (1B3C)_{16} = (0110\ 1001\ 0111\ 0010)_{BCD}$。不论按 BCD 码计数，还是按二进制码计数，都要先送低 8 位，再送高 8 位，需要送两次。任选一种计数码制即可。如果选择二进制码计数，则计数器 2 的方式控制字为 10110110B＝0B6H，计数值送 1B3CH；如果选择 BCD 码计数，则计数器 2 的方式控制字为 10110111B＝0B7H，计数值送 6972H。

程序如下：

```
CODE    SEGMENT
    ASSUME    CS:CODE
START:
    MOV    AL,10H              ;计数器 0,写低 8 位,方式 0,二进制码计数
    OUT    63H,AL              ;计数器 0 方式控制字送控制端口
    MOV    AL,0A8H             ;写计数器 0 计数初值低 8 位
    OUT    60H,AL              ;计数器 0 初值低 8 位送计数器 0,高 8 位自动为 0
    MOV    AL,63H              ;计数器 1,只写高 8 位,方式 1,BCD 码计数
    OUT    63H,AL              ;计数器 1 方式控制字送控制端口
    MOV    AL,20H              ;写计数器 1 计数初值高 8 位
    OUT    61H,AL              ;计数器 1 初值高 8 位送计数器 1,低 8 位自动为 0
    MOV    AL,0B6H             ;计数器 2,先送低 8 位,再送高 8 位,方式 3,二进制码计数
    OUT    63H,AL              ;计数器 2 方式控制字送控制端口
    MOV    AL,3CH              ;写计数器 2 计数初值低 8 位
    OUT    62H,AL              ;计数器 2 计数初值低 8 位送到计数器 2 的端口
    MOV    AL,1BH              ;写计数器 2 计数初值的高 8 位
    OUT    62H,AL              ;计数器 2 计数初值高 8 位送到计数器 2 的端口
CODE    ENDS
    END    START
```

【例 7-13】 某微机系统中 8253/8254 的计数器 0 输入 CLK_0 的脉冲为 1MHz，方式控制字为 31H，计数初值为 1000H。计算输出端的定时时间。如果方式控制字为 30H，计数初值

为 1000H,则输出端的定时时间是多少?

解:从方式控制字 31H=00110001B 可知,计数器 0 采用 BCD 码计数。则计数初值 1000H 是 BCD 码,所以,计数次数 $(1000H)_{BCD}=(1000)_{10}$。定时时间 $T_{OUT}=t_{CLK} \times n=$ $1/(1MHz) \times 1000 = 1ms$。

方式控制字为 30H=00110000B,可知,采用二进制码计数,则计数初值 1000H 是二进制值,$(1000H)=(4096)_{10}$,定时时间 $T_{OUT}=1/(1MHz) \times 4096 = 4.096ms$。

【例 7-14】 采用 8253 设计一个计数系统安装在停车场入口。停车场入口的 LED 灯初始为点亮状态。当汽车开进停车场时,司机按下入口处的脉冲开关取卡,当脉冲开关被按下 100 次时,停车场内车位已满,停车场入口的 LED 灯灭掉。

解:此计数系统中,总计数次数是 100,每按下脉冲开关一次,计数值减 1。在计数过程中,LED 灯维持亮;计数到 0 时,灭掉 LED 灯。选择计数器 0 工作于方式 0,计数初值为 100。将脉冲开关接计数器输入引脚 CLK_0,作为计数器统计的信号;将 LED 灯接计数器输出引脚 OUT_0。计数器初始化后,OUT_0 为低电平,所接 LED 灯亮。方式 0 计数过程中 OUT_0 为低电平,LED 灯维持亮的状态。计数结束 OUT_0 变为高电平,所接 LED 灯灭。

系统硬件逻辑电路如图 7.25 所示。其中,8253 端口地址为 40H～43H。

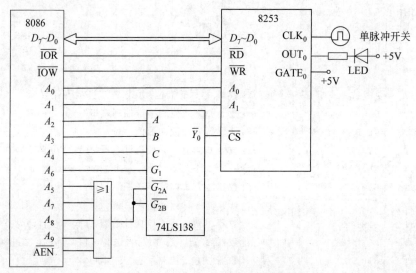

图 7.25 例 7-14 系统硬件逻辑电路

程序如下:

```
CODE    SEGMENT
    ASSUME  CS:CODE
START:
    MOV    AL,00100001B        ;计数器 0,方式 0,采用 BCD 码计数
    OUT    43H,AL              ;方式控制字写入控制端口
```

```
        MOV    AL,01          ;计数值100,只送BCD码高8位
        OUT    40H,AL         ;计数值BCD码高8位写入计数器0
CODE    ENDS
        END    START
```

【例7-15】　某微机系统中8253/8254的端口地址为250H～253H,使用该定时/计数器接口芯片做一个秒信号发生器,输出端接一个LED,以0.5s亮、0.5s灭的方式闪烁。系统中有晶体振荡器,提供1MHz的脉冲波信号。

解：本系统要将已有的1MHz脉冲波信号处理后产生1s的周期信号去控制LED,所以它是一个分频电路,亮、灭是等间隔的,输出应该是方波,计数初值便是分频系数。

计数初值$n = T_{\text{OUT}}/t_{\text{CLK}} = 1/1\text{MHz} = 1000000$。8253/8254一个计数器的最大计数值是65 536,所以不能由一个计数器完成计数。可以通过将多个计数器级联的方法来实现计数值超出2^{16}的计数要求。两个计数器级联时,总的计数值是两个计数值的乘积,可以有多种分解方法。例如,$N = 1\,000\,000 = 1000 \times 1000$,用计数器0对1MHz信号计数1000次,计数器1对计数器0的输出信号计数1000次。也就是计数器0对1MHz信号进行1000分频,产生1kHz的信号;计数器1再把1kHz的信号进行1000分频,得到1Hz的信号。

系统硬件逻辑电路如图7.26所示。

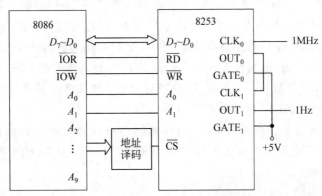

图7.26　例7-15系统硬件逻辑电路

接下来进行软件设计。计数器1的输出要作为LED的信号,所以要工作在方式3,产生方波信号。计数器0的输出作为计数器1的CLK输入信号,只要是周期性的脉冲信号即可,所以可以工作在方式2或方式3。计数器0工作在方式2,计数值为1000,用BCD码计数,所以方式控制字为00100101B=25H。计数器1工作在方式3,计数值为1000,用BCD码计数,所以方式控制字为01100111B=67H。

程序如下：

```
CODE    SEGMENT
    ASSUME    CS:CODE
START:
```

```
        MOV     AL,25H          ;计数器0的方式控制字
        MOV     DX,253H         ;控制端口地址
        OUT     DX,AL           ;计数器0的方式控制字送控制端口
        MOV     AL,67H          ;计数器1的方式控制字
        MOV     DX,253H         ;控制端口地址
        OUT     DX,AL           ;计数器1的方式控制字送控制端口
        MOV     AL,10H          ;计数器0的计数值BCD码高8位
        MOV     DX,250H         ;计数器0的端口地址
        OUT     DX,AL           ;计数器0的计数值BCD码高8位送计数器0,低8位自动置0
        MOV     AL,10H          ;计数器1的计数值BCD码高8位
        MOV     DX,251H         ;计数器1的端口地址
        OUT     DX,AL           ;计数器1的计数值BCD码高8位送计数器0,低8位自动置0
CODE    ENDS
        END     START
```

7.2.6　中断技术

CPU要与I/O设备进行信息交换,如果采用查询方式,则CPU会浪费很多时间去等待I/O设备准备好。中断方式改变了CPU主动查询的方式,采用被动响应方式工作。当I/O设备没有准备好时,CPU不去查询和等待该I/O设备,而是运行一个称为主程序的程序;当I/O设备准备好时,由I/O设备主动联络CPU,这个联络信号称为中断请求信号。CPU接收到这个中断请求信号后,根据情况决定是否响应该中断请求。若CPU响应该中断请求,则暂停执行主程序,转而为I/O设备服务,执行对应的中断服务子程序。中断服务子程序执行完后,CPU又返回原来的主程序继续执行。

中断方式有效地解决了快速的CPU与慢速的I/O设备之间的数据传输矛盾,提高了CPU的工作效率。微机系统中很多I/O设备都是采用中断方式与CPU进行通信的,如键盘、显示器、实时时钟等。

1. 中断的基本概念

为了便于理解,下面用生活中的一个例子来讲解中断的概念。

班主任的工作很多,如批改学生作业、发放成绩单、让学生填写信息表等。如果班主任采用查询方式工作,则要一个一个地向学生询问:作业是否写好,是否方便填写信息表,等等。如果学生没写好作业,或者没时间填写信息表,班主任只能等待。在这个等待的过程中,班主任什么都不能做,其工作效率十分低下。

如果班主任改为中断方式工作,则可以交代学生有事情到办公室找老师,如交作业、领成绩单、填信息表等。考虑到可能同时会有多个学生来找老师办事,办公室门口秩序太乱,班主任便要安排一个学生干部在门口进行管理。并且班主任可能有些事情今天不能处理,则要给学生干部一个"黑名单",将要办这些事情的学生拦住。在没有学生来找的时候,班主任可以专心备课。学生干部对能处理的学生进行登记,按某种规则排出顺序,然后通知班主

任有学生找,并将轮到的学生学号报告给班主任。班主任同意后,在备课工作停下来的地方作标记(例如在参考书中放上书签),以方便事情处理好后可以继续备课。接着班主任根据得到的学号确认该学生要做什么事情,如领成绩单或交作业,这些材料分别放在柜子中不同的地方,所以柜子上会有一张事务清单,如成绩单在 1 号抽屉、作业在 2 号抽屉等。班主任处理好某个学生的事情后,如果学生干部没有通知新的学生来找,则班主任可以继续备课。如果班主任在处理一个学生交作业的事情的时候,另一个学生有重要的文件需要班主任签名,班主任则会暂停作业的处理,先处理签名的事情,再继续处理作业。

　　上述班主任和学生的事务处理构成了一个中断系统。下面用图 7.27 将此中断系统和微机中的中断系统对应,来讲解微机系统中的中断概念。

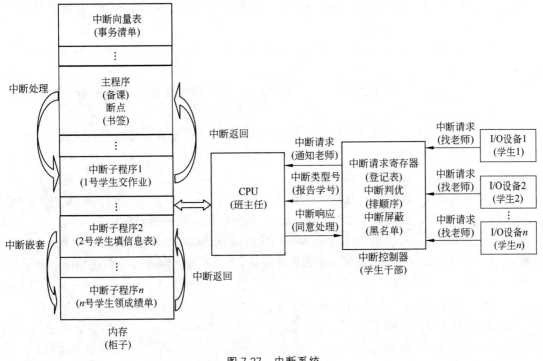

图 7.27　中断系统

　　(1) 中断:在 CPU 执行一个程序的过程中,出现了某些异常情况或者 I/O 设备提出了某种请求,CPU 暂停正在执行的程序,转去处理该异常情况或执行请求的特定程序。这就是发生了中断。

　　(2) 中断源:微机系统中引起中断的事件或 I/O 设备。

　　(3) 中断类型号:微型计算机系统中存在多个中断源,为了进行区分,需要为所有的中断源进行编号。

　　(4) 中断请求:I/O 设备请求 CPU 为本设备进行一次服务处理时发出的信号。

　　(5) 中断控制器:微机系统中管理 I/O 设备中断请求的接口电路。

（6）中断请求寄存器：将所有中断源的中断请求情况记录下来的寄存器。

（7）中断判优：对多个中断请求进行优先级排序。

（8）中断屏蔽：对某些中断源的中断请求进行控制，不将其发给 CPU。

（9）主程序：没有中断发生时，CPU 执行的程序称为主程序。

（10）中断服务子程序：完成中断事件处理的程序称为中断服务子程序或中断子程序。不同中断类型号的中断有不同的中断服务子程序。

（11）中断响应：CPU 同意对 I/O 设备的中断请求进行处理时发出响应信号。

（12）中断断点：由于中断的发生，主程序被暂停执行，要转去执行中断服务子程序。被暂停的主程序中下一条要执行的指令的地址称为中断断点。在转去执行中断服务子程序前，要对中断断点进行保护，以便确保中断子程序执行完后能返回主程序的中断断点处继续执行。

（13）中断识别：CPU 确定发出中断请求的中断源，最终形成该中断源的中断服务子程序的入口地址。

（14）中断向量：一个中断服务子程序的入口地址，即中断服务子程序第一条指令的地址。

（15）中断向量表：不同的中断服务子程序在内存不同的地方。将所有中断服务子程序的入口地址集中存放在内存某个区域内，在中断发生的时候 CPU 可以在其中查找中断服务子程序。这个内存区域便是中断向量表。

（16）中断处理：执行中断服务子程序的过程。

（17）中断返回：中断服务子程序执行结束，回到主程序的中断断点处。

（18）中断嵌套：在 CPU 执行一个设备的中断服务子程序的时候，又被另一个设备的中断请求打断，转去执行另一个设备的中断服务程序，完成后返回原来的设备的中断服务子程序继续执行。

（19）中断禁止：所有的 I/O 设备中断请求都被屏蔽，CPU 不对任何中断作出响应。

2. 8086 对中断的支持

1）8086 对中断的硬件支持

8086 支持中断控制方式。8086 与一般的外部 I/O 设备之间采用中断控制方式交换信息时采用的中断都是外部可屏蔽中断类型。8086 内部有中断逻辑电路，提供可屏蔽中断引脚 INTR 和中断响应引脚$\overline{\text{INTA}}$。

可屏蔽中断引脚 INTR 输入高电平，并且高电平保持到当前指令结束，则 8086 锁存该中断请求。8086 只在每条指令的最后一个时钟周期检测 INTR 引脚上的信号。INTR 引脚上的中断请求可以被禁止。8086 内部的标志寄存器中的 IF 标志位便是对禁止或允许 INTR 引脚上的中断请求进行设置的。用 CLI 指令使 IF=0，则禁止中断，8086 将不响应 INTR 引脚送来的中断请求；用 STI 指令使 IF=1，则允许中断，8086 将响应 INTR 的中断请求。

8086 通过$\overline{\text{INTA}}$引脚给外部 I/O 设备发回中断响应信号。每一个$\overline{\text{INTA}}$信号维持两个

时钟周期。在第一个$\overline{\text{INTA}}$时钟周期,输出总线锁定信号$\overline{\text{LOCK}}$,防止其他处理器或 DMA 占用总线;在第二个$\overline{\text{INTA}}$时钟周期,撤除总线锁定信号$\overline{\text{LOCK}}$,地址允许信号 ALE 为低电平(无效),允许数据线工作。

2) 8086 对中断的软件支持

8086 根据中断类型号区分不同的中断源,采用中断向量表查找对应的中断服务子程序入口地址。8086 能够响应 256 个不同的中断源,每个中断源都有相应的中断服务子程序。

(1) 中断向量表。

在 8086 系统的内存 00000H～003FFH 的空间内设置了中断向量表。中断向量表用于存放每个中断服务子程序的入口地址。每个中断服务子程序入口地址占用 4 字节,低两字节存放中断服务子程序入口的偏移地址,高两字节存放中断服务子程序入口的段地址。所以 256 个中断共占用内存的 1KB 存储空间,逻辑地址为 0000:0000～0000:03FFH。

在 8086/8088 CPU 的中断向量表中,类型 0～4 已由系统定义,用户不能修改;类型 5～31 是系统保留的中断类型号,一般不允许用户修改;剩下的中断类型号为 32～255,对应的中断向量表地址为 00080～003FFH,由 INTR 上的中断源或 INT n 中断使用。

8086 通过中断类型号计算出该中断的中断向量在中断向量表中的位置。计算方法是:类型号 $n \times 4$ 即得到中断向量在中断向量表中的首地址,顺序取出 4 字节的数据,低两字节是中断服务子程序第一条指令的偏移地址,高两字节是中断服务子程序第一条指令的段地址。把从中断向量表中查到的段地址送 CS,把偏移地址送 IP,从而 8086 转去执行中断服务子程序的第一条指令。

【例 7-16】 已知某中断源的中断类型号为 15H,其对应的中断服务子程序存放在内存的 5678H:0100H 单元至 5678H:0123H 单元。给出该中断的中断向量在中断向量表中的位置和内容。

解: 中断源的中断类型号 $n = 15H$,则计算得到其中断向量在中断向量表的位置是 $4n = 15H \times 4 = 0054H$,中断向量表的段地址是 0000H,所以该中断向量在 0000:0054H～0000:0057H 单元的 4 字节中。中断向量是中断服务子程序的起始地址,即 5678H:0100H。将中断向量的偏移地址 0100H 存入低两字节 0054、0055H 单元中,将中断向量的段地址 5678H 存入高两字节 0056H、0057H 单元中。

该中断的中断向量在中断向量表中的位置和内容如图 7.28 所示。

图 7.28　例 7-16 的中断向量表

(2) 写中断向量表。

中断向量表建立了中断类型号和中断服务子程序之间的对应关系。将中断向量写入中断向量表中相应位置的方法有直接写入法和利用 DOS 调用写入法。注意,写中断向量表之前,要关中断,避免在中断向量准备好之前发生中断响应。

直接写入法是直接使用数据传送指令或串操作指令把中断向

量写入中断向量表中对应的单元。

【例 7-17】 设某中断源的中断类型号为 n，对应的中断服务子程序名为 INTSR，采用直接写入法设置中断向量表。

解：中断类型号为 n，则需要将中断服务子程序 INTSR 的段地址放到内存 0000 段的 $4n+3$、$4n+2$ 单元，将偏移地址放到 $4n+1$、$4n$ 单元中。

程序如下：

```
CLI                        ;关中断
MOV    AX,0
MOV    DS,AX               ;中断向量表段地址为 0000H
MOV    BX,n*4              ;中断类型号为 n
MOV    AX,OFFSET INTSR     ;中断服务子程序偏移地址
MOV    DS:[BX],AX          ;偏移地址写入 4n、4n+1 单元
MOV    AX,SEG  INTSR       ;中断服务程序段地址
MOV    DS:[BX+2],AX        ;段地址写入 4n+2、4n+3 单元
STI                        ;开中断
```

在有 DOS 操作系统支持的环境下，可以利用 DOS 功能调用 INT 21H 中的 25H 号调用完成中断向量表的写入操作。

功能号：AH=25H

入口参数如下：

- DS：中断服务子程序入口地址的段地址。
- DX：中断服务子程序入口地址的偏移地址。
- AL：中断类型号 n。

返回参数：0000 段的 $4n$、$4n+1$、$4n+2$、$4n+3$ 单元写入类型号 n 对应的中断向量。

【例 7-18】 某外设中断类型号为 20H，中断服务子程序名为 P1。完成在中断向量表中写入该中断的中断向量的操作。

解：用直接写入法，20H×4=0080H。

```
CLI                        ;关中断
MOV  AX,0                  ;中断向量表段地址为 0000
MOV  DS,AX
MOV  AX,OFFSET  P1         ;中断服务子程序偏移地址
MOV  [0080H],AX            ;偏移地址写入 0080H、0081H 单元
MOV  AX,SEG  P1            ;中断服务子程序段地址
MOV  [0082H],AX            ;段地址写入 0082H、0083H 单元
STI                        ;开中断
```

利用 DOS 调用写入法的程序如下：

```
MOV  AX,SEG  P1            ;中断服务子程序段地址
```

```
        MOV   DS,AX              ;入口参数 DS 为段地址
        MOV   AX,OFFSET   P1     ;中断服务子程序偏移地址
        MOV   DX,AX              ;入口参数 DX 为偏移地址
        MOV   AL,20H             ;中断类型号在 AL 中
        MOV   AH,25H             ;DOS 调用功能号
        INT   21H
```

3. 可编程中断控制器 8259A

8086 只有一个 INTR 引脚接收外部可屏蔽中断,但是系统中可能有多个外部 I/O 设备需要采用中断方式和 8086 交换信息。为了增强处理外部中断能力,Intel 公司设计了专用的可编程中断控制器 8259A,用来管理多个外部中断。

可编程中断控制器 8259A 可以为 CPU 管理 8 级中断,通过级联可扩展至 64 级中断。8259A 可以完成中断判优、中断屏蔽或开放、向 CPU 提供中断类型号、接收 CPU 命令及结束中断等功能。通过对 8259A 编程可以设置多种中断管理方式,以满足多种类型微机中断系统的需要。

1) 8259A 的内部结构

8259A 的内部结构如图 7.29 所示。

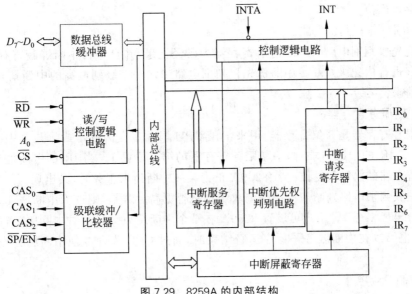

图 7.29 8259A 的内部结构

8259A 主要由以下 8 个部分组成。

(1) 数据总线缓冲器。

数据总线缓冲器是一个 8 位的双向三态缓冲器,构成 CPU 和 8259A 之间的数据通道。数据总线缓冲器和 CPU 的系统数据总线相接,实现 8259A 与 CPU 之间命令、状态、数据信

息的传送。

（2）读/写控制逻辑电路。

读/写控制逻辑电路的功能是接收来自 CPU 的读/写命令、片选信号、端口选择信号，实现对 8259A 芯片内部端口寻址，并指定数据的方向(是读还是写)。

（3）级联缓冲/比较器。

一片 8259A 只能处理 8 级中断。如果有超过 8 级的中断，则需将多片 8259A 采用主从结构级联。主 8259A 与 CPU 相连，从 8259A 连接在主 8259A 的中断请求输入端。级联缓冲/比较器用来存放和比较系统中各 8259A 的从片选择代码。

（4）中断请求寄存器。

中断请求寄存器是 8 位寄存器，用来存放 8259A 所连接的中断源中断请求情况。外部中断源连接在 8259A 的中断请求输入端 $IR_7 \sim IR_0$ 上。中断请求寄存器中 $D_7 \sim D_0$ 对应 $IR_7 \sim IR_0$ 的值。如果 IR_i 上连接的中断源产生中断请求，则 $IR_i=1$ 时，中断请求寄存器的第 i 位置 1。

（5）中断屏蔽寄存器。

中断屏蔽寄存器是 8 位寄存器。当中断屏蔽寄存器中第 i 位置 1 时，则 IR_i 上的中断源被屏蔽，该中断源发出的中断请求不会被响应。用户可以根据需要，通过软件设置或改变中断屏蔽寄存器的值。

（6）中断优先权判别电路。

中断优先权判别电路对中断请求寄存器中已经记录，并且未在中断屏蔽寄存器中屏蔽的中断请求进行优先级判断。中断优先权判别电路确定一个级别最高的中断请求，向 CPU 发送中断请求信号。

（7）中断服务寄存器。

中断服务寄存器是 8 位寄存器，用来记录 CPU 当前正在为哪个或哪几个中断源服务。当 CPU 响应 IR_i 的中断请求时，中断服务寄存器的第 i 位置 1。当 IR_i 的中断处理完毕时，中断服务寄存器的第 i 位复位。若 8259A 正为某一中断请求服务时，又出现新的中断请求，则中断优先权判别电路判断新的中断请求级别是否更高。若是，则进入中断嵌套，中断服务寄存器中会出现多个 1。用户可设置 8259A 在某个中断结束时自动对中断服务寄存器的相应位复位；也可以在中断服务子程序运行结束时，通过 CPU 发命令使中断服务寄存器的相应位复位。

（8）控制逻辑电路。

8259A 内部的控制逻辑电路根据中断请求寄存器、中断屏蔽寄存器、中断优先权判别电路的状态，产生向 CPU 发出的中断请求信号，并接收 CPU 送来的中断响应信号，使中断服务寄存器相应位置 1，并将中断请求寄存器相应位置 0。控制逻辑电路内部有两个端口，分别放置 8259A 的初始化命令字和操作命令字。

2) 8259A 的外部引脚

8259A 是 28 个引脚的双列直插式封装芯片，其引脚如图 7.30 所示。

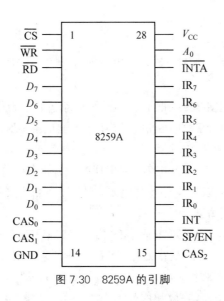

图 7.30 8259A 的引脚

(1) $D_7 \sim D_0$：双向三态数据线，是与系统的数据总线连接的数据通路。

(2) $\overline{\text{WR}}$：写控制信号，输入，低电平有效。$\overline{\text{WR}}$ 有效时，对 8259A 内部端口执行写操作。

(3) $\overline{\text{RD}}$：读控制信号，输入，低电平有效。$\overline{\text{RD}}$ 有效时，对 8259A 内部端口执行读操作。

(4) $\overline{\text{CS}}$：片选信号，输入，低电平有效。$\overline{\text{CS}}$ 有效时，8259A 芯片被选中。

(5) A_0：端口地址选择信号，输入。用来寻址内部端口。8259A 内部有两个端口地址，把 $A_0 = 0$ 所对应的端口称为偶端口，把 $A_0 = 1$ 所对应的端口称为奇端口。

(6) INT：中断请求信号，输出，高电平有效。该引脚是 8259A 发给 CPU 的中断请求信号。

(7) $\overline{\text{INTA}}$：中断响应信号，输入，低电平有效。8259A 通过该引脚接收来自 CPU 的中断响应信号 $\overline{\text{INTA}}$。CPU 响应中断时会给 8259A 发送两个连续的 $\overline{\text{INTA}}$ 信号。8259A 收到第一个 $\overline{\text{INTA}}$ 负脉冲后，将得到响应的中断在中断服务寄存器中的相应位置 1，将中断请求寄存器的相应位置 0。8259A 收到第二个 $\overline{\text{INTA}}$ 负脉冲后，将得到响应的中断的中断类型号经数据总线传送给 CPU。

(8) $IR_7 \sim IR_0$：中断请求输入信号，输入，高电平或上升沿有效。该引脚接收来自中断源的中断请求。

(9) $CAS_2 \sim CAS_0$：级联信号线，双向。当 8259A 被设置为主片时，为输出线；当 8259A 被设置为从片时，为输入线。

(10) $\overline{\text{SP}}/\overline{\text{EN}}$：主从片设定/允许缓冲信号，双向双功能，低电平有效。在缓冲工作方式下，它作为输出信号，控制缓冲器；在非缓冲方式下，它作为输入信号，表示该片 8259A 是主片（$\overline{\text{SP}} = 1$）还是从片（$\overline{\text{SP}} = 0$）。

3) 8259A 的中断管理方式

(1) 8259A 的中断触发方式。

连接到 8259A IR_i 端的中断请求信号可以有两种触发中断的方式,即电平触发方式和边沿触发方式。

设置为电平触发方式时,8259A 把 IR_i 端出现的高电平作为中断请求信号。要注意,当采用高电平触发方式时,中断源的中断请求信号得到响应后,必须及时撤掉高电平,否则会被 8259A 误判为又一次中断请求。

设置为边沿触发方式时,8259A 把 IR_i 端出现的上升沿作为中断请求信号。在边沿触发方式下,申请中断的 IR_i 端可以一直保持高电平,不会被误判为又一次中断请求。

(2) 8259A 的中断屏蔽方式。

8259A 有两种中断屏蔽方式,即普通屏蔽方式和特殊屏蔽方式。

在普通屏蔽方式下,一个中断正在处理时,只允许响应优先级别更高的中断请求。向中断屏蔽寄存器中写入中断屏蔽字。若向中断屏蔽字中第 i 位写入 1,则禁止相应的 IR_i 上的中断请求;若向第 i 位写入 0,则开放相应的 IR_i 上的中断请求。

在特殊屏蔽方式下,在执行某一中断服务程序时,如果想开放优先级别较低的中断请求,可将中断屏蔽寄存器中当前正在处理的中断的相应位设为 1,使当前正在处理的中断源被屏蔽;另外,还应该将中断服务寄存器中当前正在处理的中断的相应位复位,这样,优先级别较低的中断请求才能被响应。

(3) 8259A 的优先级管理方式。

8259A 有多种优先级管理方式,包括普通全嵌套方式、特殊全嵌套方式、优先级自动循环方式、优先级特殊循环方式。

普通全嵌套方式是 8259A 最常用、最基本的工作方式,简称全嵌套方式。在该方式下,$IR_7 \sim IR_0$ 的优先级顺序是 IR_0 最高,IR_7 最低。一个中断正在被响应时,只有比它优先级高的中断请求才会被响应。

特殊全嵌套方式用在 8259A 有级联的情况下。在 8259A 级联方式中,系统中有一个主片和多个从片。从片的 INT 端接到主片的 IR_i 端。当从片接收到一个中断请求,判断其为当前最高优先级的中断时,则通过 INT 向主片 IR_i 端提交请求。主片则在优先级判断后通过 INT 向 CPU 的 INTR 端提交请求。若 CPU 同意响应,则主片 8259A 的中断服务寄存器对应第 i 位置 1,从片 8259A 的中断服务寄存器也将申请中断的对应位置 1。假设这时从片 8259A 又有一个优先级更高的中断请求发生,从片 8259A 再次向主片 8259A 的 IR_i 端提出中断请求。对主片 8259A 来说,便是 IR_i 端来了一个同级的中断请求。在全嵌套方式下,同级的中断请求不会被响应,而特殊全嵌套方式则会响应同级的第二次中断请求。

在优先级自动循环方式下,8259A 的 $IR_7 \sim IR_0$ 的优先级初始时 IR_0 最高,IR_7 最低。当某个中断源获得中断服务后,它的优先级就自动降为最低,而其相邻中断源的优先级升为最高,即 $IR_7 \sim IR_0$ 的中断轮流拥有最高优先级。

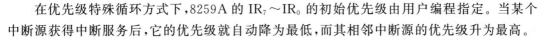

在优先级特殊循环方式下,8259A 的 $IR_7 \sim IR_0$ 的初始优先级由用户编程指定。当某个中断源获得中断服务后,它的优先级就自动降为最低,而其相邻中断源的优先级升为最高。

（4）8259A 的中断结束方式。

当 8259A 响应某个中断时,便将中断服务寄存器的相应位置 1。当该中断的中断服务子程序结束时,必须将中断服务寄存器的相应位清零。中断结束方式是指将中断服务寄存器的相应位清零的方式,有自动中断结束方式、普通中断结束方式和特殊中断结束方式。

8259A 设置为自动中断结束方式时,在 CPU 发出连续两个 $\overline{INTA}$ 信号同意响应某中断请求后,8259A 在第二个 $\overline{INTA}$ 信号结束后自动将中断服务寄存器的相应位置 0,尽管此时中断服务子程序并未执行结束。该方式只适用于 1 片 8259A 且不会发生中断嵌套的场合。

在普通中断结束方式下,CPU 向 8259A 控制端口发一个中断结束命令字,使当前中断服务寄存器中级别最高的位置 0。该方式只适用于全嵌套方式,不能用于循环优先级方式。因为只有在全嵌套方式下,当前中断服务寄存器中级别最高的位对应的才是当前正在处理的中断。

在特殊中断结束方式下,CPU 向 8259A 发一个中断结束命令字,但在命令字中指定了要结束哪一个中断源,从而使中断服务寄存器的相应位置 0。

（5）8259A 连接系统总线的方式。

8259A 与系统总线的连接分为缓冲方式和非缓冲方式。

缓冲方式应用于多片 8259A 级联的大系统中,8259A 通过总线驱动器和 CPU 系统数据总线相连。此时,8259A 的 $\overline{SP}/\overline{EN}$ 与总线驱动器的允许端相连,通过发送一个低电平作为总线驱动器的启动信号（ $\overline{EN}=0$ ）。

非缓冲方式应用于系统中只有单片或片数不多的 8259A 时,一般将 8259A 直接与 CPU 系统数据总线相连。此时,8259A 的 $\overline{SP}/\overline{EN}$ 是输入信号。若只有单片 8259A,则 $\overline{SP}=1$;若多片互连,则主片的 $\overline{SP}=1$,从片的 $\overline{SP}=0$ 。

（6）8259A 的级联方式。

一片 8259A 最多可管理 8 级中断,在多于 8 级中断的系统中,必须将多片 8259A 级联使用。

从片的 $IR_7 \sim IR_0$ 直接与中断源相连,其 INT 与主片的 $IR_7 \sim IR_0$ 中的某一个相连,根据需要可以选择从片的片数,最多为 8 片,级联方式最多可扩展到 64 级中断。$\overline{SP}/\overline{EN}$ 引脚可区分 8259A 是主片还是从片,主片 $\overline{SP}/\overline{EN}$ 接高电平,从片 $\overline{SP}/\overline{EN}$ 接低电平。所有 8259A 的 $CAS_2 \sim CAS_0$ 互连。主片的 $CAS_2 \sim CAS_0$ 为输出信号,从片的 $CAS_2 \sim CAS_0$ 为输入信号。

如果从片 8259A 上有中断请求经主片 8259A 提交到 CPU,CPU 发回中断响应信号 $\overline{INTA}$ 。当 CPU 发出第一个 $\overline{INTA}$ 时,主片将自身的中断服务寄存器的相应位置 1,中断请求寄存器的相应位清零,并通过 $CAS_2 \sim CAS_0$ 发出编码 $ID_2 \sim ID_0$ 给各从片 8259A。当各从片 8259A 从 $CAS_2 \sim CAS_0$ 接收到主片 8259A 发来的编码时,就与自身控制逻辑中的初始化命令字 ICW_3 的 $D_2 \sim D_0$ 位比较,如果相等,则说明是自身的某个中断请求被 CPU 响应了,则在 CPU 的第二个 $\overline{\text{INTA}}$ 信号到来时，将相应中断的中断类型号送到数据总线上，传送给 CPU。

在级联结构中，各 8259A 都要分别初始化。若采用非自动中断结束方式，在中断结束时，要给主片和从片分别发中断结束命令字。

4）8259A 的编程

8259A 是可编程的接口芯片，要用程序设定芯片工作时的中断触发方式、中断优先级管理方式、中断结束方式等，芯片才能正常工作。

8259A 的命令字分为两种，即初始化命令字和操作命令字。初始化命令字 $ICW_1 \sim$ ICW_4 是在系统启动时设置的；操作命令字 $OCW_1 \sim OCW_3$ 是在 8259A 工作过程中由应用程序根据需要设置的，如中断屏蔽、中断结束、中断优先级设定等。初始化命令字一般设置一次后不再修改，操作命令字可以多次设置。

8259A 内部有两个端口。对 8259A 的端口执行写操作时，该端口为控制端口，写入的是命令字；对端口执行读操作时，该端口是状态端口，读出的是状态字。根据端口选择线 A_0 分为偶端口和奇端口，$A_0 = 1$ 是奇端口，$A_0 = 0$ 是偶端口。多个命令字写入两个端口中，是通过命令字中的特征位、写入命令字的顺序确定其含义的。所以，在对 8259A 进行编程时，一定要注意端口地址、命令字特征位和写入命令字的顺序。要使 8259A 正常工作，CPU 必须通过指令按顺序依次将 $ICW_1 \sim ICW_4$ 写入 8259A 的相应端口。在 8086 系统中，采用单片 8259A 时，依次写入 ICW_1、ICW_2、ICW_4；采用多片 8259A 级联时，要对每片 8259A 依次写入 ICW_1、ICW_2、ICW_3、ICW_4。

（1）初始化命令字 ICW_1。

初始化命令字 ICW_1 必须被最先写入 8259A 的偶端口，用于设置 8259A 的中断触发方式及单片/级联方式，完成 8259A 的逻辑复位功能。ICW_1 的格式如图 7.31 所示。

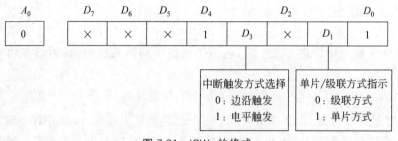

图 7.31　ICW_1 的格式

$A_0 = 0$：表示 ICW_1 要写入偶端口。

$D_7 \sim D_5$：未定义，在 8086/8088 系统中可为任意值。

D_4：恒为 1，特征位。

D_3：中断请求输入信号的触发方式选择。$D_3 = 1$，采用电平触发方式；$D_3 = 0$，采用边沿触发方式。

D_2：未定义，在 8086/8088 系统中可为任意值。

D_1：单片/级联方式指示。$D_1=1$，表示 8259A 为单片方式；$D_1=0$，表示 8259A 为级联方式。

D_0：恒为 1，在 8086/8088 系统中，表明初始化程序中必须设置 ICW_4。

（2）初始化命令字 ICW_2。

初始化命令字 ICW_2 必须写入 8259A 的奇端口，用于设置中断类型号。ICW_2 的格式如图 7.32 所示。

图 7.32　ICW_2 的格式

$A_0=1$：表明 ICW_2 要写入奇端口。

$D_7 \sim D_3$：在 8086/8088 系统中，由用户编程指定中断类型号的高 5 位。

$D_2 \sim D_0$：中断源所接的 $IR_7 \sim IR_0$ 引脚编号。在 8086/8088 系统中，用户编程时此 3 位为任意值，一般为 0。当 8259A 向 CPU 发送中断类型号时，由中断请求所连的 IR_i 的引脚编码自动确定中断类型号的低 3 位。

（3）初始化命令字 ICW_3。

ICW_3 只在 8259A 级联方式下设置。ICW_3 要分别写入主 8259A 和从 8259A 的奇端口，但是命令字格式不同。

主 8259A 的 ICW_3 格式如图 7.33 所示。

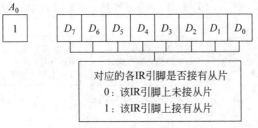

图 7.33　主 8259A 的 ICW_3 格式

$A_0=1$：表明 ICW_3 要写入奇端口。

$D_7 \sim D_0$：每位对应一个 IR 引脚，指明对应的 IR 引脚上是否接有从片。若该 IR 引脚上接有从片，则对应第 i 位置 1；若该 IR 引脚上没有接从片，则对应第 i 位置 0。

从 8259A 的 ICW_3 格式如图 7.34 所示。

$A_0=1$：表明 ICW_3 要写入奇端口。

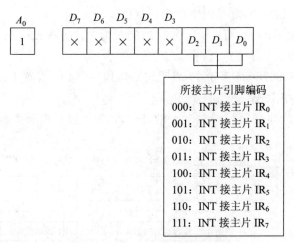

图 7.34　从 8259A 的 ICW$_3$ 格式

$D_7 \sim D_3$：任意值。

$D_2 \sim D_1$：表明该从片的 INT 引脚所接主片的 IR 引脚的编码。

（4）初始化命令字 ICW$_4$。

初始化命令字 ICW$_4$ 必须写入 8259A 的奇端口，用于设定 8259A 的嵌套方式、缓冲方式、主/从片设定、中断结束方式。ICW$_4$ 的格式如图 7.35 所示。

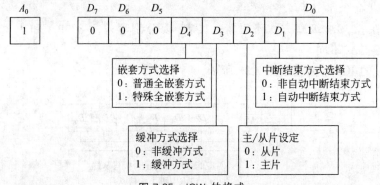

图 7.35　ICW$_4$ 的格式

$A_0 = 1$：表明 ICW$_4$ 要写入奇端口。

$D_7 \sim D_5$：恒为 000，特征位。

D_4：选择嵌套方式。$D_4 = 0$，普通全嵌套方式；$D_4 = 1$，特殊全嵌套方式。

D_3：选择缓冲方式。$D_3 = 0$，非缓冲方式；$D_3 = 1$，缓冲方式。

D_2：设定缓冲方式下主/从片。$D_2 = 0$，本片是从片；$D_2 = 1$，本片是主片。采用非缓冲方式时，此位不起作用。

D_1：选择中断结束方式。$D_1 = 0$，采用非自动中断结束方式；$D_1 = 1$，采用自动中断结束方式。

D_0：恒为 1，指定是 8086/8088 系统。

【例 7-19】 某 8086 微机系统中只用了一片 8259A，其中断请求信号采用边沿触发；各 IR 引脚所接中断源的中断类型号为 08H～0FH；采用普通全嵌套、缓冲、非自动中断结束方式。8259A 的端口地址为 20H、21H。完成对该 8259A 芯片的初始化。

解：初始化程序段如下。

```
MOV     AL,00010011B        ;边沿触发,单片
OUT     20H,AL              ;ICW₁ 送偶端口
MOV     AL,00001000B        ;设置中断类型号 08H～0FH 的高 5 位
OUT     21H,AL              ;ICW₂ 送奇端口
MOV     AL,00001101B        ;普通全嵌套、缓冲、主片(单片)、非自动中断结束方式
OUT     21H,AL              ;ICW₄ 送奇端口
```

（5）操作命令字 OCW_1。

操作命令字 OCW_1 是中断屏蔽操作命令字，直接对 8259A 的中断屏蔽寄存器的相应位进行设置。操作命令字 OCW_1 的格式如图 7.36 所示。

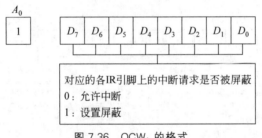

图 7.36　OCW_1 的格式

$A_0=1$：表明 OCW_1 要写入 8259A 的奇端口。

$D_7\sim D_0$：每位对应一个 IR 引脚，指明对应的 IR 引脚上的中断请求是否被屏蔽。$D_i=1$，屏蔽 IR_i 的中断请求信号；$D_i=0$，则取消对应 IR_i 的中断屏蔽。

（6）操作命令字 OCW_2。

操作命令字 OCW_2 用于设置中断优先级方式以及发送中断结束命令。操作命令字 OCW_2 的格式如图 7.37 所示。

$A_0=0$：表示 OCW_2 要写入偶端口。

D_7：设定优先级管理方式。$D_7=1$，优先级循环方式；$D_7=0$，优先级固定方式。

D_6：复位中断服务寄存器对应位方式。$D_6=0$，将中断服务寄存器中最高优先级的中断对应位清零；$D_6=1$，将中断服务寄存器中指定的中断清零，指定的位编码在 $D_2\sim D_0$ 中。

D_5：设定是否发中断结束命令。$D_5=1$，发中断结束命令；$D_5=0$，不发中断结束命令。

D_4D_3：恒为 00，特征位。

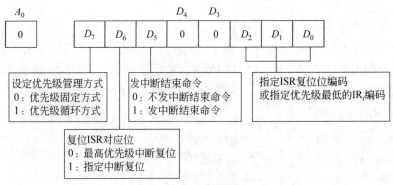

图 7.37　OCW_2 的格式

$D_2 \sim D_0$：指定中断服务寄存器复位位编码，或者指定采用优先级循环方式时最低优先级的 IR 引脚编号。

（7）操作命令字 OCW_3。

操作命令字 OCW_3 用于设置 8259A 的中断屏蔽方式、中断查询方式以及读 8259A 内部寄存器。操作命令字 OCW_3 的格式如图 7.38 所示。

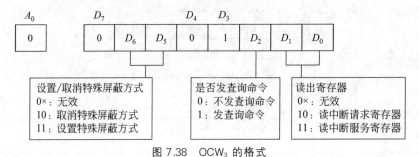

图 7.38　OCW_3 的格式

$A_0 = 0$：表示 OCW_3 要写入偶端口。

D_7：未用，一般为 0。

$D_6 D_5$：设置/取消特殊屏蔽方式。$D_6 D_5 = 0\times$ 时，保持原来的屏蔽方式；$D_6 D_5 = 10$ 时，取消特殊屏蔽方式；$D_6 D_5 = 11$ 时，设置特殊屏蔽方式。

D_2：是否发查询命令位。$D_2 = 0$，处于非查询方式；$D_2 = 1$，将 8259A 置于中断查询方式，CPU 可以读取 8259A 的查询字。

D_1：读寄存器命令位。$D_1 = 0$，不发读命令；$D_1 = 1$，发读命令。

D_0：指定要读的寄存器。$D_0 = 0$，读中断请求寄存器；$D_0 = 1$，读中断服务寄存器。该位只在发读命令的 $D_1 = 1$ 时起作用。

CPU 向 8259A 偶端口发出查询命令，然后读取偶端口的查询字，这个查询字中记录了 8259A 当前是否有中断请求以及正在申请的中断源中优先级最高的中断源编码。查询字的格式如图 7.39 所示。这个命令在 CPU 处于中断禁止状态，在无法从 INTR 引脚获得中断信息时使用。

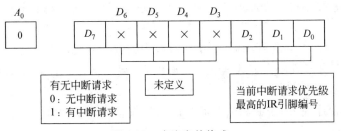

图 7.39 查询字的格式

D_7：表示当前有无中断请求。$D_7=0$，表示没有中断请求；$D_7=1$，表示有中断请求。

$D_6 \sim D_3$：未定义。

$D_2 \sim D_0$：有中断请求时，当前发出中断请求的中断源中优先级最高的中断源的 IR 引脚编号。

4. 中断系统设计

中断系统的设计包括硬件电路设计和软件设计。

1) 中断系统硬件电路设计

中断系统的硬件电路设计包括 CPU 与 8259A 的连接、CPU 与外部 I/O 设备(或接口)的连接以及 8259A 与外部 I/O 设备(或接口)的连接。

8259A 作为 CPU 外部的接口芯片，在与 CPU 连接时，除了要连接数据线、端口选择线、读写信号线、端口地址译码电路以外，还要连接中断请求输入信号和中断响应信号的引脚。

8259A 只能辅助 CPU 进行中断的管理，并不能完成外部 I/O 设备的数据读写操作，所以在 CPU 和外部 I/O 设备间还要有用于数据传递的通道。要根据外部 I/O 设备的数据特点，采用不同的接口(如并行接口等)进行信息交换。

8259A 的中断请求输入端连接来自外部 I/O 设备(或接口)的中断请求信号，这个请求信号可以由外部 I/O 设备提供，也可以由外部 I/O 设备的接口电路提供。

2) 中断系统软件设计

CPU 在中断方式运行，实质就是在硬件产生的中断信号触发下，在主程序和中断子程序间进行切换的过程，所以软件设计包括在内存中准备好主程序、中断服务子程序和中断向量表。

主程序完成对中断系统中硬件和软件的初始化工作，一般包括下列步骤：

(1) 设置中断标志 IF 为关中断，因为此时中断的准备工作还没做好。

(2) 设置中断向量表。

(3) 中断控制器 8259A 的初始化：写入初始化命令字 ICW_1、ICW_2、ICW_3、ICW_4，设置 8259A 芯片的工作方式、优先级、结束方式等。

(4) 中断源数据传送接口初始化。CPU 和中断源 I/O 设备间要通过数据传送接口进行数据输入和输出，这个数据传送接口芯片也要进行初始化，或者设置和中断相关的信息，如允许产生中断等。

（5）中断服务程序初始化。进入中断服务程序前,要设置中断服务程序使用的缓冲区指针、状态位等。

（6）设置中断标志 IF 为开中断,并执行没有中断发生时要做的其他任务。

（7）在中断服务子程序完成数据输入和输出后,要完成对中断源的数据进行处理、屏蔽不需要再中断的设备等结束工作。

中断服务子程序完成 CPU 和中断源之间的数据输入和输出以及相关的控制工作。一般包括以下步骤:

（1）保护现场。把中断服务子程序中要使用和改变的寄存器值入栈,以免破坏主程序需要使用的数据。

（2）设置中断标志 IF。根据需要设定在本次中断服务子程序运行时是否允许优先级更高的中断能够被响应。

（3）数据输入和输出处理。与外设接口进行数据传输。数据的处理比较费时,一般交由主程序完成。

（4）设置中断标志 IF。如果之前已设置开中断,在中断服务进入结束阶段时,要关闭中断以避免不必要的中断嵌套。

（5）恢复现场。将堆栈中保存的各寄存器值出栈,以便返回主程序后可以正确使用原数据。

（6）发中断结束命令。如果 8259A 采用非自动中断结束方式时,要发中断结束命令使8259A 的中断服务寄存器的相应位清零。

（7）中断返回。用 IRET 指令返回被中断的主程序。

【例 7-20】 设计一个中断系统,实现以下功能:当 8 个 LED 灯在不停地循环亮的时候,按下脉冲开关,8 个 LED 灯马上全灭一段时间,再回到原来循环亮的状态。

解:系统要在循环亮和全灭状态间切换,并且有实时性要求,是一个中断系统。将循环亮的状态作为主程序执行的任务,将脉冲开关信号作为中断请求信号,将灯全灭的操作作为子程序执行的任务。

硬件电路设计如图 7.40 所示。设 8255A 芯片的端口地址范围是 60H～63H,设 8259A芯片的端口地址范围是 40H～41H。设 8259A 的 8 个中断类型号为 08H～0FH。

软件按照图 7.41 所示的流程图设计。

程序如下:

```
CODE    SEGMENT
    ASSUME    CS:CODE
START:
    CLI                       ;关中断
    MOV    AL,00010011B       ;ICW₁:边沿触发,单片,需要设置 ICW₄
    OUT    40H,AL             ;ICW₁ 送偶端口
```

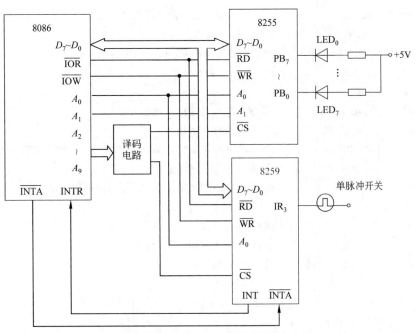

图 7.40 例 7-20 硬件电路设计

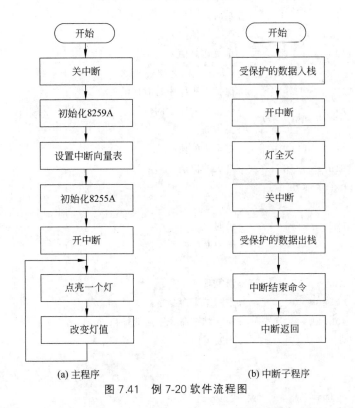

(a) 主程序   (b) 中断子程序

图 7.41 例 7-20 软件流程图

```
        MOV     AL,08H              ;ICW₂:中断类型号前5位为00001
        OUT     41H,AL              ;ICW₂送奇端口
        MOV     AL,00000001B        ;ICW₄:普通全嵌套,非缓冲,非自动中断结束
        OUT     41H,AL              ;ICW₄送奇端口
        MOV     AX,0
        MOV     DS,AX               ;设置中断向量表的段地址为0
        MOV     AX,OFFSET  P1       ;中断子程序偏移地址
        MOV     [002CH],AX          ;IR₃的中断类型号为0BH,在中断向量表中的位置为4×0BH=2CH
        MOV     AX,SEG  P1          ;中断子程序的段地址
        MOV     [002EH],AX          ;4×0BH+2=2EH单元放中断子程序的段地址
        STI                         ;开中断
        MOV     AL,10000000B        ;8255A的方式控制字,PB端口输出
        OUT     63H,AL              ;8255A方式控制字送控制端口
        MOV     AL,11111110B        ;第一个灯的初值
   L1:
        OUT     61H,AL              ;灯值送PB端口
        MOV     CX,0FFFFH
   LL1:
        LOOP    LL1                 ;延时,让灯显示稳定
        ROL     AL,1                ;改变灯值
        JMP     L1                  ;重复送灯值
   P1   PROC
        PUSH    CX                  ;保护主程序中延时用的CX
        PUSH    AX                  ;保护主程序中的灯值
        CLI                         ;关中断
        MOV     AL,11111111B        ;灯全灭的值
        OUT     61H,AL              ;灯灭的值送PB端口
        MOV     CX,0FFFFH
   LL2:
        LOOP    LL2                 ;延时
        STI                         ;开中断
        POP     AX
        POP     CX                  ;恢复现场
        MOV     AL,20H              ;中断结束命令字
        OUT     40H,AL              ;中断结束命令字送偶端口
        IRET                        ;中断返回
   P1   ENDP
   CODE     ENDS
        END     START
```

7.3 输入输出设备

在计算机硬件系统中,主机(CPU 和内存)之外的设备都属于外部设备。按照功能的不同,外部设备大致分为输入设备、输出设备两类。输入设备将计算机外部的信息变成计算机可以接收和处理的形式,以便计算机处理。输出设备是将计算机处理的结果变成用户可以识别的信息,以供用户使用。计算机系统中常用的输入设备包括键盘、鼠标、触摸屏、扫描仪、语音输入设备等,常用的输出设备包括显示器、打印机、绘图仪、语音输出设备等。

7.3.1 常用输入设备

1. 键盘

键盘是计算机的主要输入设备,用于接收用户对计算机输入的操作指令或者文字。计算机键盘经历了 83 键、96 键、101 键和 107 键几个阶段,但基本原理是相似的。

根据按键开关结构可将键盘分为有触点式和无触点式两大类。有触点式键盘的按键开关有机械式开关、薄膜式开关、导电橡胶式开关和磁簧式开关等。无触点式键盘的按键开关有电容式开关、电磁感应式开关和磁场效应式开关。有触点式键盘手感差,易磨损,故障率高。无触点式键盘手感好,寿命长。无论采用什么形式的按键,其作用都是使电路接通或断开。目前使用的计算机键盘多为电容式无触点键盘。

根据键盘的按键码识别方式可将键盘分为编码键盘和非编码键盘。编码键盘主要依靠硬件电路完成扫描、编码和传送,直接提供与按键相对应的编码信息,其特点是响应速度快,但硬件结构复杂。非编码键盘的扫描、编码和传送则由硬件和软件共同完成,其响应速度不如编码键盘快,但是可以通过对软件的修改重新定义按键,在需要扩充键盘功能的时候很方便。计算机中使用的主要是非编码键盘。

2. 鼠标

鼠标是目前计算机必备的输入设备之一,能够快速定位,用于控制屏幕上的光标移动,完成编辑、菜单选择及图形绘制操作,是计算机图形界面人机交互必备的外部设备。

鼠标的类型和型号虽然很多,但都是把鼠标在平面移动时产生的移动距离和方向的信息以脉冲的形式送给计算机,计算机将收到的脉冲转换成屏幕上光标的坐标数据,达到指示位置的目的,实现对微机的操作。

鼠标根据按键数目可以分为两键鼠标和三键鼠标两种。

鼠标根据内部结构可分为光电机械式、光电式、轨迹球式和无线遥控式 4 种。

光电机械式鼠标是目前最常用的一种鼠标。鼠标内部有 3 个辊轴,其中一个是空轴,另外两个各接一个码盘,分别是 X 方向和 Y 方向的辊轴。这 3 个辊轴都与一个可以滚动的橡胶球接触,并随着橡胶球的滚动一起转动,从而带动 X、Y 方向辊轴上的码盘转动。码盘上均匀地刻有一圈小孔,码盘两侧各有一个发光二极管和光电晶体管。码盘转动时,发光二极管射向光电晶体管的光束会被阻断或导通,从而产生表示位移和移动方向的两组脉冲。

光电式鼠标性能较好,它利用发光二极管与光敏传感器的组合测量位移。这种鼠标需在专用鼠标板上使用。这种鼠标板上印有均匀的网格,发光二极管发出的光照射到鼠标板上时产生强弱变化的反射光,经过透镜聚焦到光敏传感器上产生电脉冲。由于光电式鼠标内部有测量 X 方向和 Y 方向的两组测量系统,因此可以对光标精确定位。

轨迹球式鼠标的内部和光电机械式鼠标相似,区别是轨迹球安装在鼠标上部,球座固定不动,靠手拨动轨迹球来控制光标在屏幕上移动。

无线遥控式鼠标主要有红外无线型鼠标和电波无线型鼠标。红外无线型鼠标必须对准红外线发射器后才可以自由活动,否则没有反应。电波无线型鼠标则可以不受方向的约束。

此外,鼠标按接口的类型还可以分为 MS 串行鼠标、PS/2 鼠标、总线鼠标和 USB 鼠标。

7.3.2 常用输出设备

1. 显示器

显示器是计算机系统中最常用的输出设备之一,用来显示数字、字符、图形和图像。显示器由显示器件和显示控制器(又称为显示卡)组成。显示器件是独立于 PC 主机的一种外部设备,它通过信号线与显示卡相连。

常见的显示器件有阴极射线管显示器(CRT)和液晶显示器(LCD)两种。阴极射线管显示器技术成熟,成本较低,寿命较长;其缺点是体积大,能耗大。液晶显示器是近年发展起来的新型显示设备,体积小,重量轻,耗电省;其缺点是成本较高。目前的微机多采用液晶显示器。

1) CRT

CRT 根据颜色分为单色和彩色两大类。当前使用的主要是彩色显示器。CRT 根据显示原理又分为荫罩式 CRT 和电压穿透式 CRT,其中荫罩式 CRT 最常见。

CRT 包括阴极射线管和控制电路两部分。阴极射线管的功能是将电信号转换为光信号,在荧光屏上完成字符或图像的显示。基本工作原理是:CRT 加电后,阴极被加热,发出 3 个平行的电子束。电子束中的大量电子在加速极和阳极的吸引下离开阴极,经过加速极、聚焦极和阳极等组成的电子透镜的聚焦后形成 3 个细电子束,经荫罩板的竖条形细缝或小孔汇聚后,按不同强度轰击荧光屏上的红绿蓝三色荧光粉,产生不同颜色的亮点。控制电路的功能是将主机显示适配器送来的视频信号经过前级平衡、视频信号放大和末级平衡的处理后送显像管的阴极。由于荧光粉轰击后产生的亮点只能在短时间内发光,所以电子束必须不间断地一次又一次地扫描屏幕,才能形成稳定的图像。行扫描电路和场扫描电路控制 CRT 外部的偏转线圈,使光点移动,从而形成光栅,点亮整个屏幕。扫描一般从屏幕左上角开始向右扫描,到了右边以后,关闭电子束,然后向左回扫至第二行的最左端,这一过程称为水平回扫。这样一行一行扫描至屏幕最底端,关闭电子束,从屏幕右下角(最后一根扫描线的最右端)回扫到屏幕左上角(第一根扫描线的最左端),这一过程称为垂直扫描。受扫描频率的限制,扫描方式可以分为逐行扫描和隔行扫描两种方式。在隔行扫描时,屏幕上先扫描奇数行,再扫描偶数行。在这样的扫描过程中,电子束可能因为偏移由奇数行扫描到偶数行

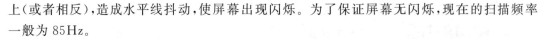

上(或者相反),造成水平线抖动,使屏幕出现闪烁。为了保证屏幕无闪烁,现在的扫描频率一般为85Hz。

2) LCD

LCD是一种非发光性的显示器件,是通过对环境光的反射或对外加光源加以控制的方式来显示图像。LCD以液晶材料为基本组件。液晶是介于固体与液体之间,具有规则的分子排列的有机化合物。在有电流通过或者电场有改变时,液晶分子会改变排列方向,从而产生透光度的差别,依此原理控制每个像素,便可构成所需图像。

LCD的分类方法有很多。

LCD根据驱动方式可分为静态驱动、无源矩阵(又称为被动式矩阵)驱动和有源矩阵(又称为主动式矩阵)驱动3种。无源矩阵驱动又分为扭曲向列阵(Twisted Nematic,TN)、超扭曲向列阵(Super TN,STN)、双层超扭曲向列阵(double layer STN)。有源矩阵驱动一般以薄膜晶体管型(Thin Film Transistor,TFT)为主。

LCD按商品形式分为液晶显示器件和液晶显示模块两种。液晶显示器件中包括前后偏振片。液晶显示模块包括组装好的线路板、IC驱动及控制电路及其他附件。

LCD的显示方式分为以下几种:

(1) 正向显示。在浅色背景上显示深色内容。

(2) 负向显示。在深色背景上显示浅色内容。

(3) 透过型显示。通过背光改变光线透射能力,在光源另一侧显示。

(4) 反射型显示。通过改变光线反射能力来显示内容,显示面和光源在同一侧。

(5) 半透过型显示。其背后的反射膜有网状孔隙,能透过约30%的背照明光,白天为反射型显示,夜间为透过型显示。

(6) 单色显示。只有不同灰度的黑白色。

(7) 彩色显示。实现单彩色显示和多彩色显示,又分为伪彩色显示和真彩色显示。伪彩色只能显示8~32种彩色,真彩色最多可以显示16 777 216种颜色。

2. 打印机

打印机是计算机系统中最常用的输出设备。随着制造工艺的不断成熟,打印技术的不断完善和价格的进一步降低,打印机已经成为基本的装机配置。

打印机的种类有很多,最常见的有针式打印机、喷墨打印机、激光打印机。

1) 针式打印机

针式打印机是依靠打印头上的打印针击打色带,把字符印在打印纸上。打印头上有一个环形衔铁,打印针在环形衔铁圆周上均匀排列,通过导向板在打印头端部形成两列平行排列的打印针。不打印的时候,使用永久磁铁将簧片吸住,不使打印针撞向色带;当要打印时,打印头移动到相应的打印位置,字符发生器产生的打印命令信号使某些消磁线圈通过电流,产生与永久磁铁的磁场方向相反的磁场,抵消永久磁铁对簧片的吸引力,使簧片释放,与簧片垂直相连的打印针便被弹出,通过色带将组成字符的点阵打到打印纸上。

针式打印机推出时间最早,技术最为成熟,打印费用十分低廉;但是它存在打印的字型

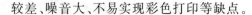

较差、噪音大、不易实现彩色打印等缺点。

2）喷墨打印机

喷墨打印机的基本工作原理是利用喷墨头将细小的墨滴喷射到纸上,形成文字或图案。喷墨技术有连续式和随机式两种。连续式喷墨技术的原理是:连续喷射墨水,在电场或其他方式下快速到达纸面,形成文字或图案。连续式喷墨技术的实现方式有电荷控制型、电场控制型、墨物型、喷涂型。随机式喷墨技术的原理是:由喷墨系统供给的墨滴只在需要印字时才喷出,墨滴喷射速度低于连续式,通过增加喷嘴的数量来提高印字速度。随机式喷墨技术的实现方式有气泡式与压电式。

3）激光打印机

激光打印机通过激光在硒鼓上记录打印图像,然后再利用热能与压力将碳粉印在纸上。其核心部件是一个可以感光的硒鼓。激光打印的整个动作是充电(charging)、曝光(exposure)、显像(development)、转像(transferring)、定影(fusing)、清除(cleaning)及除像(erasing)7 个步骤的循环。当应用程序下达打印指令后,首先使硒鼓带上负电荷或正电荷,由计算机送来的数据信号控制激光发射器发射激光,照射在一个棱柱形的反射镜上,随着反射镜的转动,光线从硒鼓的一端到另一端依次扫过,形成静电潜像。接着让碳粉匣中的碳粉带电,转动的硒鼓上的静电潜像表面经过碳粉匣时,便会吸附带电的碳粉,使图文影像显像。再将从打印机进纸匣牵引进来的纸张通过转像的步骤让纸面带相反的电荷,将硒鼓上的碳粉吸附到纸张上。为使碳粉更紧附在纸上,接下来以高温、高压的方式将碳粉定影在纸上。再用刮刀将硒鼓上残留的碳粉清除。最后的动作是除像,也就是除去静电潜像,使硒鼓表面的电位恢复到初始状态。

7.4 实验设计

7.4.1 PC 的接口及输入输出设备

本节实验的目的是了解 PC 的接口、I/O 端口及其连接的输入输出设备。

1. 查看接口及 I/O 端口地址

进入 Windows 后,通过控制面板中的【设备管理器】工具可以查看 I/O 端口地址的分配情况。图 7.42 是某计算机的 I/O 端口地址分配情况。其中,可编程中断控制器端口地址范围为 20H～21H,系统定时时钟端口地址范围为 40H～43H,控制系统喇叭的并行端口地址为 61H。

2. 查看中断类型号分配

进入 Windows 后,通过控制面板中的【设备管理器】工具可以查看中断类型号的分配情况。图 7.43 是某计算机的中断类型号分配情况。

3. 查看输入输出设备

进入 Windows 后,通过控制面板中的【设备管理器】工具可以查看系统中的输入输出设

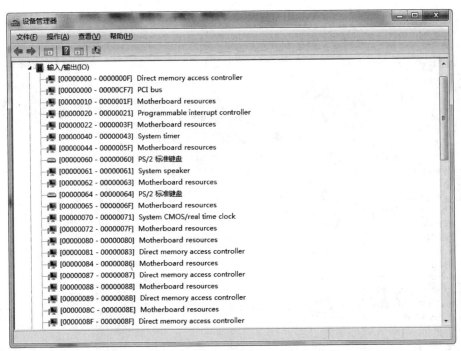

图 7.42　某计算机上的 I/O 端口地址分配情况

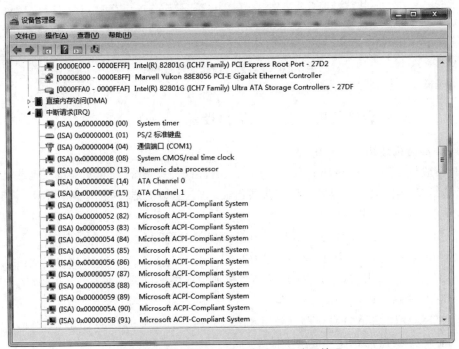

图 7.43　某计算机上的中断类型号分配情况

备列表。选中某个设备，右击鼠标，通过快捷菜单中的命令可以查看该设备的属性，包括
I/O 端口地址和中断类型号等信息。某计算机网络接口的属性如图 7.44 所示。

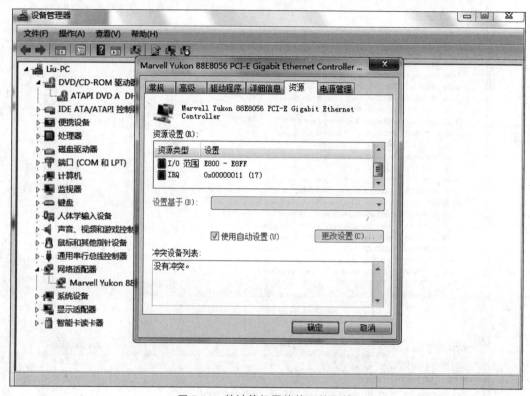

图 7.44　某计算机网络接口的属性

7.4.2　EL 实验机的接口及输入输出设备

1. EL 实验机结构

EL 实验机是 8086 微机实验系统。EL 实验机由电源、系统板、可扩展的实验模板、微机
串口通信线、JTAG 通信线以及通用连接线组成。EL 实验机结构如图 7.45 所示。

对其中一些模块说明如下:

- 存储器:包括 40KB 的 RAM 和 40KB 的 EPROM。
- 可编程并行接口:采用 8255A 芯片。
- 串行接口:采用 8250 芯片,用于与主机通信或供用户编程实验。
- 键盘/显示接口:采用 8279 芯片。
- LED 显示电路和键盘电路:采用 8279 芯片,具有独立的 6 位 LED 数码显示和独立
  的 4×6 键盘,LED 和键盘可扩展。
- A/D 转换电路:采用 ADC0809 芯片,是 8 位 8 通道逐次比较 A/D 转换器,典型转换

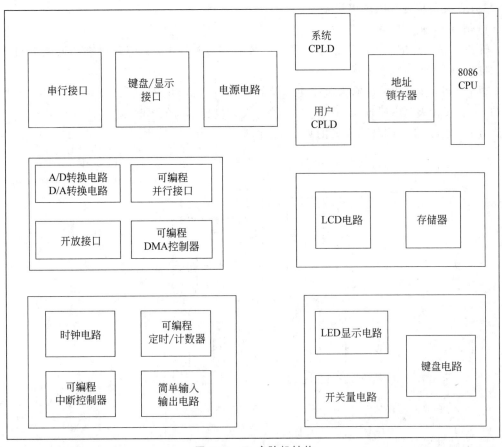

图 7.45　EL 实验机结构

时间为 $100\mu s$。

- D/A 转换电路：采用 DAC0832 芯片，是与 8 位微处理器兼容的 D/A 转换器。
- 可编程定时/计数器：采用 8253 芯片。
- 可编程中断控制器：采用 8259A 芯片。
- DMA 控制器：采用 8237A 芯片。
- 时钟电路：采用 74LS161 作为计数器，输出 5 路时钟信号。
- 简单输入输出电路：采用 74LS244 作为缓冲驱动器，采用 74LS273 作为输出锁存器。
- 开关量电路：8 位逻辑电平输入开关，8 位 LED 显示电路。

EL 虚拟实验机是 EL 8086 实验机的简化虚拟实验软件。EL 虚拟实验机包括 8086CPU、内存储器、I/O 端口译码电路、8 位逻辑电平输入开关、8 位 LED 显示电路、七段数码管、可编程并行接口芯片 8255A、可编程定时/计数器芯片 8253、可编程中断控制器 8259A。

2. EL 实验机的输入输出设备

1) 开关量输入电路

开关量输入是指非连续性信号的采集。数字电路中的开关量有高电平和低电平两种状态,对应 1 和 0 两种数字表示。

图 7.46 所示的开关量输入电路由 8 个开关 $sk_1 \sim sk_8$ 组成。每个开关可以切换两个位置 H 和 L,H 代表高电平,L 代表低电平。当开关切换到不同位置时,对应的插孔 $k_1 \sim k_8$ 产生的信号可以作为输入到其他设备的高/低电平。

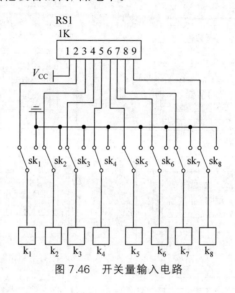

图 7.46　开关量输入电路

2) 单脉冲发生器电路

单脉冲发生器可以产生单脉冲信号。图 7.47 所示的单脉冲发生器电路由一个按钮和一片 74LS132 组成,输出插孔 P+、P- 对应输出正相和反相脉冲。

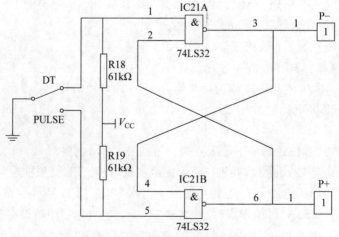

图 7.47　单脉冲发生器电路

3) 脉冲信号发生器

脉冲信号发生器能产生连续不断的方波或脉冲波输出。图 7.48 所示的脉冲信号发生器电路由一片 74LS161、一片 74LS04 和一片 74LS132 组成。CLK_0 是 6MHz,输出时钟为该 CLK_0 的 2 分频(CLK_1)、4 分频(CLK_2)、8 分频(CLK_3)和 16 分频(CLK_4),相应的输出插孔为 $CLK_1 \sim CLK_4$。

4) 开关量输出电路

开关量输出是指非连续性信号的输出。数字电路中的开关量有高电平和低电平两种状态,对应 1 和 0 两种数字表示。

图 7.49 所示的开关量输出电路由 8 只 LED 组成。LED 的一端连接高电平,另一端为接线插孔,当对应的插孔接低电平时,LED 点亮。

5) 七段数码管

七段数码管是由 7 个基本的发光二极管组成的 8 字形器件,可以用于显示数字、字符,简单易用,是微机系统设计中常用的输出设备。七段数码管外形结构如图 7.50(a)所示。

七段数码管有共阳极数码管和共阴极数码管两种。图 7.50(b)为共阳极数码管,它将各发光二极管的阳极接在一起,通过控制阴极输入电平来控制各个发光二极管是否点亮。图 7.50(c)是共阴极数码管,它将各数码管的阴极接在一起,通过控制阳极输入电平来控制各个发光二极管是否点亮。将输入端输入的电平按 dp、g、f、e、d、c、b、a 顺序排列成 8 位的编码,称为段码。

以共阴极数码管为例,如果要在数码管上显示 $0 \sim 9$ 的数字和 A~F 的字符,对应的段码(十六进制值)如表 7.2 所示。

表 7.2 共阴极数码管段码

显示字符	段码	显示字符	段码	显示字符	段码	显示字符	段码
0	3F	4	66	8	7F	c	39
1	06	5	6D	9	6F	d	5E
2	5B	6	7D	a	77	e	79
3	4F	7	07	b	7C	f	31

6) 端口地址译码器

EL 实验机采用可编程逻辑器件(CPLD)EPM7032/ATF1502 作为端口地址译码电路,采用偶地址连接方式,产生 $CS_0 \sim CS_6$ 片选地址输出信号。片选地址输出的端口地址范围如下。

CS_0:地址 04A0~04AFH。

CS_1:地址 04B0~04BFH。

CS_2:地址 04C0~04CFH。

CS_3:地址 04D0~04DFH。

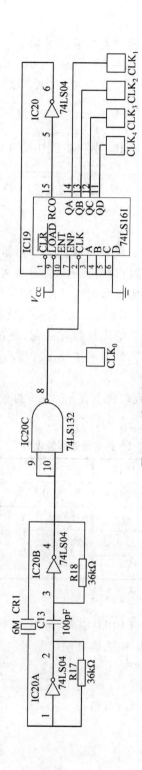

图 7.48 脉冲信号发生器电路

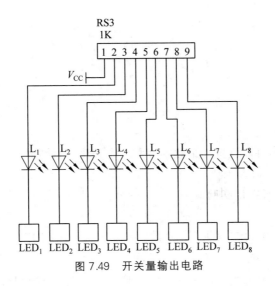

图 7.49　开关量输出电路

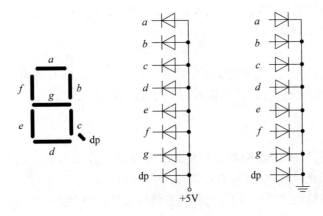

(a) 外形结构　　　(b) 共阳极数码管电路　　(c) 共阴极数码管电路

图 7.50　七段数码管外形结构及电路

CS_4：地址 04E0～04EFH。

CS_5：地址 04F0～04FFH。

CS_6：地址 0F000～0FFFFH。

EL 虚拟实验机中不采用偶地址连接方式,只有 CS_0（地址 04A0～04A3H）和 CS_1（地址 04B0～04B3H）两个片选地址输出。

7）EL 实验机编程

EL 实验机编程是利用 TECH 软件在 PC 机上完成编辑、汇编、连接过程,将生成的可执行程序代码通过串行口发送到实验机的存储器中。EL 实验机中程序只能有 1 个程序段,并且必须存放在 100H 单元开始的存储区。EL 实验机程序段结构如下:

```
ASSUME CS:CODE
CODE SEGMENT PUBLIC
ORG 100H
START:
……;程序代码
CODE ENDS
END START
```

EL 虚拟实验机中,可以设置 1 个数据段和 1 个程序段,结构同 5.6.4 小节的汇编语言程序结构。

3. EL 实验机的并行接口实验

1) 实验原理

EL 实验机中有一片 8255A 并行接口芯片。8255A 与 CPU 之间的数据线、端口选择线、读/写控制线都已连接好。8255A 的片选输入端插孔名称为 8255CS,PA、PB、PC 这 3 个端口的引脚插孔分别为 $PA_0 \sim PA_7$、$PB_0 \sim PB_7$、$PC_0 \sim PC_7$。电路原理图如图 7.51 所示。

在 EL 虚拟实验机中,8255A 芯片只提供了 PA 和 PB 端口。(动画演示文件名:虚拟实验机 8-8255 并行接口.swf)

2) 实验内容

操作 1 个逻辑电平开关,当开关输入不同时,实现 8 个 LED 不同的显示状态。开关输入为 0 时,8 个 LED 灯 4 亮 4 灭;开关输入为 1 时,8 个 LED 灯依次点亮。

实验步骤如下:

(1) 实验接线。

系统中大多数信号线已连接好,只需设计部分信号线的连接。将逻辑电平开关与8255A 的一个端口相接,该端口作为输入端口。将 LED 显示电路与 8255A 的另一个端口相接,该端口作为输出端口。8255A 的片选信号与端口地址译码器的一个输出信号端相接,确定其端口地址范围。可以根据实现原理灵活设计连接方式。

在图 7.52 所示的逻辑电路中,用虚线给出了一种连接方式。

(2) 根据图 7.53 所示的流程图编程,运行程序并观察实验结果。

4. EL 实验机的定时/计数器实验

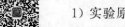

1) 实验原理

EL 实验机的定时/计数器电路由一片 8253 组成。8253 的片选输入端插孔为 CS8253。数据信号线、地址线、读写线均已接好。3 个计数器时钟输入插孔分别为 $8253CLK_0$、$8253CLK_1$、$8253CLK_2$,3 个计数器 GATE 控制信号输入插孔分别为 $GATE_0$、$GATE_1$、$GATE_2$,3 个计数器输出信号插孔分别为 OUT_0、OUT_1、OUT_2。EL 实验机的定时/计数器电路如图 7.54 所示。

EL 实验机系统板提供 4 个晶振脉冲信号,分别为 CLK_0(6MHz)、CLK_1(3MHz)、CLK_2(1.5MHz)、CLK_3(750kHz)。8253 的 GATE 信号无输入时为高电平。

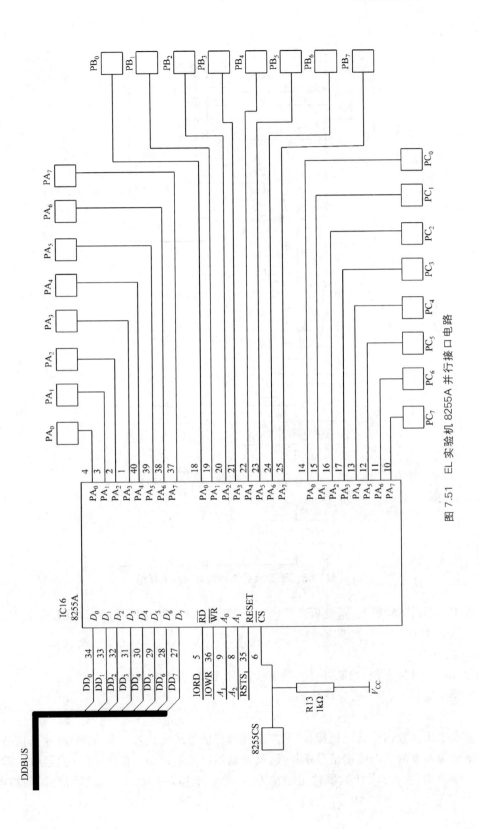

图 7.51　EL 实验机 8255A 并行接口电路

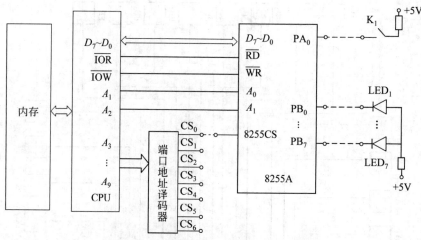

图 7.52　EL 实验机并行接口实验逻辑电路

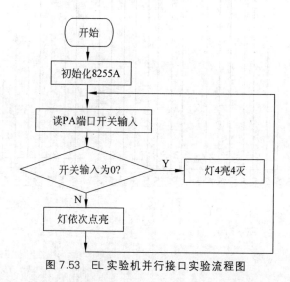

图 7.53　EL 实验机并行接口实验流程图

在 EL 虚拟实验机上,系统板只提供 1 个 1Hz 的晶振脉冲信号。(动画演示文件名:虚拟实验机 9-8253 定时计数器.swf)

2) 实验项目 1

设计一个计数系统,当脉冲开关按下 5 次时,LED 发光二极管亮。

实验步骤如下。

(1) 实验连线。

系统中大多数信号线已连接好,只需设计部分信号线的连接。将 8253 的片选信号线与端口地址译码器的一个输出信号端相接,确定其端口地址范围。将 8253 计数器输入端接脉冲开关输出端,将 8253 计数器输出端接 LED 显示电路,将 8253 计数器门控端接高电平。

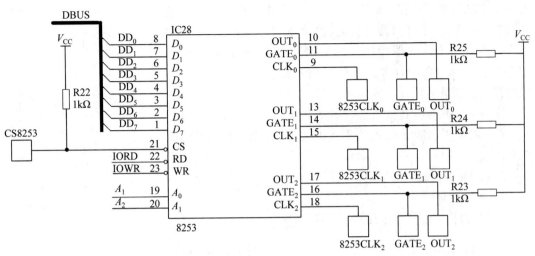

图 7.54　EL 实验机定时/计数器电路

可以根据实现原理灵活设计连接方式。

在图 7.55 所示的逻辑电路中,用虚线给出了一种连接方式。

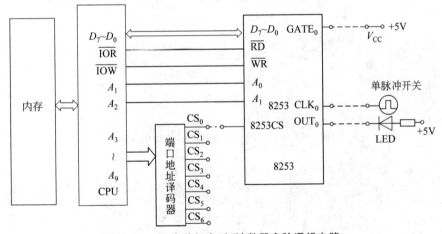

图 7.55　EL 实验机定时/计数器实验逻辑电路

（2）根据图 7.56 所示的流程图编程运行程序,并观察实验结果。

3）实验项目 2

设计一个定时信号发生器,采用 2 个计数器级联,使一个发光二极管以 6s 的间隔闪烁。实验步骤如下。

（1）实验连线。

要实现 2s 的信号周期,计数值比较大,所以需要用两个计数器级联方式。系统中大多数信号线已连接好,只需设计部分信号线的连接。将 8253 的片选信号线与端口地址译码器的一个输出信号端相接,确定其端口地址范围。选择两个计数器级联。其中,一个计数器对系统板上的脉冲信号计数,其输出信号作为另一个计数器的输入信号;另一个计数器的输出接LED 显示电路。两个计数器的门控信号都要接高电平。可以根据实现原理灵活设计连接方式。

在图 7.57 所示的逻辑电路中,用虚线给出了一种连接方式。

(2) 根据图 7.58 所示的流程图编程,运行程序并观察实验结果。

5. EL 实验机的中断实验

1) 实验原理

EL 实验机中断控制电路如图 7.59 所示。

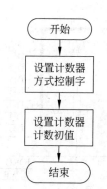

图 7.56　EL 实验机定时/计数器实验流程图

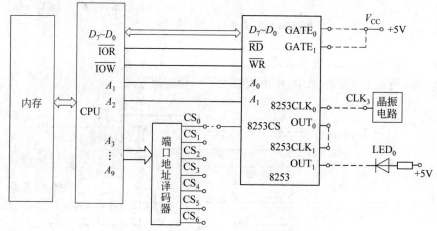

图 7.57　EL 实验机级联定时实验逻辑电路

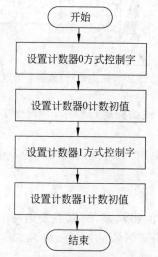

图 7.58　EL 实验机级联定时实验流程图

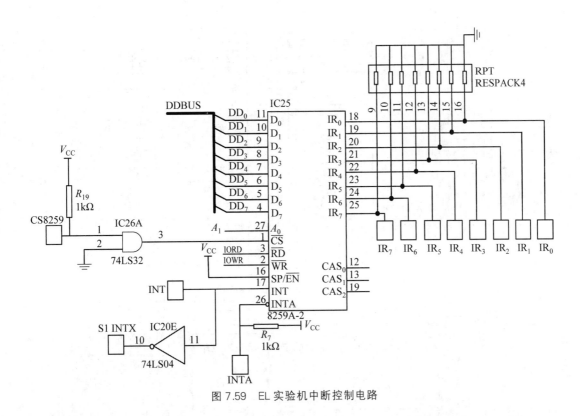

图 7.59　EL 实验机中断控制电路

CS8259 是 8259 芯片的片选插孔，$IR_0 \sim IR_7$ 是 8259 的中断请求输入插孔。DDBUS 是系统 8 位数据总线。INT 是 8259 连接到 8086 的中断请求线插孔，INTA 是 8086 的中断应答信号线插孔。

2）实验内容

参照例 7-20，用单脉冲发生器作为中断源，实现 8 个 LED 灯循环亮的过程中，按下脉冲开关后，变成 8 个灯闪烁一段时间后，又回到循环亮的状态。

实验步骤如下。

（1）实验连线。

系统中大多数信号线已连接好，只需设计部分信号线的连接。将 LED 显示电路与 8255A 的一个端口相接，该端口作为输出端口。需要将 8255A、8259A 的片选信号线分别与端口地址译码器的两个输出端口相接，确定两块芯片的端口地址范围。需要将单脉冲开关与 8259A 的一个中断输入端相接。可以根据实现原理灵活设计连接方式。

在如图 7.60 所示的逻辑电路中，用虚线给出了一种连接方式。

（2）根据如图 7.61 所示的流程图编程，运行程序并观察实验结果。

6. EL 实验机的七段数码管显示实验

1）实验原理

EL 实验机上有 6 个七段数码管，可以分别显示 6 位不同的数字或字符。EL 虚拟实验

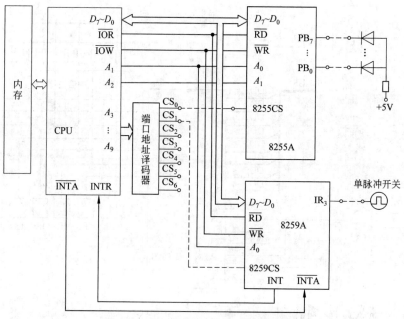

图 7.60　EL 实验机中断实验逻辑电路

(a) 主程序　　　　　　　(b) 中断子程序

图 7.61　EL 实验机中断实验流程图

机只提供1个七段数码管,用于显示1位数字或字符。(动画演示文件名:虚拟实验机10-8255数码管.swf)

2) 实验内容

在EL实验机上实现在1个七段数码管上依次显示0-9的数字。

实验步骤如下。

(1) 实验连线。

系统中大多数信号线已连接好,只需设计部分信号线的连接。将七段数码管与8255A的一个端口相接,该端口作为输出端口。8255A的片选信号与端口地址译码器的一个输出信号端相接,确定其端口地址范围。可以根据实现原理灵活设计连接方式。

在图7.62所示的逻辑电路中,用虚线给出了一种连接方式。

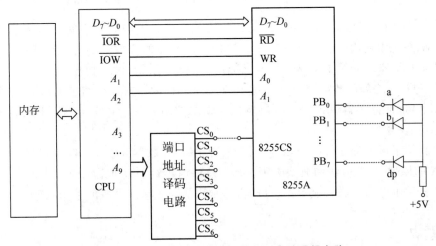

图7.62　EL实验机七段数码管显示实验逻辑电路

(2) 根据图7.63所示的流程图编程,运行程序并观察实验结果。

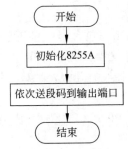

图7.63　EL实验机七段数码管显示实验流程图

7. EL实验机的智能交通灯系统实验

在EL实验机上,用8086CPU、内存、8255A、七段数码管、开关量输出电路构成交通灯

系统的硬件电路,再编程实现系统的自动运作。((动画演示文件名:虚拟实验机 11-智能交通灯系统.swf)

系统运作过程如下:

(1) 东西方向红色 LED 亮,南北方向绿色 LED 亮,七段数码管倒计数 5s。

(2) 东西方向红色 LED 亮,南北方向黄色 LED 闪烁 3 次。

(3) 东西方向绿色 LED 亮,南北方向红色 LED 亮,七段数码管倒计数 5s。

(4) 东西方向黄色 LED 闪烁 3 次,南北方向红色 LED 亮。

(5) 重复(1)～(4)的过程。

7.5　本章小结

总线是许多信号线的集合,是模块与模块之间或者设备与设备之间互连和传递信息的通道。微机系统中使用的总线种类很多。评价总线性能的参数主要有总线频率、总线宽度和数据传输率。本章介绍了常见的总线标准以及 8086 系统总线的构成。

CPU 与接口之间的数据交换是通过 I/O 端口进行的。本章介绍了 I/O 接口的组成结构、I/O 端口地址译码器设计的方法以及输入输出控制方式。8086 系统采用专用的 IN 和 OUT 指令访问端口。

本章介绍了可编程并行接口 8255A、可编程定时/计数器 8253/8254 和可编程中断控制器 8259A 的原理、编程方法和典型应用。掌握这些内容对于微机系统的设计非常重要。

本章介绍了键盘、鼠标、显示器、打印机等常用的输入输出设备的工作原理。

习题 7

1. 什么是总线?总线有哪些主要的性能参数?

2. 什么是接口?接口的全称是什么?CPU 和 I/O 设备之间的交换信息概括起来有哪 3 种?

3. 一个基本的 I/O 接口电路的结构包含哪些部分?

4. CPU 与 I/O 接口之间的数据交换方式有哪几种?

5. 8255A 有几个端口?端口选择线有几根?端口选择线的组合分别实现对什么端口的寻址?

6. 8255A 的方式选择控制字和 PC 端口置位/复位控制字的功能分别是什么?如何区分这两个控制字?控制字写入什么端口?

7. 已知 8255A 的端口地址为 200H～203H,按以下要求编写 8255A 初始化程序段:

(1) PA 端口方式 0 输入;PB 端口方式 0 输出;PC 端口高 4 位输入,低 4 位输出。

(2) PA 端口方式 1 输入,PB 端口方式 1 输出,PC 端口的其余引脚为输入。

8. 8255A 的端口接 8 个开关,用于输入二进制数。将开关输入的二进制数做左移一位

操作后的结果输出到 8 个 LED 组成的显示电路上。完成系统的软硬件设计。

9. 8253/8254 有哪几种工作方式? 各有什么特点和基本用途?

10. 8253/8254 初始化编程步骤是怎样的? 使用两个计数器时,需要写几个方式选择控制字?

11. 8253/8254 一个计数器的最大计数值是多少? 最长定时周期取决于哪些因素?

12. 某微机系统中 8253/8254 的地址是 40H～43H。计数器 0 的输入 CLK_0 频率为 2MHz,计数器 1 的 CLK_1 连接外部脉冲开关。设计系统,实现以下要求:计数器 0 输出 1kHz 的方波,脉冲开关按下 1000 次后向 CPU 发出中断请求。画出系统的硬件逻辑电路图,编写程序。

13. 什么是中断类型号? 什么是中断向量表? 已知中断类型号,如何通过计算得到相应的中断服务子程序的入口地址?

14. 已知一个中断的中断类型号为 22H,中断向量为 1234H:5678H。画图说明该中断向量在中断向量表中的位置和内容。编程实现对中断向量表的写操作。

15. 已知一个中断的中断类型号为 22H,其对应的中断服务程序名称为 P1。编程实现对中断向量表的写操作。

16. 已知在中断向量表的 003FCH 单元中存放 1234H,在 003FEH 单元中存放 5678H,则对应中断的中断类型号是多少? 中断服务程序入口地址的逻辑地址是多少? 中断服务程序入口地址的物理地址是多少?

17. 按照以下要求对 8259A 进行初始化编程:单片 8259A 应用于 8086 系统,中断请求信号为边沿触发,中断类型号为 30H～37H,采用非自动中断结束方式、普通全嵌套、非缓冲方式。8259A 的端口地址为 04A0H 和 04A2H(端口译码为偶地址方式,即用 CPU 的 A_1 地址线接 8259A 的 A_0 地址线)。

18. 设 8086 系统中有两片 8259A。从 8259A 接至主 8259A 的 IR_5。主片的端口地址是 20H、21H,从片的端口地址是 0A0H、0A1H。主片 IR_0～IR_7 的中断类型号为 10H～17H,从片 IR_0～IR_7 的中断类型号为 30H～37H。所有请求都是边沿触发。编写两块 8259A 的初始化程序段。

19. 8259A 的中断结束方式有哪几种? 它们的区别是什么? 中断返回指令和中断结束命令的区别是什么?

20. 说明目前使用的键盘和鼠标的基本类型和接口标准。

21. 打印机如何分类? 各类的特点是什么?

参 考 文 献

[1] 刘均. 计算机组成原理[M]. 北京：北京邮电大学出版社,2016.

[2] 刘均. 微型计算机汇编语言与接口技术[M]. 北京：清华大学出版社,2017.

[3] 刘均. 计算机导论[M]. 北京：清华大学出版社,2017.

[4] 刘星. 微机原理与接口技术[M]. 北京：电子工业出版社,2002.

[5] 杨文显,寿庆余. 现代微型计算机与接口教程[M]. 北京：清华大学出版社,2003.

[6] 杨全胜. 现代微机原理与接口技术[M]. 北京：电子工业出版社,2002.

[7] 古辉. 微型计算机接口技术[M]. 北京：科学出版社,2006.

[8] 古辉,刘均,雷艳静. 微型计算机接口技术[M]. 2 版. 北京：科学出版社,2011.

[9] 刘均,周苏,金海溶. 汇编语言程序设计实验教程[M]. 北京：科学出版社,2006.

[10] 葛纫秋. 实用微机接口技术[M]. 北京：高等教育出版社,2003.

[11] 北京精仪达盛科技有限公司. EL-MUT-Ⅲ微机实验系统使用说明及实验指导书[R]. 北京：北京精仪达盛科技有限公司,2009.

[12] 马维华. 微机原理与接口技术：从 80x86 到 Pentium x[M]. 北京：科学出版社,2005.

[13] 刘锋,董秀. 微机原理与接口技术[M]. 北京：机械工业出版社,2009.

[14] Irvine K R. 汇编语言程序设计[M]. 温玉杰,译. 北京：电子工业出版社,2005.

[15] 徐建平,成贵学,朱萍. 微机原理与接口技术[M]. 北京：航空工业出版社,2010.

[16] 上海航虹高科技有限公司. AEDK-CPT 计算机组成原理实验系统使用说明及实验指导书[R]. 上海：上海航虹高科技有限公司,2005.

[17] 徐福培. 计算机组成与结构[M]. 北京：电子工业出版社,2009.

[18] 袁静波. 计算机组成与结构[M]. 北京：机械工业出版社,2011.

[19] 李继灿. 微型计算机原理及应用[M]. 北京：清华大学出版社,2001.

[20] 刘均. 计算机系统原理[M]. 北京：清华大学出版社,2019.

图书资源支持

感谢您一直以来对清华版图书的支持和爱护。为了配合本书的使用，本书提供配套的资源，有需求的读者请扫描下方的"书圈"微信公众号二维码，在图书专区下载，也可以拨打电话或发送电子邮件咨询。

如果您在使用本书的过程中遇到了什么问题，或者有相关图书出版计划，也请您发邮件告诉我们，以便我们更好地为您服务。

我们的联系方式：

清华大学出版社计算机与信息分社网站：https://www.shuimushuhui.com/

地　　址：北京市海淀区双清路学研大厦 A 座 714

邮　　编：100084

电　　话：010-83470236　010-83470237

客服邮箱：2301891038@qq.com

QQ：2301891038（请写明您的单位和姓名）

资源下载：关注公众号"书圈"下载配套资源。

资源下载、样书申请

书圈

图书案例

清华计算机学堂

观看课程直播